DR DESKTOP REFERENCE

Regular Expressions Reference | Ryuuichi Satoh

正規表現辞典

佐藤竜一 著

本書内容に関するお問い合わせについて

このたびは翔泳社の書籍をお買い上げいただき、誠にありがとうございます。弊社では、読者の皆様からのお問い合わせに適切に対応させていただくため、以下のガイドラインへのご協力をお願い致しております。下記項目をお読みいただき、手順に従ってお問い合わせください。

● ご質問される前に

弊社Webサイトの「正誤表」をご参照ください。これまでに判明した正誤や追加情報を掲載しています。

正誤表　https://www.shoeisha.co.jp/book/errata/

● ご質問方法

弊社Webサイトの「刊行物Q&A」をご利用ください。

刊行物Q&A　https://www.shoeisha.co.jp/book/qa/

インターネットをご利用でない場合は、FAXまたは郵便にて、下記“翔泳社 愛読者サービスセンター”までお問い合わせください。
電話でのご質問は、お受けしておりません。

● 回答について

回答は、ご質問いただいた手段によってご返事申し上げます。ご質問の内容によっては、回答に数日ないしはそれ以上の期間を要する場合があります。

● ご質問に際してのご注意

本書の対象を越えるもの、記述個所を特定されないもの、また読者固有の環境に起因するご質問等にはお答えできませんので、予めご了承ください。

● 郵便物送付先およびFAX番号

送付先住所　〒160-0006　東京都新宿区舟町5
FAX番号　03-5362-3818
宛先　（株）翔泳社 愛読者サービスセンター

※ 本書に記載されたURL等は予告なく変更される場合があります。
※ 本書の出版にあたっては正確な記述につとめましたが、著者や出版社などのいずれも、本書の内容に対してなんらかの保証をするものではなく、内容やサンプルに基づくいかなる運用結果に関してもいっさいの責任を負いません。
※ 本書に掲載されているサンプルプログラムやスクリプト、および実行結果を記した画面イメージなどは、特定の設定に基づいた環境にて再現される一例です。

はじめに

本書は正規表現を初めて利用する方から、日々の業務に正規表現を活用されている実務者までを対象に、さまざまな側面から正規表現の知識を提供することを目的とした書籍です。本書を手に取られた読者が「正規表現」という言葉を初めて目にしたのであれば、正規表現とはテキストの検索や置換の効率を大幅に上げる「魔法」の一つだと説明しておきましょう。読者が既に正規表現を知っている、使っているのであれば、筆者のこの説明に同意頂けるはずです。

第3章「メタキャラクタリファレンス」では個々のメタキャラクタについて、サンプルを交えながらその機能を解説しています。第4～6章「逆引きリファレンス」では典型的な利用局面において、その問題に対処するための考え方とその理由、そしてどのようにメタキャラクタを組み合わせて問題を解決するかについて説明しました。また、正規表現を使いこなす上では正規表現をサポートするツールの知識も欠かせません。そこで本書では第2章「処理系リファレンス」を設け、各処理系での正規表現の利用方法も合わせて紹介しています。

本書の初版は13年前に出版されましたが、この13年で正規表現を取り巻く環境は大きく変わりました。特筆すべきは、文字コードの標準といって差し支えない状況にまでUnicodeがその地位を高めたことです。Unicodeのサポート状況は処理系ごとにばらつきがあるものの、今やUnicodeを意識せずに正規表現を扱うことは不可能といっても過言ではありません。そこで今回の改訂では、最新のUnicodeの仕様や利用上の留意点を大幅に加筆しました。正規表現自身の進化に追従すべく、初版以降で利用可能となったメタキャラクタも新たに項目を立てて解説しています。また、新たなニーズにお応えするために.NETとPythonにも対応させました。

リファレンスという形式を採ってはいますが、通読にも耐えうるように構成には注意を払ったつもりです。正規表現の初学者は、まず01-07を除く1章、3章内の「03-01 基本正規表現」、4章「逆引きリファレンス 基本編」をお読み頂けば、基本的な正規表現を使うことができるようになるでしょう。また、各種の技術用語は「01-07 正規表現用語リファレンス」にまとめてありますので、適宜参照ください。本書が「DESKTOP REFERENCE」の名の通り、読者の机上で常に利用される存在となれば、著者としてこれ以上の喜びはありません。

最後になりましたが、初版同様ぎりぎりまで原稿に朱を入れ続ける筆者を辛抱強く待ってくださった翔泳社の榎かおり氏、そしていつも筆者を支えてくれる妻・紅に、深く感謝します。

2018年4月　佐藤竜一

本書の使い方

●本書の構成

本書は、以下の 6 章で構成されています。

PART 01 イントロダクション	正規表現を利用する上で必要となる、さまざまな基礎知識について簡単に説明
PART 02 処理系リファレンス	正規表現を利用する方法を、処理系ごとにリファレンス形式で解説
PART 03 メタキャラクタ リファレンス	個別のメタキャラクタの持つ意味と利用方法をサンプルを交えながら説明。処理系ごとの差異についても言及
PART 04 逆引きリファレンス 基本編	個々のメタキャラクタの利用方法を「目的別」で解説。処理系ごとの差異についても言及
PART 05 逆引きリファレンス 応用編	複数のメタキャラクタを組み合わせて実現する複雑な正規表現のパターンを解説。ここで取り上げる正規表現の例はすべて Perl をターゲットとしているので、処理系によって記法が異なる部分については、メタキャラクタリファレンスを参照の上、変更が必要
PART 06 逆引きリファレンス 置換編	「置換対象としたい文字列にマッチする正規表現」と「置換文字列」を解説。ここで取り上げる正規表現の例はすべて Perl をターゲットとしているので、処理系によって記法が異なる部分については、メタキャラクタリファレンスを参照の上、変更が必要

正規表現にあまり馴染みがない場合は、PART 01 で正規表現についての基礎知識をまず身につけてください。ただし、「01-04 正規表現の歴史」や「01-05 正規表現の背景」については、はじめのうちは飛ばしてしまっても構いません。わかりにくい用語が登場した場合は、「01-07 正規表現用語リファレンス」でその意味を確認するとよいでしょう。

●本書で取り上げる処理系

PART 02 では、本書で取り上げる処理系の機能のうち、正規表現に関係するものについて説明しています。各処理系のインストール手順や基本的な利用方法については、入門書やリファレンスを別途ご参照ください。

sed	UNIX 系 OS で昔から使われてきた、定型的なテキスト加工に特化した非対話型エディタ
grep	ファイル中から指定された文字列 / 正規表現に一致する行を検索するツール
egrep	grep の機能強化版
awk	スペースやタブで区切られたデータに対する処理を得意とするスクリプト言語
vim	UNIX 系 OS 上の伝統的なエディタ「vi」の機能強化版
Perl	テキスト処理に強い、極めて高機能な汎用のスクリプト言語
PHP	主に Web アプリケーション開発に利用されるスクリプト言語
Java	組み込み用途から企業情報システムまで幅広く利用されるオブジェクト指向言語
JavaScript	動的な Web ページの実現などに利用される、コンパクトなスクリプト言語
.NET	マイクロソフト製のアプリケーション開発・実行環境。本書では .NET 上で利用可能な言語のうち、C# について主に紹介。
Python	科学技術計算や AI の分野でよく利用される、汎用のオブジェクト指向スクリプト言語

● PART 03　メタキャラクタリファレンスの構成

メタキャラクタ

紹介するメタキャラクタを示します（墨部分は、パラメータや正規表現の入る位置となります）

1行説明

メタキャラクタの役割を簡潔に表現しています

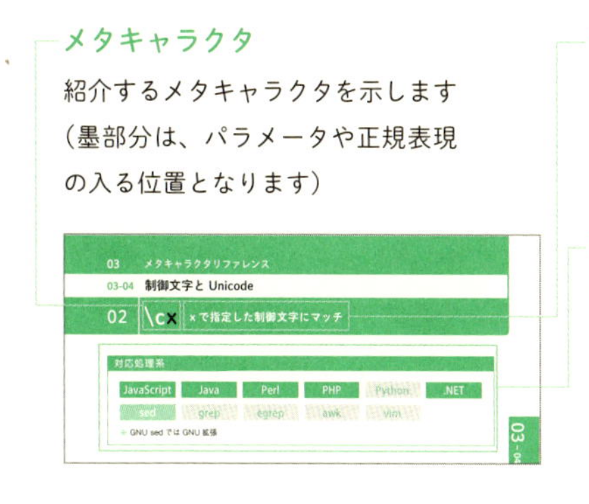

対応処理系

該当するメタキャラクタが使えるか否かをアイコンで示します

○：Perl
△：awk
×：egrep

● PART 04 - 06　逆引きリファレンスの構成

逆引き項目

「〜したい」で引ける項目名です。処理系ごとに差異がある場合は、それぞれを紹介しています（PART 04）

●スペース、改行、タブの表現

正規表現ではスペースや改行の位置が重要となる場合があります。本書では、特にこれらを明示的に示したい場合、以下の形で表記しています。

スペース	␣
改行	↵
タブ	···▸
改行（CR）	CR

著者略歴

佐藤竜一（さとう りゅういち）
1995年、図書館情報大学図書館情報学部卒業。プログラマ / アーキテクトとして各種システムの企画・構築から開発標準策定、アプリケーション開発基盤の構築を手がける傍ら、テクニカルライターとして書籍の執筆や翻訳に従事。趣味は台湾・香港を中心としたアジア旅行、野球観戦と街歩き。
著書・訳書に『エンジニアのためのWord再入門講座』『エンジニアのためのJavadoc再入門講座』『ユースケース駆動開発実践ガイド』『実践プログラミングDSL ドメイン特化言語の設計と実装のノウハウ』（翔泳社）など。

正規表現辞典

CONTENTS

01 INTRODUCTION

02 処理系リファレンス

03 メタキャラクタリファレンス

04 逆引きリファレンス 基本編

05 逆引きリファレンス 応用編

06 逆引きリファレンス 置換編

APPENDIX

COLUMN

01

INTRODUCTION

01 正規表現とは何か

「正規表現」とは、さまざまな文字の連続（文字列）を汎用的な形式で表現するための方法の１つです。

テキストファイルから、特定の文字列や単語を検索することを考えてみます。検索対象とする文字列を表現する場合、通常は、

- 123
- Windows 10
- 社長

のように、検索したい文字列を直接指定することでしょう。しかし、これだけでは検索の目的を果たすことができない場合もあります。

先の例では、検索する文字列は単純に決まるものでした。しかし場合によっては、

- 任意の３桁の数値
- 「Windows」で始まって、数字が続くという文字列。ただし、「Windows」と数字の間には、スペースがあってもなくてもよい
- 「社長」という単語だが、「副社長」に含まれる「社長」は除く

などの文字列を検索したい場合もあります。これらの場合、単純に検索語を指定するだけではうまくいきません。しかし正規表現を利用すれば、いずれもそれぞれ

- \d{3}
- Windows\s*\d+
- (?<! 副) 社長

という形式で表現することができます。

これらは一見、謎めいた記号の連続にしか見えません。しかしこれらの記号（「メタキャラクタ」と呼びます）こそ、正規表現を有用かつ強力な存在とする力の源なのです。

メタキャラクタにはそれぞれ、特別な意味や役割が割り当てられています。たとえば、上記の例に登場する「\d」は「任意の数字」を意味するメタキャラクタであり、「{3}」は「先行する正規表現の３回の繰り返し」を意味しています。従って「\d{3}」は「任意の３桁の数値」を表現することとなります。正規表現を利用するとはすなわち、これらのメタキャラクタを組み合わせて、汎用的な表現を生み出すことに他なりません。

01 正規表現とは何か

コンピュータを利用して日常的に処理・加工する情報の大半は、テキストをベースにしたものです。一般のユーザであれば通常のテキストファイルやメール、HTMLなどのマークアップ言語を利用したドキュメントなどがそれに当たるでしょう。サーバの管理者のような専門的な作業に従事する方であれば、ソフトウェアの設定ファイルやサーバ・プロセスのログなどを毎日のように参照しているはずです。テキスト形式の情報の修正・校正や検索を行う際、正規表現を利用すれば作業をより効率的に行うことが可能となるでしょう。

02 正規表現の用途

テキストエディタと正規表現

正規表現を利用する局面として最初に考えられるのは、テキストファイルからの文字列の検索でしょう。現在開いているテキストファイル中で特定の文字列を検索する機能は、どんなテキストエディタにも備わっていますが、高機能なエディタの中には検索対象文字列として固定の文字列だけではなく、正規表現を受け付けるようになっているものもあります。このようなエディタであれば、正規表現を利用した柔軟な検索が行えます。

テキストの置換も、正規表現が活躍する作業です。単純な置換程度なら通常の一括置換でも可能と思われるかもしれませんが、置換対象とする文字列がさまざまな表記をされていた場合はどうでしょうか。「Linux」と「LINUX」の両方を「リナックス」に変換する程度であれば、「大文字小文字を無視して置換」といった機能で対応できるかもしれません。しかし「Windows 7」を「Windows 10」に置換したいという場合、単純にはいかないでしょう。文書内で一貫して「Windows 7」と記述されていることが保証されていればよいのですが、「Windows7」や「ウィンドウズ７」のような表記方法が混在している場合、置換は一回では完了しません。しかし正規表現を利用して「(Windows|ウ[ィイ]ンドウズ)\s*[7７]」を置換対象にすれば、一回で全ての対象文字列を置換できます。

正規表現は、テキストの整形作業にも利用できます。これには段落の字下げや、行末にある余分な空白の削除といった瑣末な作業もありますが、部分的にHTMLのタグを挿入する、あるいは削除するといった複雑な作業も考えられます。サーバの管理者であれば、ログの整形や加工といった日常的な作業にも正規表現を利用できるでしょう。

エディタを起動することが面倒になるほど大量のファイルを一度に相手にしなければならない場合は、簡単なプログラムやスクリプトで一括処理を行うべきでしょう。このような場合はPerlのような、テキスト処理に強いと言われるプログラミング言語を利用することができます。また、sedのような「非対話型」のエディタも有用でしょう。非対話型のエディタとは、あらかじめ編集作業の内容をコマンドとして列挙しておくことによって、テキストの加工を一括して行うというツールです。

プログラミングと正規表現

正規表現はプログラミングの現場でも大きな力を発揮します。最近のプログラミング言語はいずれも高機能な正規表現エンジンを内蔵しており、プログラム内での文字列処理に正規表現を利用することができます。

02 正規表現の用途

プログラム内での正規表現の出番としては、入力されたデータの形式チェックが挙げられるでしょう。これには「数字以外のデータが含まれていないか」「データはひらがなとカタカナだけか」といった簡単なものから「郵便番号として認められる形式になっているか」といったようなものまで、さまざまなものが考えられます。このような処理は特にWeb アプリケーションでは日常的に行われる処理ですが、正規表現を利用すれば理解しやすく、また簡潔な記述が可能となります。

03 正規表現をサポートする処理系

正規表現はあくまでも記法の一種であり、ツールがサポートしていなければ利用することはできません。しかし近年のテキストエディタやプログラミング言語はその大多数が正規表現をサポートしているため、用途や局面によって適切なツールを選択することは十分に可能です。

ただし、個々のツールや言語がサポートしている正規表現は全く同じだというわけではありません。サポートされるメタキャラクタに違いがあったり、同じメタキャラクタが異なる動作をするといったことがあります（極端なケースでは、バージョンごとに微妙に挙動が異なるということもあります）。これらの違いは、俗に「正規表現の方言」と呼ばれます。とは言え正規表現の考え方そのものはどのツールでも同じですし、主要な機能の大半はどのツールにも実装されていますので、極端に心配する必要はありません。

本書で取り上げる処理系

本書では、以下の処理系について解説しています。処理系ごとの差異については極力明記するようにしましたが、完全ということはあり得ません。何か問題がある場合は、利用する処理系のマニュアルを参照してください。

▼本書で取り上げる処理系一覧

名称	バージョン
sed	GNU sed 4.4
grep	GNU grep 3.1
egrep	GNU grep 3.1
awk	GNU awk 4.2.0
vim	8.0.642
Java	9.0.1
JavaScript	Node.js 8.9.4
Perl	5.26
PHP	7.1.7
Python	3.6.3
.NET	.NET Core 2.0.3

04 正規表現の歴史

正規表現の起源は、1940年代に神経生理学者たちによって提唱された神経系統のモデルにまで遡ります。このモデルはアメリカの数学者であるクリーネ（Stephen Kleene）によって、自ら「正規集合（regular set）」と名づけた考え方によって記述されましたが、このときに誕生したのが「正規表現（regular expression）」です。クリーネが提唱した正規表現の考え方をごく大雑把に示せば、次のようになります。

1. 何らかの文字の集合をΣとして考える
2. 0文字の文字列（空文字列）は正規表現である
3. Σ内に含まれるの任意の1文字は正規表現である
4. 正規表現を2つ連続させたもの（連接）は正規表現である
5. 「2つの正規表現のいずれか」（和）を示す概念は正規表現である
6. ある正規表現0個以上繰り返したもの（閉包）は正規表現である
7. 2～6までの考え方を繰り返し適用して導き出されるものは正規表現である
8. 演算の優先順位は閉包、連接、和の順に強い

Σとしてアルファベット26文字を考えると、以下のようなものが正規表現として導かれます。ただし、以下では和の演算子として「|」、連接の演算子として「+」、閉包の演算子として「*」を利用しています。

- 0文字（空文字列）
- A、B、C（任意の1文字）
- A+B、M+N、X+Y（連接）
- A|B、M|N（和）
- A*、B*、C*（閉包）
- A*+C|D

1960年代、UNIXの開発者の一人であるトンプソン（Ken Thompson）は、自身が作成したエディタ「qed」に正規表現を組み込みました。このqedはその後、UNIXの標準エディタの地位を獲得する「ed」へと進化します。edによって有用性が広く認知された正規表現はこれ以降、UNIX系OSのツールに広く実装されるようになりました。

04 正規表現の歴史

edと正規表現

正規表現の存在を広く知らしめたedは、「ラインエディタ」と呼ばれるエディタでした。エディタといっても、我々が普段利用しているテキストエディタとはまったく異なります。現在は、画面上に編集対象とするテキストを複数行表示し、カーソルを移動させながら編集を行う「スクリーンエディタ」が主流となっています。しかしコンピュータの処理能力が貧弱だった時代、主に使われていたのは行単位で編集を行うラインエディタでした。たとえば、edでは行指定コマンドで編集対象行を指定し、置換コマンドで文字を置換することで行の内容を編集します。スクリーンエディタしか使ったことのないユーザには、想像すらできないかもしれません。

edに正規表現が採用されたのは、編集対象とする文字列を柔軟に表現するためです。edの正規表現は非常に限定されたものでしたが、クリーネの提唱した3種類の演算（連接、閉包、和）はすべてサポートしていました。ただし、閉包と和の演算対象は「正規表現」ではなく、「1文字」に限定されていました。

edでは単純に文字を並べて記述したものは連接として解釈されます。閉包については「*」という文字を演算子として利用することにしました。更に、「[」と「]」で複数の文字を括ることによって、和を表現します。これによって、「ab」で「文字aと文字bの連接」を、「a*」で「文字aの0文字以上の連続」を、「[ab]」で「文字aまたは文字b」を表現できました。このように、記述した正規表現が目的とする文字列を表現できたという状態を「正規表現が文字列にマッチした」と言います。

もっとも、このままでは「*」や「[」といった文字そのものを表現できません。「a*」という文字列を表現したい場合、単純に「a*」と書いたのでは、「aの連続」と解釈されてしまうからです。そこで、「*」「[」そのものを表したい場合は、直前に「\」を置いて「*」「\[」と表現することにしました。もちろん、このままでは「\」が表現できないので、「\」そのものを表す場合は「\\」と表現することにしています。

edでは「*」以外にも、さまざまな文字に独特の意味を持たせることによって、編集がより簡単になるような工夫が凝らされています。その中でももっとも利用価値が高いのは、任意の文字を表現する「.」という文字でしょう。仮に「...」と書けば、「123」にも「abc」にも、「-!-」にもマッチするというわけです。このように、何らかの特別な意味を持った文字のことを「メタキャラクタ（超文字）」と呼びます。

ed による編集の実際

ed による編集作業は非常に興味深いものですので、簡単に紹介しておきましょう。ここでは、上に挙げる未完成の Perl スクリプトを、下のように編集することを考えてみます。

```
#!/usr/bin/perl

while (<>) {
 s/Hello/Goodby/;
```

```
#!/usr/bin/perl

while (<>) {
 s/Hello/Howdy/g;
 print;
}
```

ed の編集開始から編集完了までの手順は、次のようになります。

```
$ ed test.pl          ← ed を起動
49                    ← 読み込んだバイト数が表示される
/Goodby/              ← 「Goodby」が存在する行に移動 1
 s/Hello/Goodby/;     ← 移動した行の内容が表示される
s/Goodby/Howdy/       ← 現在行の「Goodby」を「Howdy」に変更 2
s/;$/g;/              ← 現在行の末尾（$）にある「;」を「g;」に変更 3
a                     ← 現在行の下にテキストを追加
 print;               ← ここからは追加するテキスト
}
.                     ← 追加するテキストを入力し終わったら、単独の「.」を入力
w                     ← ファイルを書き込み
60                    ← 書き込まれたバイト数が表示される
q                     ← ed を終了
```

短いセッションでしたが、いくつかの気になる特徴があります。まず、1で編集対象とする行に移動する際に、「/ 正規表現 /」という記法を利用している点が挙げられます。これは「指定した正規表現にマッチする最初の行へと移動する」という意味ですが、この「/ 正規表現 /」という記法は、現在まで「指定した正規表現が文字列にマッチするかどうか」を試す記法として広く利用されています。

2や3では「s/ 置換対象 / 置換内容 /」という記法を利用しています。最初の「s」はed のコマンドで、「置換対象に指定した正規表現にマッチする部分を置換内容で置き換える」という機能を持っていますが、この「s」を利用した記法も現在まで「正規表現による文字列の置換」を行う際の標準的な書式となっています。

また、3では「現在行の末尾」という概念を示すために「$」というメタキャラクタを利用しています。クリーネの提唱した正規表現はあくまでも数学上の概念ですから、位置の考え方などはありません。しかし ed はエディタとして使いやすいように、行の先頭を示すために「^」、行の末尾を示すために「$」というメタキャラクタを導入しています。

ed はその後、より高機能なラインエディタである「ex」の登場によって第一線を退きました。この ex を元につくられたスクリーンエディタが、本書でも取り上げる「vim」のベースになった「vi」です。また、ed の編集コマンドや行の指定方法などは、sed にそのまま受け継がれました。

現在、ed が利用されることはほとんどありません。しかし ed がテキスト処理の現場に持ち込んだ正規表現は、現在まで幅広く利用されているのです。

egrep の正規表現

ed の持つコマンドの中に、「g/ 正規表現 / コマンド」というものがあります。これは指定されたコマンドを、指定された正規表現にマッチする行に対して一括して適用するというコマンドでした。たとえば、指定した行を表示する「p」を利用して「g/ 正規表現 /p」とすると、ファイル中で指定された正規表現にマッチする行をすべて表示するという意味になります。

このコマンドは便利だったので、ed から独立して「grep」というコマンドになりました。「grep」というコマンド名の由来は「g/RE/p」、つまりファイル中から指定された正規表現にマッチする行だけを表示するという意味になっています（「RE」とは regular expression、つまり「正規表現」の略です）。

grep では ed で用意された正規表現がすべて利用できましたが、ed が用意した正規表現だけでは決して使いやすいとはいえませんでした。そこで、grep よりも更に高機能な正規表現を利用可能なコマンドとして「egrep（extended grep）」が誕生しました。

この egrep では文字だけでなく、正規表現に対しても閉包と和を適用できるようにな

りました。和については、2つの正規表現の和を表すメタキャラクタとして「|」が導入されています。また、「(」と「)」で括って部分正規表現を定義すれば、部分正規表現に対する閉包が記述可能となりました。これらのメタキャラクタを利用すれば、「boy|girl」という和演算や、「(abc)*」という閉包演算を記述できます。

「*」に加えて「1文字以上の連続」を表現する「+」も導入されました。edでは「aの1文字以上の連続」を示すには「aa*」と書かなければならなかったところが、「+」を利用すれば「a+」と簡単に記述できるようになったのです。これは大きな進歩でした。

しかし、これによってegrepの正規表現は、edの正規表現とは互換性がないものとなってしまいました。後に、egrepの正規表現は「拡張正規表現」と呼ばれ、edの正規表現とは区別されるようになります。

Perlの正規表現

1994年に登場したPerlのバージョン5は、従来の正規表現の概念を大きく変えるものでした。従来までの処理系はそのほとんどがedの正規表現かegrepの正規表現を元にしており、それ以外に正規表現というものは考えられなかったのに対して、Perlはさまざまなメタキャラクタや、前後読みといった概念を追加するなど、革新的な機能を大量に正規表現に持ち込みました。

Perlの正規表現は非常に高機能、かつ便利であったため、これ以降の正規表現の処理系はPerlの正規表現を基準として実装されるようになりました。事実、さまざまな処理系で「Perl互換の正規表現」が売り文句となっています。しかし、Perlの正規表現と完全に互換性を持つ処理系はあり得ません。Perlの正規表現は、それ自身がPerlの言語仕様に深く結びついたものとなっているからです。

正規表現の規格

正規表現に公的な規格や標準というものは存在しないのでしょうか。残念ながら、正規表現をサポートする全ての処理系を包含した規格や標準は存在せず、そのことが処理系ごとの差異（方言）を生み出しています。しかし、正規表現に関する標準が全く存在しないわけではありません。

POSIX

正規表現は伝統的に、UNIX系OSのテキスト処理用ツールで広く使われてきました。既に紹介した非対話型のエディタであるsedや文字列検索ツールのgrep、パターン走査言語awkはその代表と言えるでしょう。UNIX系OSには「POSIX」(Portable Operating

System Interface）という標準が存在しますが、POSIX は正規表現についても章を設けて、詳細な規定を行っています。

POSIX は IEEE（米国電気電子学会）によって規定された、UNIX の標準アプリケーション・インターフェイスの仕様です。元々、UNIX は 1969 年に AT&T ベル研究所のトンプソン（ed の作者です）が DEC（現 HP）の PDP-7 というミニコン上に実装したものですが、それから何度かの書き直しや変更を経て、1975 年に「Version 6」というバージョンが世に出ました。この頃より、UNIX の枝分かれの歴史が始まります。

黎明期の UNIX はソースコードの配布手数料程度の費用で配布されていたため、様々な研究機関や大学によって改良が行われることになりました。また、いくつかのコンピュータ・ベンダも、自社のハードウェア用の OS として UNIX をベースとした OS を採用するようになります。この結果、UNIX の亜種が大量に生まれ、同じ UNIX とは言っても機能やインターフェイスにさまざまな差異が現れるようになってきました。

このような状況の中、UNIX の標準化を行おうという動きが出てくるのは当然のことです。そこで IEEE が中心となり、UNIX 系 OS の間での最低限の互換性を確保するために策定された標準が POSIX というわけです。

POSIX は ed を起源に持ち、sed 及び grep で使われる「基本正規表現（BRE: basic regular expression）」と、egrep を起源に持ち、egrep 及び awk で使われる「拡張正規表現（ERE: extended regular expression）」の 2 つを定義しています。もっとも、本書で解説する処理系のほとんどは、POSIX の正規表現の規定とは無関係です。POSIX はあくまでも UNIX の標準であり、それ以外に何らかの影響を与えるものではありません。事実、POSIX による標準化の範囲外の処理系では、POSIX に定義されている正規表現よりもっと強力な正規表現が利用可能です。

Unicode

Unicode は世界中の文字を統一的に扱うことを目的として、Unicode Consortium によって策定されている文字コードです。Unicode そのものの詳細については後段に譲り、ここでは正規表現について Unicode が定めている仕様について簡単に紹介します。

Unicode は巨大な規格であり、本書執筆時点のバージョン 10.0.0 ではコア仕様だけで 1,044 ページ、それに加えて以下のような多数の別冊や追加の標準を定義しています。

- 別冊（UAX: Unicode Standard Annex）
  Unicode 標準の一部を独立した文書としたもの
- 技術標準（UTS: Unicode Technical Standard）
  Unicode 標準とは独立した技術仕様
- 技術レポート（UTR: Unicode Technical Report）

Unicode 標準に関する追加技術情報

これらの中で、正規表現に関する主要な仕様・規格としては以下のものが挙げられます。ただし、これらの仕様は正規表現の記法ではなく、あくまでも文字の取り扱い方法を規定しているという点に注意してください。

- UTS #18: Unicode Regular Expressions
  正規表現で Unicode を処理する上でのガイドライン。レベル 1 からレベル 3 までの 3 レベルが規定されている。
- UAX #14: Unicode Line Breaking Algorithm
  Unicode における行分割アルゴリズムの定義。
- UAX #29: Unicode Text Segmentation
  Unicode での書記素クラスタ / 単語 / 文の境界に関する指針。

近年の処理系の大部分は文字コードとしての Unicode に対応していますが、正規表現の実装として UTS #18 を始めとする各種仕様に準拠したものはまだ多くないというのが実情です。本書執筆時点では Java が UTS #18 のレベル 1 に準拠、Perl がレベル 2 までの大部分をサポートしていますが、他の処理系はまだそのレベルには達していません。しかし、いずれは他の処理系もこれらの仕様に準拠していくようになるでしょう。

05 正規表現の背景

正規表現とオートマトン

クリーネによる正規表現の研究は、有限オートマトン（FA：Finite Automaton）の研究と密接に結びついていました。「オートマトン」とは何らかの入力を逐次的に受け取り、入力に従って内部の状態を遷移させるという仮想的な機械のことで、状態の数が有限のものをFAと呼びます。FAの状態のうち、起動直後の状態は「開始状態」、入力全体を受け付けた状態は「受理状態」と呼ばれます。

オートマトンのたとえとしては、自動販売機がよく使われます。自動販売機をオートマトンだとすると、入力は硬貨です。自動販売機は硬貨を受け付けるたびに内部の状態（＝受け取った硬貨の合計金額）を遷移させていき、飲物の金額と等しくなれば飲物を出します。つまり、開始状態は0円で、受理状態に達すれば飲物を出すことになります。

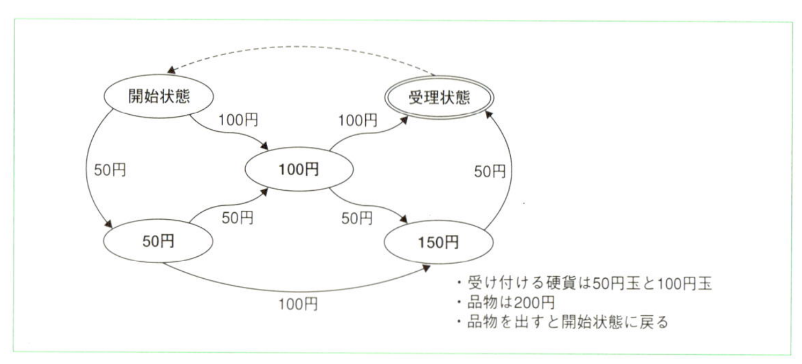

● 自動販売機のオートマトンの例

正規表現が特定の文字列にマッチするかどうかは、FAによって調べることができます。このためにはまず、正規表現をFAに変換します。続いて、このFAに調べたい文字列を与えます。FAは文字列を1文字ずつ読み取り、読み取った文字に従って内部の状態を遷移させていきます。結果として受理状態に到達すれば、この正規表現は入力として受け取った文字列にマッチしたことがわかります。現在「正規表現」と呼ばれているものはクリーネの正規表現よりもずっと複雑なものですが、動作原理の基本が有限オートマトンという点は変わっていません。

ところで、有限オートマトンは更に「決定性有限オートマトン」（DFA：Deterministic Finite Automaton）と、「非決定性有限オートマトン」（NFA：Nondeterministic Finite Automaton）の2種類に分けられます。DFAとNFAの違いは、DFAには「入力がない遷移はあり得ない」「ある状態で1文字を読み込んだ場合、次に遷移する先はただ一つに決まる」という制限があるという点です。一方、NFAにこのような制限はありません。従って、NFAでは文字を受け付けるたび、複数の遷移先が存在しうるということになります。

「NFAではある状態において複数の遷移先がある」ということは、遷移先を間違えると「これ以上遷移できない」という状態に落ち込んでしまうことがあるということです。そこでNFAを採用する処理系では、複数の遷移先がある場合は現在の状態に目印をつけておくことによって、必要なときに処理の後戻りを可能なようにする必要があります。このような「処理の後戻り」のことを「バックトラック」、バックトラックのために残しておく目印のことを「ステート」と呼びます。「ステート」と書くと小難しく思えますが、要するに後からその場所に戻るために残しておく目印、あるいは読書に使う栞のようなものだと思えばよいでしょう。

NFAの挙動は一見面倒そうですが、実は大多数の処理系はNFAを採用しています。詳しい理由は省略しますが、NFAのほうがより柔軟で高機能な正規表現処理を行えるからです（事実、DFAだけでは実現不可能なメタキャラクタもあります）。

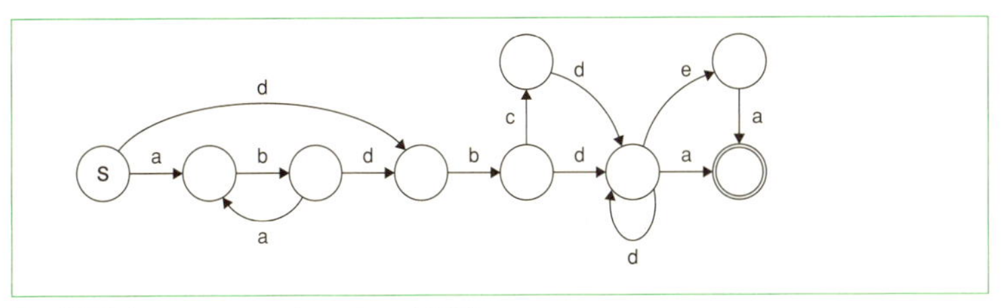

● 正規表現「(ab)*d(b|bc)d+e?a」のDFAによる表現

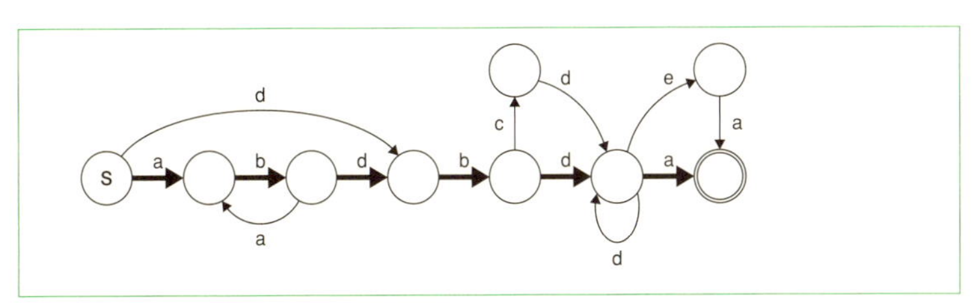

● 「abdbda」が受理される様子（DFA）

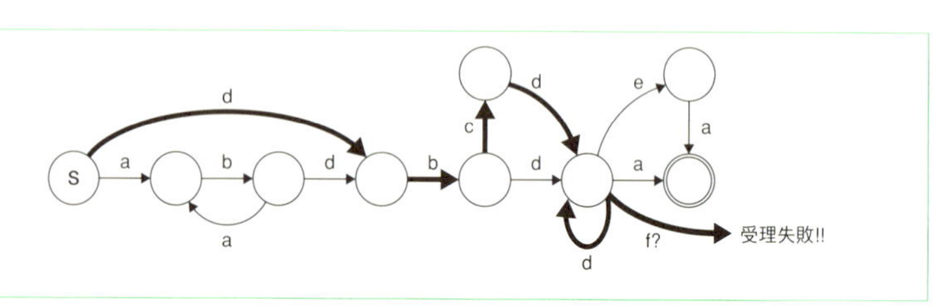

「dbcddf」が受理されなかった様子（DFA）

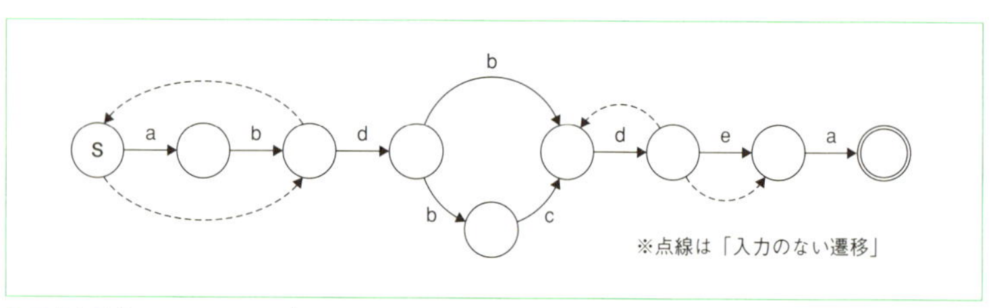

正規表現「(ab)*d(b|bc)d+e?a」の NFA による表現

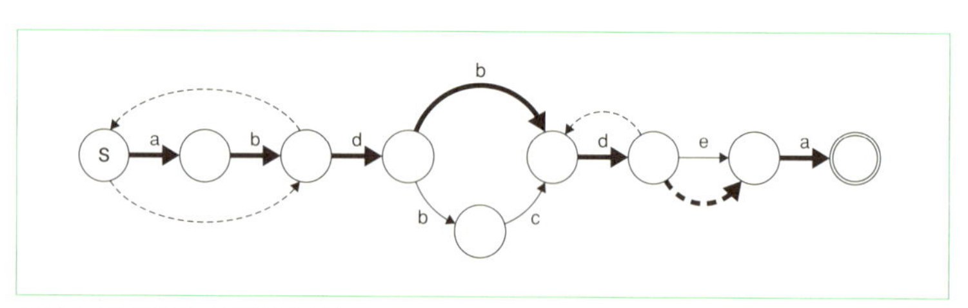

「abdbda」が受理される様子（NFA）

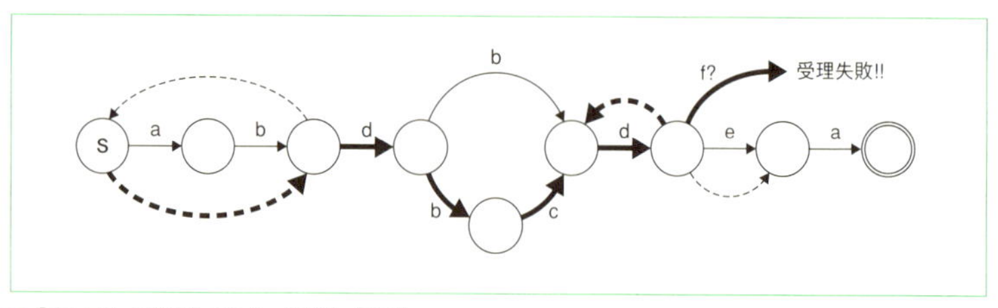

「dbcddf」が受理されなかった様子（NFA）

最長一致の考え方

閉包を示す「*」というメタキャラクタは、「先行する正規表現の0回以上の繰り返し」を意味します。ここで注意が必要なのは、「*」のように「先行する正規表現の繰り返し」を意味するメタキャラクタの挙動です。この挙動を正しく理解していないと、思わぬ落とし穴に陥ることがあるからです。

「*」のようなメタキャラクタは、「最長一致」という考え方に従って動作します。最長一致とは、「マッチする場合は、なるべく長い範囲とマッチしなければならない」という考え方です。

「.*a」という正規表現を元にして、最長一致について考えてみましょう。この正規表現は「任意の文字が0回以上連続し、最後にaが続くパターン」と解釈できます。この正規表現を「abracadabra」という単語に対して適用した場合、マッチするのは「abracadabra」全体となります。

この単語には「a」が5個存在しますので、「.*a」がマッチする可能性がある文字列としては「a」「abra」「abraca」「abracada」「abracadabra」の5つが考えられます。それでも「abracadabra」がマッチの対象として選ばれるのは、「*」が最長一致の原則に従うメタキャラクタであり、この5つの候補の中で最も長いものが「abracadabra」だからです。

NFAでの挙動

最長一致の考え方を、NFAの動作原理に即して見てみましょう。

「.」はどのような文字にもマッチするため、「.*」は「abracadabra」という単語全体にマッチします。しかしこのままでは、「.*」に続く「a」がマッチするものがありません。そこで「.*」は自分が取り込んだ「abracadabra」全体のうち、最後の「a」だけを諦めることにします。こうすると「a」が1文字残るため、「.*a」の「a」は「.*」が残してくれた「a」にマッチすることができます。つまり「.*」は「abracadabr」に、「a」は「a」にマッチしたわけです。

では、「.*ra」ではどうでしょうか。この場合も動作原理は変わりません。「.*」はいったん単語全体にマッチした後、後続の正規表現である「ra」がマッチするために最低限必要となる「ra」だけを諦めることにします。結果として「.*」は「abracadab」に、「ra」は「ra」にマッチすることになります。

ここでは「『.*』が『ra』を諦める」といった表現を使いましたが、これこそが先に説明した「バックトラック」です。「.*」が単語全体にマッチしてしまったため、残された「ra」がマッチ可能なものがなくなってしまいました。そこでバックトラックを行い、少なくとも「ra」にマッチできる状態にまで処理を後戻りしたというわけです。

最長一致の考え方を端的に言えば、「協調性のある欲張り」と表現できるでしょう。自分が取れる分はすべて取ってしまうのですが、全体が満足しなければ、自分の取り分をきちんと返します。「.*ra」の例では、「.*」は自分が取れる分をいったんはすべて取ってしまいましたが、正規表現中の他の面子（ここでは「ra」）の取り分もきちんと残すというわけです。

最短一致の考え方

一般的には最長一致の考え方だけでも十分なのですが、別の選択肢もあれば便利です。そこで最近の正規表現には「最短一致」という考え方が導入されました。

最短一致のメタキャラクタの例として、一部の処理系で利用可能な「*?」というメタキャラクタについて見てみましょう。「*?」は「*」と同じ意味を持っていますが、最短一致の原則に従ってマッチを行う点が異なっています。

先ほどと同様、「abracadabra」という単語に対して「.*?a」を適用してみましょう。このとき「.*?a」がマッチするのは、先頭の「a」だけです。「.*?」は「任意の文字の0個以上の連続」を意味しますが、「.*」とは違い、なるべく少しだけにマッチしようとします。「.*?」が「0回以上の連続」ということは、0文字、つまり実際にマッチする文字が何もなくても構わないわけです。従って「.*?」は単語の先頭の空文字列にマッチするだけで満足し、続く「a」が単語先頭の「a」にマッチします。これで「.*?a」全体のマッチは終了です。

では、「.*?ra」を「abracadabra」に適用した場合はどうでしょうか。この場合、「.*?」は先と同じように、まず空文字列にだけマッチして処理を終わろうとします。しかし、この位置（単語の先頭）で残されているのは「abracadabra」全体であり、「ra」はマッチできません。従って、もう少し努力して先頭の「a」にだけはマッチしようとしますが、残っている「bracadabra」にもやはり「ra」はマッチできません。ですが、更に1文字頑張って「ab」までマッチすると、残りは「racadabra」となります。これなら「ra」が先頭の「ra」にマッチできますので、正規表現全体としてマッチが完了することになります。

最短一致の考え方を端的に言えば、「協調性のあるものぐさ」と表現できるでしょう。最短一致のメタキャラクタは自分からは何もしようとしませんが、もし全体が満足しなければ、重い腰を上げて全体のために自分の仕事は果たします。「.*?ra」の例では、後続の「ra」が何とかマッチできるように、最初にある「ab」までは片付けるということです。

「アトミックなグループ」と「強欲」の考え方

アトミックなグループとは

NFAを採用する処理系では、バックトラックの発生をいかに防ぐかによって処理速度に差が出ます。バックトラックは余計な処理なので、発生しなければそれに越したことはないわけです。余分に処理が発生するだけなら問題はないのですが、場合によっては「いつまでたっても処理が終了しない」といった事態にもなりかねません。

「数字:」というパターンに一致させるため、「\d*:」という正規表現を考えたとします。この正規表現は「123:」や「15:」といった文字列にマッチしますが、「123456」という文字列にはマッチしません。では、マッチしなかった場合の挙動について少し考えてみましょう。

「\d*」は数字の連続をすべて飲み込みますので、「\d*」は「123456」にマッチします。続いて「:」にマッチしようとしますが、「123456」に「:」は続いていません。そこで正規表現の処理系は「『\d*』は少し欲張りすぎたようだ。バックトラックして『:』がマッチする位置を探しなおそう」と考え、まず「\d*」にマッチした「123456」のうち、「6」を返して「6」と「:」がマッチするかどうかを調べます。しかし「:」は「6」にはマッチしないため、今度は「5」も返して「5」と「:」がマッチするかどうかを調べます（これも失敗します）。このように「4」「3」「2」「1」までバックトラックを続けた後、最終的に「\d*:」は「123456」にはマッチしないということがわかります。

この挙動は、人間の目からみれば非常にまどろっこしいものに見えます。しかも、決して成功することのないバックトラックが発生するため、マッチしない文字列が与えられた場合は余計な処理が発生するということにもなります。この例では、数字の連続に続いて『:』が存在しなければ、そこまでの範囲でいくらバックトラックしたとしても、マッチすることはあり得ません。しかし、「ここまできて失敗したのなら、バックトラックしたとしてもマッチすることはあり得ない」ということを事前に正規表現エンジンに通知できれば、このような無駄なバックトラックを避けることができるでしょう。

このような指示を正規表現エンジンに行うのが、「(?>pattern)」という記法で定義される「アトミックなグループ」です。アトミックなグループの挙動とは「グループ内のパターンにいったんマッチした後は、その中のステートをすべて破棄し、バックトラックさせないようにする」というものです。

アトミックなグループを利用して先の例を「(?>\d*):」と書き直し、同じように「123456」に対して適用した場合の挙動を考えてみます。「(?>\d*)」は「123456」までを飲み込み、続いて「:」にマッチしようとしますが、「123456」に「:」は続いていません。通常であればここでバックトラックが発生するところですが、アトミックなグループの効果により、「123456」という部分のステートはすべて破棄されています。従ってエンジンはこれ以上バックトラックを行うことができないため、即座に失敗を返します。

「強欲」の考え方

アトミックなグループと同じ考え方で導入されたのが、「*+」というメタキャラクタが従う「強欲」という考え方です。「*+」は「*」と似ていますが、アトミックなグループ同様、マッチした範囲のステートをすべて破棄します。「強欲」もまた、無駄なバックトラックを抑制するために利用されます。

「aaaabbbb」という文字列に対して「.*b+」というパターンを適用する場合について考えてみましょう。「.*」はいったん「aaaabbbb」全体にマッチしますが、このままでは後ろに続く「b+」がマッチするものがなくなってしまいますので、「b+」がマッチするために最低限必要となる最後の「b」1文字だけは「b+」に譲ります。従って、「.*」は「aaaabbb」に、「b+」は最後の「b」だけにマッチすることになります。

しかし、「aaaabbbb」に対して「.*+b+」を適用すると、このマッチは失敗します。先ほどの例と同様、「.*+」は「aaaabbbb」全体にマッチしますが、「.*+」は自分がマッチしたものを決して譲り渡そうとしません。「.*+」にマッチした範囲のステートはすべて破棄されており、バックトラックすることができないからです。この結果、「b+」にマッチするものがなくなってしまうため、正規表現全体としてのマッチには失敗します。

「*+」を利用すると、「(?>\d*):」は「\d*+:」と簡単に記述できます。どちらの表現も「\d*」にマッチした部分のステートを破棄するものだからです。

06 正規表現と文字コード

コンピュータの内部では、文字は数値として管理されています。文字にはそれぞれ数値が割り当てられ、その数値の違いで個々の文字を識別します。個々の文字に対する数値の割り当てを規定した規格を「文字コード」と呼びます。

かつてはさまざまな文字コードの規格が存在し、正規表現を利用する上ではそれらの違いを常に意識する必要がありました。しかし、現在では世界中の文字を扱うことが可能な「Unicode」と呼ばれる規格が普及し、ほぼ全ての処理系でUnicodeに基づく処理が可能となっています。

Unicodeの概略

既に説明した通り、Unicodeは世界中の文字を統一的に扱うことを目的として、Unicode Consortiumが策定している文字コードです。最初のバージョンは1991年に誕生した1.0.0であり、本書執筆時点では10.0.0が最新版です。

当初のUnicodeは全ての文字を2バイト（16ビット）、つまり65,536文字の空間を用意し、その中に全ての文字を納める予定でした。しかし世界中の全ての文字を納めるには2バイトでは足らないことがわかったため、1996年に登場したUnicode 2.0.0では全体を21ビットに拡張して、110万を越える文字を収録可能としています。

Unicodeは各文字に対して「コードポイント」（あるいは「Unicodeスカラ値」）という一意な値を割り当てており、コードポイントによって特定の文字を指示する場合は「U+」にコードポイントの16進値を続けた「U+コードポイント」という表記を利用します。この記法に従えば、コードポイント0061（10進表記では97）を持つ文字「a」は「U+0061」として表現されます。Unicodeは21ビットの文字コードなので、最大のコードポイントはU+10FFFFです。

Unicodeは大きく、当初の16ビットの範囲を示すU+0000～U+FFFFと、後から追加されたU+10000～U+10FFFFの範囲に分割されます。前者を基本多言語面（BMP: Basic Multilingual Plane）、後者を追加面（Supplementary Planes）と呼びます。「面」とは2バイトで表現可能な領域を意味するUnicodeの概念であり、これに従えばBMPは第0面、追加面は第1面から第16面の15面に相当します。

Unicode のプロパティ

他の文字コードと異なるUnicodeの大きな特徴として、個々の文字が持つ特性を規格として明確化している点が挙げられます。これらの特性を、Unicodeでは「プロパティ」と呼んでいます。

プロパティは名前で識別され、個々のプロパティは型を持っています。型はプログラミング言語の型と似ており、「はい」か「いいえ」で答えられる「Binary」、事前に定義された値からいずれかを選ぶ「Enumeration」や「Catalog」、数値を示す「Numeric」などがあります。以下に、プロパティの例を示します。

▼ Unicode のプロパティの例

プロパティ	型	説明
General_Category	Catalog	その文字の一般カテゴリ（後述）
Block	Catalog	その文字が所属するブロック（後述）
Script	Catalog	その文字が所属するスクリプト（後述）
Script_Extensions	Miscellaneous	その文字が所属するスクリプト拡張（後述）
Age	Catalog	その文字が初めて収録されたUnicodeのバージョン
Numeric_Type	Enumeration	数字の種類
Uppercase	Binary	大文字か否か
Lowercase	Binary	小文字か否か
Alphabetic	Binary	音素文字 / 音節文字か否か（各言語のアルファベットだけでなく、漢字やひらがななども含む）
Join_Control	Binary	文字の結合を制御する制御文字か否か
Hex_Digit	Binary	16進数の表記に使う文字か否か

Unicodeのプロパティは、正規表現で文字列を処理する上では極めて重要です。というのも現代の正規表現における文字集合の定義方法は、古典的な「コードの並び順」（例：AからZまで）ではなく、Unicodeのプロパティに基づく抽出（プロパティの名前と値で文字を選択する）となっているためです。たとえば、後述するプロパティ「一般カテゴリ」を使うと、数字は「一般カテゴリの値がNdとなっている文字」として抽出できます。

厄介なことに、Unicodeの各文字に与えられるプロパティは、Unicodeのバージョンによって異なる可能性があります。処理系がサポートするUnicodeのバージョンが違うと、あるプロパティで抽出される文字の集合は異なるかもしれません。

以下に、正規表現を利用する上で意識しておきたいプロパティを簡単に説明します。

一般カテゴリ

「一般カテゴリ（General Category）」は、「句読点」「10 進数字」「小文字」などといった大まかな文字の分類を示すものです。Unicode の各文字は、最も近い一般カテゴリのいずれか一つに必ず所属しています。一般カテゴリは「Ll」や「Nd」のように「大文字 1 文字＋小文字 1 文字」の形式で表現され、最初の大文字が文字の大分類、続く小文字は大分類中の小分類となります。一般カテゴリの一覧については、付録を参照してください。

Unicode に対応した処理系では、一般カテゴリによって特定の文字の集合を指定できます。「Ll」（小文字）や「Lu」（大文字）のように完全な形式で指定することもできますが、「L」のように 1 文字で指定することもできます。「L」のように指定した場合は「Ll」「Lu」「Lt」など、「L」から始まる全ての一般カテゴリを指定したことになります。

ブロック

Unicode は文字の種類に応じて、個々の文字を格納する空間を大まかに分割しています。このように分割された個別の範囲を「ブロック」と呼びます。ブロックは起点と終点によって定義され、その間にある全てのコードポイントが当該ブロックに所属する文字となります。たとえば、コードポイント U+0000 ～ U+007F には「Basic Latin（基本ラテン文字）」として ASCII と全く同じ文字が、U+3040 ～ U+309F には「Hiragana（平仮名）」として日本語のひらがなが格納されています。

ブロックはあくまでも、Unicode の文字空間内の特定の範囲を指す概念に過ぎないという点に注意してください。多くのブロックの中には、文字が割り当てられていないコードポイントも存在します。

スクリプト

「スクリプト」はブロックに似ていますが、より実際の記述形式（書記体系）に合致した文字の集合です。例えば、ひらがなの「あ」は「Hiragana」というスクリプトにのみ所属する文字です。

大抵のスクリプトは言語単位となっていますが、「キリル文字」のように複数の言語（ロシア語、ウクライナ語など）で利用されるものもあります。また、日本語のように複数のスクリプト（「Hiragana」「Katakana」「Han（漢字）」「Latin（ラテン文字）」）を利用する言語もあります。

Unicode はまた、以下 3 種類の特殊なスクリプトを定義しています。

Common	複数のスクリプトで共通的に利用される文字。ASCIIの「*」や「/」、各種の括弧、制御文字などが該当する。
Inherit	各種のスクリプトに所属する文字と組み合わせて使うための文字。アクセント記号のような各種のダイアクリティカルマークなどが該当し、組み合わせ後は組み合わせられた文字のスクリプトを継承（inherit）する。
Unknown	私的利用領域やサロゲートなど、スクリプトの割り当てようがない文字

スクリプト拡張

個々のUnicode文字にはただ一つのスクリプトしか割り当てられないため、Unicodeのスクリプトは我々が直感的に想像する文字の集合とは微妙に異なります。例えば、HiraganaやKatakanaには長音符（「ー」）が含まれていません。長音符はHiragana/Katakanaの両方のスクリプトから使われるため、Commonスクリプトに含められているからです。とは言え、平仮名の集合を表すのにHiraganaとCommonの両方のスクリプトを使うと、本来不要な「*」や「/」も含まれてしまうことになります。

この問題を解決するのが「スクリプト拡張」です。スクリプト拡張には、個々のスクリプトに対して現実的に必要と思われる文字が追加されています。スクリプト拡張のHiraganaには、長音符やゲタ記号（「〓」）なども含まれています。

複数の文字で1文字を表す

100万字以上の文字を収められるにもかかわらず、諸般の理由から、Unicodeでは複数の文字を使って1文字を表現するケースがあります。これらは正規表現で「文字」を表す際に問題となることがあります。

サロゲートペア

Unicodeを16ビットから21ビットに拡張する時点で、既に世の中にはUnicodeを実装した処理系が多数存在しました。それらの処理系はUnicodeの前提であった「1文字は2バイト」に従って実装されていたため、そのままでは後から追加された追加面（U+10000以上）の文字を表現できません。そこで考えられたのが、2文字で1文字を表す「サロゲートペア」という考え方です。

サロゲートペアでは、U+D800～U+DBFF及びU+DC00～U+DFFFの2つの領域からコードポイントを一つずつ抽出し、その組み合わせで別の1文字を表現します。この2つの領域にはそれぞれ1,024個のコードポイントがあるため、両者の組み合わせで約105万文字（1,024 × 1,024 = 1,048,576）を表現できます。これによって、追加面の文字を全てカバーすることが可能となりました。

問題は、正規表現の処理系がサロゲートペアを 1 文字と認識できるかどうかです。1 文字を示すメタキャラクタ「.」がサロゲートペアが示す 1 文字を表現するか、それともサロゲートペアを構成する 2 文字のいずれかにマッチするかは、処理系に依存します。

書記素クラスタ

Unicode は規格として、複数の文字を組み合わせて 1 文字を表現することを可能としています。そのため、Unicode では我々が 1 文字として認識するものを「書記素 (grapheme)」、単一の書記素を構成するために組み合わせた複数の文字を「書記素クラスタ (grapheme clusters)」と呼んでいます。書記素クラスタを構成するパターンとしては以下のようなものがあります。

結合文字	Unicode には直前の文字と結合することを前提としたダイアクリティカルマーク（アクセント記号など）が多数用意されている。これにより、Unicode に定義されていないアクセント記号付きの文字を表現できる。
字母の組み合わせ	たとえばハングルの 1 文字は初声の子音、中声の母音、場合によっては更に終声の子音の組み合わせで構成される。これにより、Unicode に定義されていないハングルを表現できる。
異体字の表現	漢字や数学記号には、単一の文字に対して複数の異なる字形 (異体字) が存在し得る。これらの中から一つの字形を選択するには、文字に対して異体字セレクタ (variation selector) を付与する必要がある。
絵文字	人の絵文字に対する肌の色の指定や、複数の絵文字の合成など、単一の絵文字の構成には複数の文字の組み合わせが必要となる場合がある。

書記素クラスタを単一の文字として認識できるかできないかは、当然ながら処理系に依存します。

07 正規表現用語リファレンス

ASCII（American Standard Code for Information Interchange）

1963年に米国で制定された、英語で利用するラテンアルファベットを中心とした符号化文字集合。

ASCIIは7ビットのコード系であり、各文字はØ（Øx00）から127（Øx7F）の128個の値のそれぞれで表現されます。この128文字のうち、Ø（Øx00）～31（Øx1F）の32文字を制御文字として、1文字を空白、1文字を抹消（DEL）として利用しているため、実際に文字として利用可能なのはわずかに94文字に過ぎません。ASCIIはこれら94文字の空間に、ラテンアルファベットの大文字/小文字と、Øから9の数字、そして各種の記号を格納しています。

ASCIIにはANSI（American National Standards Institute; 米国規格協会）の規格としてANSI/INCITS 4という規格番号が与えられています。またASCIIに基づき、ISO（International Organization for Standardization: 国際標準化機構）が国際標準として制定したのがISO 646です。なお、Unicodeの最初の128文字（U+ØØØØ～U+ØØ7F）は、その並び順も含めてASCIIと全く同じです。

DFA（Deterministic Finite Automaton）

有限オートマトンのうち、「入力がない遷移はあり得ない」「ある状態で1文字を読み込んだ場合、次に遷移する先は1つだけに決まる」という2つの制約を満たすもの。日本語では「決定性有限オートマトン」と訳されます。

DFAではバックトラックが発生しないため、DFAを利用する処理系はNFAを利用するものよりも一般的に高速です。ただし、DFAでは実現できない機能もあるため、DFAだけを利用する処理系はあまり多くありません。

ISO 8859

ASCIIに収められていないさまざまな文字を定義するため、1985年にECMA 94として制定された符号化文字集合。ISOによる国際標準化ではISO 8859という番号が与えられ、今日ではこちらの名前で呼ばれることが一般的です。

ECMA 94は8ビット（256文字）をフルに使いますが、Ø（Øx00）から127（Øx7F）にはASCIIと同じ文字を収めており、また128（Øx8Ø）から159（Øx9F）は制御文字を納めるために未定義としたため、新たに追加できる文字は96文字に過ぎません。そこで

ECMA 94は西欧・中欧・南欧・北欧のそれぞれ向けに、No.1からNo.4の4つの文字集合を規定しました。ISO 8859ではこれを更に進め、キリル文字用の5、アラビア語用の6…と全部で15個の文字集合を定義しています。

西欧の文字を集めたISO 8859-1にC0/C1制御文字集合を組み合わせた文字集合は俗にLatin-1と呼ばれ、Unicodeの最初の256文字を構成しています。

NFA（Nondeterministic Finite Automaton）

有限オートマトンのうち、「入力がなくとも別の状態への遷移が可能」「ある状態で1文字を読み込んだ場合、次に遷移する先が複数存在する」という特徴を持つもの。日本語では「非決定性有限オートマトン」と訳されます。DFAは、NFAの特別な状態とみなすことができます。

現在の正規表現の処理系は、そのほとんどがNFAに基づいて処理を行っています。これは、（少なくとも現在の正規表現の処理に利用する上では）NFAのほうが広い表現力を持たせることが可能だからです。

POSIX（Portable Operating System Interface）

米国電気電子学会（IEEE：Institute of Electrical and Electronic Engineers）による、UNIXの標準アプリケーション・インターフェイス仕様。

UNIX系OSはさまざまなベンダや団体によって提供されてきましたが、それぞれが独自に機能拡張や仕様変更を進めた結果、互換性が失われてしまうという事態を招きました。そのため、各OS間で最低限の互換性を確保するために策定された標準がPOSIXです。なお、POSIXは、IEEEの登録商標となっています。

POSIXは正規表現についても言及しています。POSIXで言及されている正規表現としては、基本正規表現（BRE）と拡張正規表現（ERE）の2種類があります。

POSIX NFA

POSIXで要求されている「最長最左」の原則に従うように実装された、NFAベースの正規表現エンジン。

NFAベースの正規表現エンジンでは、場合によっては「最長最左」の原則を満たさないことがあります。そこで、「最長最左」の原則を満たすように実装されたものを特にPOSIX NFAと呼びます。

POSIX NFAではバックトラックの回数が増大するため、性能は悪化します。そのため、

POSIX NFA を利用する処理系はあまり多くありません。

POSIX 文字クラス表現（POSIX character class expression）

POSIX で規定されている、「特定の文字クラスに含まれる文字」を表現するための記法。文字クラス名を「[:」と「:]」で括って表現します。たとえば、「[:upper:]」はアルファベットの大文字を表現する POSIX 文字クラス表現となります。

POSIX はこの表現を「文字クラス表現」と称していますが、一般的には「POSIX 文字クラス」あるいは「POSIX ブラケット表現」と称されます。

アンカー（anchor）

正規表現がマッチする位置を特定の場所に固定するために用いるメタキャラクタの総称。正規表現の前後にアンカーが付与されると、その正規表現はアンカーが示す位置から始まる、あるいはアンカーが示す位置で終わる場所でのみマッチします。アンカーが文字そのものにマッチすることはありません。

POSIX ではアンカーとして「^」及び「$」が定義されています。一方、現代的な処理系ではそれ以外にも、単語の境界を示す「\b」のようなアンカーを用意しています。

アンカーは「言明」(assertion）と呼ばれることがあります。アンカーの役割は正規表現が指定された位置でのみマッチするように強制することであり、「制約」や「言明（ある条件が成立するということの表明)」と呼ばれるべきものだからです。アンカーは幅を持たないことから、特にゼロ幅言明（zero-width assertion）と呼ぶこともあります。

エスケープ（escape）

メタキャラクタの持つ特別な意味を失わせること。メタキャラクタをエスケープするには、メタキャラクタの前に「\」というメタキャラクタを置きます。「\」を「\」という文字そのものとして扱うには、「\\」のように記述します。

オートマトン（automaton）

計算を行う仕組みに対する、数学的なモデルの総称。オートマトンは、入力に対して現在の内部状態に応じた処理を行ない、結果を出力する仮想的な機械と定義されます。正規表現の処理で利用されるのは、オートマトンの中でも状態数が有限である「有限オートマトン」です。

オートマトンのたとえとしては、自動販売機がよく使われます。自動販売機をオートマトンだとすると、入力は硬貨です。自動販売機は硬貨を受け付けるたびに内部の状態（=受け取った硬貨の合計金額）を遷移させていき、飲物の金額と等しくなれば飲物を出します。つまり、開始状態は0円で、受理状態に達すれば飲物を出すことになります。

拡張正規表現（extended regular expression）

POSIXで定義されている2種類の正規表現の1つ。基本正規表現をサポートするツールとしてはawk、egrepなどがあります。「拡張」という名前がついていますが、基本正規表現の完全な上位互換ではありません。特に、基本正規表現で定義されている一部のメタキャラクタが利用できなくなっている点に注意してください。

基本正規表現（basic regular expression）

POSIXで定義されている2種類の正規表現の1つ。基本正規表現をサポートするツールとしてはsed、grep、vi、edなどがあります。部分正規表現を定義するための「(」「)」を「\(」「\)」と書くなど、他の正規表現とは多少異なる記法を利用することがあります。

キャプチャ（capture）

部分正規表現にマッチした文字列を、一時的に記憶しておくこと。記憶された内容は、後方参照によって取り出すことができます。

行終端子（line terminator）

文字列中で、行の末尾を示すために利用される文字。一般的には改行（LF:U+000A）が利用されますが、処理系によっては他の文字も行終端子とみなします。特にUnicodeは復帰（CR:U+000D）やNEL（U+0085）に加え、垂直タブ（U+000B）やフォームフィード（U+000C）など、さまざまな文字を行終端子として認識するよう指示しています。

通常は1文字ですが、「\r\n」（CRとLFの組み合わせ）のように2文字からなる行終端子もあります。

空文字列（null string/empty string）

文字が1文字も存在しない文字列。「0文字の連続」を示す概念です。

空文字列は文字列中、あるいは文字列の外部の至るところに存在します。たとえば「dog」という文字列は「d[空文字列]o[空文字列]g[空文字列]」のようにも考えることができます。

空文字列には2つの重要な決まりがあります。1つは「空文字列が連続したものは、単一の空文字列と同じとみなす」という点、もう1つは「2つの文字列が同じものかどうかを判断する際、途中に含まれる空文字列は無視して考える」という点です。従って、「d[空文字列][空文字列]o」は「d[空文字列]o」と同一であり、かつ「do」とも同じと考えます。

なお、「空文字」という概念はありません。（複数の文字の連続である）文字列を空にすることはできますが、文字そのものを空にすることはできないからです。

繰り返し表現（interval expression）

繰り返しの数を明示するための記法。繰り返しの最小回数 min と最大回数 max を示した「{min,max}」という形式で記述します。min か max のいずれかだけを指定すればよい処理系もあります。

クラスタ化（clustering）

「(」「)」などを利用して、正規表現を単一の塊にすること。「グルーピング（grouping）」とも呼びます。クラスタ化された結果が部分正規表現です。

グループ化構成体（grouping constructs）

クラスタ化に利用される「(」「)」などの総称。「(」「)」によってクラスタ化された部分正規表現はキャプチャの対象となりますが、他のグループ化構成体によってクラスタ化されたものはキャプチャの対象とはなりません。

クロイスタ（cloister）

グループ化構成体の1つで、一時的に処理モードを変更するために利用するもの。「(?modifier:pattern)」という表記を利用し、「modifier」部分に処理モードを指定する修飾子を記述します。

後方参照（backreference）

部分正規表現がキャプチャした内容を、後から取り出して利用するための記法。「前方参照」と呼ばれることもあります。

後方参照は歴史的に「\数字」という形式で記述します。ここで、数字には目的とする部分正規表現を示す番号を指定します。部分正規表現の番号は、正規表現中で部分正規表現が登場する順序（厳密には、部分正規表現の開始を指示する「(」が登場した順序）に従い、左側から 1、2、3... として振られます。

強欲（possessive）

量指定子の動作方針の1つで、最長一致の原則に従ってマッチを行った後、マッチした範囲のステートを破棄するというもの。

強欲な量指定子の1つ「*+」を利用した「.*+\d」を「abc9」に適用した場合、マッチには失敗します。まず、「.*+」は「abc9」全体にマッチし得る正規表現のため、「abc9」全体にマッチします。ここで通常の「*」であれば、後続の「\d」のために最後の「9」を諦めますが、「*+」はそのようなことはしません。いったんマッチした範囲を諦めるということはバックトラックが発生するということですが、「*+」はバックトラックに必要となるステートを破棄してしまうため、バックトラックを行うことができないからです。

最短一致（shortest match）

量指定子の動作方針の1つで、マッチする可能性のある文字列の候補に対して、もっとも短い文字列にマッチするというもの。この方針は「無欲（reluctant）」とも呼ばれます。

「*?」や「+?」といった量指定子は、複数の文字列にマッチしうる場合、最も短い文字列を選択します。たとえば「a+?」という正規表現を「aaaa」に適用した場合、「a+?」は自分がマッチしうる中で最も短い候補である「a」を選択します。

最短一致といえども、正規表現全体に対するマッチは常に優先されます。「a+?b」という正規表現を「aaab」に適用した場合、「a+?」が「a」にしかマッチしないのであれば、「a+?b」は決して「aaab」にはマッチしません。従ってこのような場合、「a+?」は正規表現全体がマッチ可能な範囲で、最も短い文字列である「aaa」にマッチします。

ただし、「a+?a*b」のような正規表現を「aaab」に適用した場合、「a+?」は先頭の「a」にしかマッチしません。「a+?」が無理にマッチしなくとも、後続の「a*」が続く「aa」にマッチしてくれるからです。

最長一致（longest match）

量指定子の動作方針の１つで、マッチする可能性のある文字列の候補に対して、最も長い文字列にマッチするというもの。この方針は「欲張り（greedy）」あるいは「貪欲」とも呼ばれます。

たとえば「a*」という正規表現を「aaaa」に適用した場合、「a*」がマッチする候補としては「空文字列」「a」「aa」「aaa」「aaaa」の５つが考えられます。このように複数のマッチ候補が存在した場合に単一の候補を選び出す方針として、「もっとも長い文字列にマッチする」という方針が最長一致です。従ってこの場合、「a*」にマッチするのは「aaaa」となります。

通常の量指定子は、最長一致の原則に従います。

最長最左（longest leftmost）

文字列中のある位置からマッチを開始した場合に、マッチ候補となる文字列の中で可能な限り長い文字列にマッチするという方針。この考えに従えば、「internationalization」という単語に対して「in|inter|international」を適用した場合、「in」や「inter」ではなく「international」が選ばれる必要があります。

POSIX は同じ位置で始まるマッチ候補が複数存在する場合、必ず最も長い文字列にマッチすることを要求しています。この方針に沿う NFA の処理系を、俗に「POSIX NFA」と呼びます。

先読み（lookahead）

指定された位置から文字が読まれる方向に文字列を読み進めることによって、指定された正規表現にマッチする文字列が見つかるかどうかを調べること。

言語によって文字を読む方向が異なるため、先読みの方向は言語に依存します。横書きの日本語や欧文では、文字は左から右に読まれますので、先読みとは「ある位置から見て右側に指定した正規表現があるかどうかを調べる処理」となります。

修飾子（modifier）

正規表現を利用した処理において、特定の処理方法を利用するよう指示する記号。修飾子の例としては、「.」が行終端子にマッチするようにする「s 修飾子」や、大文字と小文字を無視してマッチを行わせる「i 修飾子」などがあります。

従来型 NFA（traditional NFA）

POSIX NFA 以外の NFA ベースの処理系を明示的に指す場合に利用する語。

「|」による部分正規表現の選択に際しては、最初に見つかったものを利用します。従って「internationalization」という単語に対して「in|inter|international」を適用した場合にマッチするのは「in」ですが、「international|in|inter」とした場合は「international」がマッチすることになります。

照合要素（collating element）

POSIX で定義されている概念で、単一の実体としてみなされる 2 文字以上の文字の連続。個々の照合要素を示すのが「照合シンボル」です。スペイン語を利用するロカールでは、「ll」という「小文字の l が 2 つ並んだ」照合シンボルによって、「ll」という「2 文字で 1 文字となる」照合要素が示されます。

照合シンボルはロカールごとに定義されます。

ステート（state）

NFA を利用する正規表現エンジンにおいて、バックトラックが可能となるように、処理中に残しておく目印のこと。

ステートが残された場合、正規表現エンジンはバックトラックが可能となります。バックトラックは処理効率を落とすため、故意にステートを残さないように制御することもあります。

制御文字（control character）

通信やハードウェアの制御に用いる特別な文字。身近な制御文字としては、改行を表現する文字や、タブを表現する文字などが挙げられます。

一般的に制御文字として知られるのは ASCII の Ø x ØØ から Ø x1F に定義されている 32 文字と DEL（Øx7F）ですが、制御文字にはこれ以外にも、1976 年に ECMA 48（ISO 6429）としてまとめられた Øx8Ø から Øx9F の 32 個が存在します。このため、ASCII の ØxØØ から Øx1F は「CØ 制御文字集合」、ECMA 48 の Øx8Ø から Øx9F は「C1 制御文字集合」と区別されるようになりました。C1 制御文字集合はその役割をほぼ終えていますが、NEL（Øx85）だけは現在でも正規表現の処理系が改行として認識する文字の一つとして扱われています。

前後読み（lookaround）

先読みと戻り読みの総称。

選択（alternation）

「2つ以上の正規表現のいずれか」を表現する概念。「代替」とも呼ばれます。

正規表現は選択を表すメタキャラクタとして「|」を用意しています。たとえば「A|B」は、AまたはBにマッチするものとなります。また、「\d+|\s+」は任意の数字の連続、あるいは任意の空白の連続にマッチします。

選択は2つ以上の正規表現の「和」を示すものです。単一の正規表現「cat」と「dog」は、それぞれcat及びdogという文字列にしかマッチしません。しかし選択を用いて「cat|dog」と書けば、「catにもdogにもマッチする正規表現」となります。つまり、選択とは「複数の正規表現のそれぞれが表現する文字列の集合」であると言えます。

ダイアクリティカルマーク（diacritical marks）

文字に付与することで特定の文字の発音を変化させるための記号で、一般的には「アクセント記号」と呼ばれています。ダイアクリティカルマークの例としては、フランス語の「¸」（セディユ）やドイツ語の「¨」（ウムラウト）などが挙げられます。

Unicodeではたとえば「ç」という文字が単独で「U+00E7」として定義されているにも関わらず、「c」（U+0063）+「¸」（U+0327）としても記述できることになっています。このような文字を1文字としてマッチするか、2文字としてマッチするかは、正規表現を利用する上で問題となることがあります。

なお、日本語の濁点や半濁点も、ダイアクリティカルマークの一種とみなされます。

等価クラス（equivalence class）

POSIXで定義されている概念で、特定のロカールにおいて「等価」だとみなされる複数の文字を包括的に指示する名前。等価クラス「e」として「e」「è」「é」「ê」を定義すれば、「e」単体で先に挙げた4文字を表現できます。

等価クラスはロカールごとに定義されます。

バックトラック（backtrack）

NFA を利用する処理系で、処理中にマッチに失敗することがわかった場合に、別の選択肢を選ぶために処理を後戻りさせること。

NFA では、ある状態において複数の遷移先があるため、遷移先を間違えると「これ以上遷移できない」という状態に落ち込んでしまうことがあります。そこで NFA を採用する処理系では、複数の遷移先がある場合は現在の状態に目印を残しておくことによって、必要なときに処理の後戻りを行います。これを「バックトラック」と呼びます。バックトラックが可能となるように残しておく「目印」は「ステート」と呼ばれます。

範囲指定表現（range expression）

ブラケット表現中で利用される「from-to」という記法のこと。「[a-p]」は a から p までのアルファベット小文字にマッチします。

非マッチングリスト（non-matching list）

ブラケット表現中で利用される文字の列挙で、否定を示す「^」が先頭に置かれているもの。「[^a]」は「a」以外のすべての文字にマッチします。

部分正規表現（subexpression）

「(」「)」などのグループ構成体で括ることによって、正規表現を単一の塊にしたもの。部分正規表現には量指定子を適用することができます。「クラスタ（cluster）」とも呼ばれます。「(」「)」はキャプチャの用途にも利用されるため、部分正規表現を定義するためだけのメタキャラクタとして「(?:」「)」を用意している処理系もあります。

ブラケット表現（bracket expression）

「複数の文字からなる集合のうちのいずれか」という概念を表現する記法で、「[」と「]」の間に複数の文字を並べて記述します。たとえば、「[ab]」は「a または b」を表現するブラケット表現です。

文字を単純に並べるだけでは記述が大変なので、範囲を示す「-」を利用という略記法が用意されています。「[a-d]」は a から d までの文字、すなわち「[abcd]」と同一の意味を持ちます。「ブラケット表現」というのはPOSIXの用語で、一般的には「文字クラス」という語が利用されています。

閉包（closure）

直前の正規表現の0回以上の繰り返し。「クリーネ閉包(Kleene closure)」とも呼びます。「S*」は「空文字列」「S」「SS」「SSS」「SSSSSS」などにマッチします。

閉包は「0回以上の繰り返し」なので、直前の正規表現が存在しない場合にもマッチする点に注意してください。

マッチ（match）

ある文字列が、正規表現によって定義される特定のパターンに合致すること。ある正規表現が目的とする文字列を表現できている状態のことを「マッチする」と称します。ある正規表現で、特定の文字列を検索/置換できるという状態と言い換えてもよいでしょう。

例えば、「a.*」は「apple」にも「application」にも合致する（つまり、「a.*」という正規表現は「apple」や「application」を表すことができる）正規表現ですが、このようなとき「『a.*』は『apple』にも『application』にもマッチする」と言います。逆に「『a.*』がマッチする文字列」と言った場合は、「apple」や「application」などがその例となります。

マッチングリスト（matching list）

ブラケット表現中で利用される文字の列挙で、否定を示す「^」が先頭に置かれていないもの。

メタキャラクタ（metacharacter）

一般の文字とは異なり、その文字自身に特別な意味が割り当てられている文字。

正規表現は特定の文字に特別な意味を与えることによって、単なる文字の連続よりも幅広い表現力を持たせています。このように、特別な意味を与えられた文字のことをメタキャラクタと呼びます。メタキャラクタは一見通常の文字と同様に見えますが、その見かけの文字にはマッチしません。たとえば「*」はメタキャラクタですので、「*」という文字にはマッチしません。もし「*」を「*」という文字にマッチさせたければ、エスケープによって「*」が持つ特別な意味を失わせる必要があります。 「\d」のように複数の文字からなるメタキャラクタは、「メタシンボル（metasymbol)」と呼ばれることもあります。

文字（character）

コンピュータ上で処理対象なるデータや、制御情報を表すために定義された記号。

文字はデータを表す図形文字（graphic character）と、データの処理や転送を制御するための制御文字（control character）の2種類に分けられます。図形文字には、英数字や日本語のひらがな / カタカナ / 漢字、各種の記号などが含まれます。一方、制御文字の例としては改行やタブなどが挙げられます。

文字列（string）

0文字以上の文字の連続。たとえば「d」「o」「g」の3文字が並んだ「dog」は、1つの文字列となります。

文字列の定義は「0文字以上」であることに注意してください。「0文字の連続」(= 文字が存在しない）は紙やデータの上で表現することはできませんが、文字列とみなされます。このような「0文字の連続」のことを「空文字列」と称します。

文字クラス（character class）

POSIXでは「共通の特徴を持つ文字から構成される文字の集合」、POSIXとは無関係な処理系では「ブラケット表現」を指す語。

POSIXでは文字クラスという概念によって、利用される文字を複数の集合に分類しています。文字クラスはロカールごとに定義されるものですが、「digit（数字)」や「cntrl（制御文字)」などの基本的な文字クラスはどのロカールでもサポートされています。ただし、ロカールによって含まれる文字は異なることがあります。

文字クラスエスケープ（character class escape）

一部の処理系において、「\d」のように「\+1文字」によって特定の文字集合を表現するメタキャラクタを総称する語。「\d」は「0から9までの数字」、「\s」は「空白とみなされる文字」というように、複数の文字を表現します。これに対して「\L」(= 後続の文字列を小文字に変換する）のようなものは、形は同じでも「文字クラスエスケープ」とは呼びません。

戻り読み（lookbehind）

指定された位置から文字が読まれる方向とは逆の方向に文字列を読み進めることによって、指定された正規表現にマッチする文字列が見つかるかどうかを調べること。「後読み」と呼ぶこともあります。

言語によって文字を読む方向が異なるため、戻り読みの方向は言語に依存します。横書きの日本語や欧文では、文字は左から右に読まれますので、戻り読みとは「ある位置から見て左側に指定した正規表現があるかどうかを調べる処理」となります。

連接（concatenation）

正規表現を連続させることによって、別の正規表現を生成すること。正規表現を連接によって繋げたものは、やはり正規表現となります。

「.」というメタキャラクタと「*」というメタキャラクタを繋げれば、「.*」という正規表現ができます。また「\d+」と「\s*」という2つの正規表現を繋げると、「\d+\s*」という正規表現ができます。連接によって生成された正規表現は、「前の正規表現がマッチした後に、後ろの正規表現がマッチする」という正規表現になります。

通常、連接を表現するメタキャラクタは用意されていません。単純に2つ以上の正規表現を並べれば、連接を行ったものとみなされます。

量指定子（quantifier）

直前の文字、メタキャラクタ、あるいは部分正規表現の繰り返しを表現するためのメタキャラクタ。量指定子の例としては、閉包を表す「*」や、1回以上の繰り返しを表す「+」などがあります。

ロカール（locale）

言語及び文化的習慣に依存する特定の環境を示す概念で、一般的には言語と地域によって識別されます。各ロカールには、そのロカールで利用される文字、文字などの整列順序、日付／時刻／数値／通貨の書式など、言語や地域の習慣に依存するさまざまな情報が定義されています。どのロカールを利用するかは、ユーザが明示的に選択します。

ロカールは正規表現の処理方法に影響を与えることがあります。これには、「特定のビットの並びをどのような文字として解釈するか」「文字の整列順序」「等価クラスや照合要素の定義」などがあります。

02

処理系リファレンス

01 文字列を検索する

1 grep パターン [ファイル名] / grep -G パターン [ファイル名]
2 egrep パターン [ファイル名] / grep -E パターン [ファイル名]
3 fgrep パターン [ファイル名] / grep -F パターン [ファイル名]
4 grep -P パターン [ファイル名]

grepは基本正規表現を、egrepは拡張正規表現を利用して、指定されたパターンにマッチする文字列が含まれた行をファイルから検索します。「grep 'a..b' sample.txt」は、「a..b」という正規表現にマッチする文字列が含まれる行をファイルsample.txtから検索します。ファイル名が指定されなかった場合、標準入力から読み込んだデータに対して検索を実行します。

指定されたパターンを正規表現として解釈せずに検索するには、fgrepを利用します。fgrepを利用した場合、「a..b」は「aとbの間に2文字が存在する文字列」ではなく、「a..b」という文字列として解釈されます。

GNU grepでは、grepのオプションによって利用する正規表現を指定することができます。「-G」なら基本正規表現を、「-E」なら拡張正規表現を利用します。また、オプション「-F」を指定した場合はfgrep同様、指定されたパターンを正規表現としてではなく、通常の文字列として解釈します。

PCRE（PHPも利用している正規表現ライブラリ）を有効にしてgrepをビルドしている場合、「-P」を指定するとPCREの正規表現が利用できます。この場合、grepでもPHPと同等の正規表現を使うことができます。

参考

grepにはさまざまなオプションがあります。ここでは、その一部を紹介します。

▼ grepの主なオプション

-i	大文字小文字を無視して文字列の検索を行う（通常の正規表現では、i修飾子を指定した場合と同等）
-v	指定したパターンを含まない行だけを出力
-n	マッチした行を出力する際に、併せて行番号を出力
-h	マッチした行を出力する際に、ファイル名を出力しない

01 処理対象行を指定する

1 /regex/
2 \XregexX

regex：正規表現　X：任意の一文字

一部の sed のコマンドには、処理の対象とする行を行番号で指定する必要があります。これを「アドレス」と呼び、1つのアドレスを指定した場合は指定された行が、2つのアドレスを指定した場合は2つのアドレスの間の行が、省略した場合は全行が処理対象となります。また、特殊なアドレスとして現在行を示す「.」と、最終行を示す「$」が用意されています。たとえば「5」は5行目を、「20,$」は「20行目から最終行まで」を処理の対象とします。

デリミタ「/」で正規表現を括ることによって、指定された正規表現にマッチする行をアドレスとして利用できます。1つの正規表現を指定した場合、その正規表現にマッチするすべての行が処理対象となります。2つの正規表現を指定した場合、最初の正規表現に（最初に）マッチした行から、次の正規表現に（最初に）マッチした行の間が処理対象となります。「/」はデリミタとして利用されるため、正規表現中では「/」を「\/」と記述します。

「\文字」という書式を利用すれば、「/」以外の文字を正規表現のデリミタとして利用することもできます。「/」の代わりに「X」をデリミタとして利用するのであれば「\XregexX」のようにします。この場合、そのデリミタを正規表現中で利用するには「\文字」と記述しなければなりません。「X」をデリミタに利用した場合、正規表現中で「X」を使うには「\X」と記述することになります。

［文例］

● 1行目から、最初の空行までを削除します。「d」は指定された行を削除するコマンドです。

```
1,/^$/d
```

● 「/usr」が存在する行に対して、行末の「/」を削除します。「s」は文字列を置換するコマンドです。

```
\:/usr:s/\/$//        ←デリミタとして「:」を利用
```

02 指定した文字列を置換する（s コマンド）

s/regex/replacement/[modifier]

regex：正規表現　replacement：置換文字列　modifier：モード修飾子

s コマンドは「regex」として指定された正規表現にマッチする文字列を、「replacement」に指定された置換文字列で置換します。modifier はオプションで、必要に応じて処理モードを変更するための修飾子を指定します。修飾子は複数指定できます。

置換文字列内では「\ 数字」という記法で必要に応じて後方参照が利用できます。また、メタキャラクタ「&」を利用することで、マッチした文字列全体を後方参照のように取り出すことができます。このため、置換文字列内で「&」を利用するには「\&」と記述する必要があります。

s コマンドでは 1 つまたは 2 つのアドレスを指定することによって、置換対象とする行を指定できます。アドレスを指定しなかった場合は、すべての行が置換対象となります。

［文例］

- 各行の行末にある、余分な空白を除去します。正規表現として「文字列末尾にある空白の連続」を示す「␣*$」を、置換文字列として空文字列を指定しています。

```
s/␣*$//
```

- 10 行目から 20 行目を対象に、「windows」という単語を「Linux」に置換します。GNU sed の独自拡張である i 修飾子を利用することにより、大文字 / 小文字の違いを無視させています。

```
10,20s/\<windows\>/Linux/i
```

s コマンドで正規表現と置換文字列を区切る「/」は「デリミタ」と呼ばれます。デリミタには「/」以外の文字も利用可能ですが、正規表現・置換文字列内部でデリミタと同じ文字を使う場合は「\」でエスケープする必要があります。

01 指定した文字列を置換する

gsub(regex, replacement [, target])

regex：正規表現　replacement：置換文字列　target：置換対象文字列

戻り値：regex がマッチした数（マッチしなければ 0）

sub(regex, replacement [, target])

regex：正規表現　replacement：置換文字列　target：置換対象文字列

戻り値：マッチ成功時は 1、失敗時は 0

gensub(regex, replacement, number [, target])

regex：正規表現　replacement：置換文字列　number：置換対象　target：置換対象文字列

戻り値：置換後の文字列

それぞれ、「regex」として指定された正規表現にマッチした部分を置換するための関数です。正規表現は「/regex/」のようにデリミタ「/」で区切って指定するか、「"regex"」のように文字列として指定します。

gsub 関数は、指定された文字列 target 内で指定された正規表現 regex にマッチした部分を、すべて置換文字列 replacement で置換します。target が指定されていない場合は、$0（読み込んだ行全体）が利用されます。置換文字列内では、マッチした文字列全体を示すメタキャラクタ「&」が利用できます。

sub 関数は gsub 関数と似ていますが、最初にマッチした文字列のみが置換されるという点が異なります。

gensub 関数は GNU awk 独自の拡張であり、POSIX 準拠の awk では利用できません。gsub 関数と似ていますが、number によって置換対象とするマッチを選択できる点が異なります。number に「g」あるいは「G」から始まる文字列が指定されている場合、regex にマッチしたすべての文字列が置換されます。number に 0 より大きな数字が指定された場合、何番目のマッチが置換されるのかを指示したことになります。

gensub 関数では、置換文字列内で「\n」形式による後方参照が利用できます。「\0」は「&」と同様、マッチした文字列全体を示すために利用されます。

gsub 関数及び sub 関数は、target（指定されなかった場合は $0）を直接変更します。一方、gensub 関数は target を変更せず、置換後の結果を文字列として返します。

［文例］

● 入力行中の数字の連続を、すべて「xxx」に置換します。入力が「127.0.0.1」の場合、戻り値は 4 となります。

```
gsub("[0-9]+", "xxx");
```

● 変数 str に格納された文字列中で最初に現れる「a」を「-」に変換します。

```
sub(/a/, "-", str);
```

● 変数 str に格納された文字列中の 7 文字目を、「{」及び「}」で括ります。

```
str = "abcdefghij";
print gensub(".", "{&}", 7, str);
```

○ 実行結果

```
abcdef{g}hij
```

注意

文字列中で「\」を利用する場合、「\\」と記述します。後方参照として「\1」などを利用したい場合は、「\1」ではなく「\\1」と記述することになります。

02 文字列に対するマッチを行う

match(string, regex[, matches])

string：文字列　regex：正規表現　matches：マッチ位置を格納する配列

戻り値：regex がマッチした位置（マッチしない場合は 0）

match 関数は、文字列 string 中で正規表現 regex がマッチした位置を返します。

match 関数が成功した場合、特殊変数 RSTART にマッチした位置が、RLENGTH にはマッチした文字列の長さが格納されます。失敗した場合は RSTART に 0 が、RLENGTH には -1 が格納されます。

オプションの引数 matches に配列を指定することによって、マッチの結果を取得できます。matches[0] にはマッチしたテキスト全体が、matches[1] 以降には部分正規表現にマッチしたテキストがそれぞれ格納されます。

［文例］

● 指定された文字列中に、数字の連続があるかどうかを調べます。

```
str = "id: 1234";
if (match(str, "[0-9]+")) {
  print "match: " RSTART "/" RLENGTH;
}
```

○ 実行結果

```
match: 5/4
```

● match 関数の第 3 引数を利用すると、マッチした範囲を文字列として取得できます。

```
str = "id: 1234";
if (match(str, "([a-z]+): *([0-9]+)", matches)) {
  print "match: " matches[0] " / " matches[1] " / " matches[2];
}
```

○ 実行結果

```
match: id: 1234 / id / 1234
```

03 処理対象レコードを指定する

/regex/

regex：正規表現

1 $n ~ /regex/
2 $n !~ /regex/

n：フィールド番号　regex：正規表現

awkは特殊変数「RS」（レコードセパレータ）に指定された文字列によって入力を分割し、分割された断片それぞれをレコードとして扱います。デフォルトの「RS」は改行となっているため、各行がレコードとして扱われます。

また、レコードは「FS」（フィールドセパレータ）に指定された文字列によって分割され、分割された断片それぞれはフィールドとして扱われます。デフォルトの「FS」は単一のスペースとなっており、スペースで区切られた個々の文字列がフィールドとなります。

「/regex/」という書式を利用すれば、指定された正規表現にマッチするレコードのみを処理対象とすることができます。このように、レコードを選択するための指定を「パターン」と呼びます。「/^[ab].*/」は、先頭がaあるいはbで始まるレコードを処理対象とします。

「/regex/」は、レコード全体（$0）にパターンがマッチするかどうかを調べるものです。これに対して「$n ~ /regex/」は、指定されたフィールドがパターンにマッチすれば当該レコードを選択します。「~」の代わりに「!~」を利用すると、指定されたフィールドがパターンにマッチしなかった場合に、当該レコードが選択されます。

パターンとしては、以下のような記法も利用できます。

patternA && patternB

2つのパターン「patternA」と「patternB」の両方にマッチする場合に選択されます。

patternA || patternB

2つのパターン「patternA」と「patternB」のどちらかにマッチする場合に選択されます。

patternA ? patternB : patternC

「patternA」にマッチした場合、「patternB」にマッチすれば選択されます。「patternA」にマッチしなかった場合、「patternC」にマッチすれば選択されます。

! pattern

指定されたパターンにマッチしなかった場合に選択されます。

patternA, patternB

「patternA」にマッチするレコードから、「patternB」にマッチするレコードまでが選択されます。

(pattern)

「(」と「)」で括ることによって、演算子の優先順位を変更することができます。

[文例]

● 「/^[0-9]/ || /[a-z]$/」は、先頭が数字で始まるか、末尾が小文字で終わっているレコードにマッチします。

[入力データ]

```
123456789
:1234567:
abcdefghi
```

[スクリプト]

```
/^[0-9]/ || /[a-z]$/ { print $0; }
```

○ 実行結果

```
123456789
abcdefghi
```

● 「$2 !~ /^[0-9]/」は、第 2 フィールドの先頭が数字でないレコードにマッチします。

[入力データ]

```
id: 123456
id: a12345
id: b12345
```

NEXT

[スクリプト]

```
$2 !~ /^[0-9]/ { print $0; }
```

実行結果

```
id: a12345
id: b12345
```


COLUMN

awk について

awk はテキスト加工に特化したプログラミング言語で、UNIX 系 OS 上で古くから利用されてきました。「awk」という名前は、開発者である Aho、Weinberger、Kernighan の頭文字に由来しています。Perl が登場するまで、UNIX 系 OS でのテキスト加工は sed と awk がその中心となっていました。

awk は表形式のテキストに対して最も有効に働くよう設計されています。awk が想定する入力は複数のフィールドから構成されたレコードの連続であり、プログラムの基本構造はパターンとアクションの対です。プログラム中で記述したパターンに入力レコード（あるいはフィールド）がマッチすると、当該パターンに対応するアクションが実行されます。数値処理として通常の四則演算が行えるほか、C に似た制御構造なども持ち合わせています。

オリジナルの awk は俗に「Old awk」と呼ばれ、現在ではほとんど使われていません。POSIX が規定している awk のベースになっているのは「nawk」（New awk）と呼ばれる版で、オリジナルの awk ではできなかった正規表現による文字列置換や、関数定義などが可能なように拡張されています。

01 文字列を検索する

1 /regex
2 ?regex

regex：正規表現

regexに指定された正規表現にマッチする文字列を検索します。「/regex」は現在行から下に向かって検索しますが、「?regex」は現在行から上に向かって検索します。

指定した正規表現が何らかの文字列にマッチした後、次にマッチする文字列を検索するには、コマンドモードで「n」をタイプします。最初の検索とは逆方向に検索する場合は、「N」をタイプします。

［文例］

● 「[0-9].*」にマッチする文字列を、現在行から下方向へと検索します。

```
/[0-9].*
```

● 「[0-9].*」にマッチする文字列を、現在行から上方向へと検索します。

```
?[0-9].*
```

注意

「/regex」で検索する場合は「/」、「?regex」で検索する場合は「?」が検索文字列内部に含まれている場合、それぞれ「\/」「\?」のように「\」でエスケープする必要があります。

02 文字列を置換する

:[range]s/regex/replacement/[modifier]

range：置換範囲　regex：正規表現　replacement：置換文字列　modifier：モード修飾子

regexに指定された正規表現にマッチする文字列を、replacementで指定された文字列で置換します。modifierはオプションで、必要に応じて処理モードを変更するための修飾子を指定します。修飾子は複数指定できます。

rangeは置換の対象とする行を指定するもので、sedのsコマンド同様、1つまたは2つのアドレスを指定します。rangeを指定しなかった場合、現在行のみが置換の対象となります。

アドレスには行番号、あるいは「/regex/」及び「?regex?」形式による正規表現の指定が可能です。「/regex/」は指定された正規表現にマッチする行を現在行から下に向かって検索し、最初にマッチした行をアドレスとします。「?regex?」は「/regex/」と似ていますが、検索方向は上向きとなります。利用法については、文例を参照してください。

vimには、以下のような特殊なアドレスも用意されています。

▼vimの特殊アドレス

アドレス	意味
.	現在行を示す
$	最終行を示す
%	すべての行を意味する（「1,$」と同じ意味）

また、アドレスとして利用する正規表現の前に「g」をつけると、その正規表現にマッチする全ての行が置換の対象となります。「g」の代わりに「v」を使った場合、その正規表現にマッチしなかった行が置換対象となります。

[文例]

● 現在行中の数字を、すべて「x」に置換します。

```
:s/[0-9]/x/g
```

● ファイル中のすべての行に含まれる数字を、すべて「x」に置換します。

```
:%s/[0-9]/x/g
```

● 20行目から最終行の間のすべての行で、行中のすべての数字を「x」に置換します。

```
:20,$s/[0-9]/x/g
```

● 行の先頭が「id:」から始まる行を現在位置から下向きに検索し、最初に見つかった行中の数字をすべて「x」に置換します。

```
:/^id:/s/[0-9]/x/g
```

● 上記同様ですが、行の先頭が「id:」から始まる全ての行が対象となります。sedとは異なり、「g」がなければ最初に見つかった行しか処理対象とならない点に注意してください。

```
:g/^id:/s/[0-9]/x/g
```

● 現在行から上で最初に見つかった「Chapter␣」から始まる行（「?^Chapter␣?」で検索）と、現在行から下で最初に見つかった「Chapter␣」から始まる行（「/^Chapter␣/」で検索）の間のすべての行で、数字をすべて「x」に置換します。

```
:?^Chapter␣?,/^Chapter␣/s/[0-9]/x/g
```

参考

- 「:s」は省略記法で、正式なコマンド名は「:substitute」
- 「:s」コマンドで正規表現と置換文字列を識別するデリミタには「/」以外の文字も利用できる。「:s+[0-9]+x+」では、デリミタとして「+」を利用している

01 文字列に対するマッチを行う

1 $variable =~ m/regex/modifier
2 $variable =~ /regex/modifier

variable：検索対象変数　regex：正規表現　modifier：モード修飾子

1 m/regex/modifier
2 /regex/modifier

regex：正規表現　modifier：モード修飾子

パターンマッチ演算子「m/regex/」は、指定された正規表現が検索対象となる変数にマッチするかどうかを調べます。マッチした場合は真が、マッチしなかった場合は偽が返ります。modifierはオプションで、必要に応じて処理モードを変更するための修飾子を指定します。修飾子は複数指定できます。

検索対象とする変数はパターン結合演算子「=~」の左辺として明示的に指定しますが、指定しなかった場合は特殊変数「$_」が指定されたとみなされます。従って、「$_ =~ m/regex/」と「m/regex/」は同じ意味となります。

デリミタである「/」は別の文字にしても構いません。更に、「{}」や「<>」のように対になる括弧は、デリミタとして利用する際に「m{regex}」や「m<regex>」のように、対となる括弧で正規表現を括るようにして利用できます。デリミタとして「/」を利用する場合に限り、「m/regex/」は「m」を省略して「/regex/」と記述することもできます。なお、正規表現中でデリミタと同じ文字を利用する場合は、「\/」のように直前にエスケープ文字である「\」が必要です。

パターン結合演算子として「=~」の代わりに「!~」を利用すると、「指定された変数にマッチしない場合に真」という意味になります。

[文例]

● 変数「$line」が正規表現「id:\s+\d+」にマッチするかどうかを調べます。i修飾子を指定しているので、マッチの際には大文字小文字の違いは無視されます。

```
$line = "Id: 567";
if ($line =~ /id:\s+\d+/i) {
  print "success\n";
}
```

○ 実行結果

```
success
```

● 変数「$line」が正規表現「name:\s+\d+」にマッチしないかどうかを調べます。デリミタとして「/」ではなく、「{」及び「}」の対を利用しています。

```
$line = "Id: 567";
if ($line !~ m{name:\s+\d+}i) {
  print "fail\n";
}
```

○ 実行結果

```
fail
```

02 正規表現オペランド／オブジェクトを作成

```
$operand = "regex"
```

operand：正規表現オペランド　regex：正規表現

```
$object = qr/regex/modifier
```

object：正規表現オブジェクト　regex：正規表現　modifier：モード修飾子

正規表現を文字列として表現すると、その文字列をパターン結合演算子の右辺として利用できます。このように、パターン結合演算子の右辺として利用する文字列は「正規表現オペランド」と呼ばれます。正規表現オペランドは文字列なので、「\」を記述する場合は「\\」とする必要があります。

正規表現オペランドの内部には、パターンマッチ演算子（m/パターン/）を含めることはできません。文「$regex = "\\d+";」中の変数 regex は「数字の連続」にマッチする正規表現オペランドです。対して文「$regex = "m/\\d+/";」の場合、変数 regex は「『m/』に続いて数字の連続が存在し、最後に『/』が存在する文字列」にマッチする正規表現オペランドとなります。従って、正規表現オペランドでは「(?modifier:regex)」記法を利用しない限り、モード修飾子を指定することはできません。

演算子「qr/regex/」は、指定された正規表現を表現する「正規表現オブジェクト」を作成する演算子です。正規表現オブジェクトは正規表現オペランド同様、パターン結合演算子の右辺として利用可能です。正規表現オブジェクトの定義では、「\」を「\\」と記述する必要はありません。

参考

上記の説明だけを見た場合、制限の少ない正規表現オブジェクトに比べて、正規表現オペランドを使うメリットは一切感じられません。しかしプログラム中で正規表現（を表現する文字列）を動的に構築した場合、その文字列を正規表現として利用するには正規表現オペランドとして指定する必要があります。正規表現オブジェクトが利用できるのは、利用する正規表現が事前に決まっている場合のみという点に注意してください。

［文例］

● 正規表現オペランドを利用して、変数「$line」が正規表現「id:\s+\d+」にマッチするかどうかを調べます。i 修飾子を利用するため、内部で明示的に「(?modifier:regex)」表記を利用しています。また、正規表現オペランドは文字列なので、正規表現内の「\」は「\\」と記述しなければならない点に注意してください。

```
$line = "Id: 567";
$regex = "(?i:id):\\s+\\d+";
if ($line =~ $regex) {
  print "success\n";
}
```

○ 実行結果

```
success
```

● 正規表現オブジェクトを利用して、変数「$line」が正規表現「id:\s+\d+」にマッチするかどうかを調べます。qr 演算子にはモード修飾子を指定可能なので、正規表現パターン中では指定していません。

```
$line = "Id: 567";
$regex = qr/id:\s+\d+/i;
if ($line =~ $regex) {
  print "success\n";
}
```

○ 実行結果

```
success
```

03 文字列を置換する

$variable =~ s/regex/replacement/modifier

variable：置換対象変数　regex：正規表現　replacement：置換文字列　modifier：モード修飾子

置換演算子「s/regex/replacement/」は、置換対象となる変数内で指定された正規表現にマッチした部分を、指定された置換文字列で置換します。置換できた場合は真が、置換できなかった場合は偽が返ります。modifier はオプションで、必要に応じて処理モードを変更するための修飾子を指定します。修飾子は複数指定できます。

「s/regex/replacement/」は、多くの点で「m/regex/」と共通しています。

- 置換対象となる変数はパターン結合演算子「=~」の左辺として明示的に指定するが、指定しなかった場合は特殊変数「$_」が指定されたとみなされる
- デリミタである「/」は別の文字にしても構わない。更に、「{}」や「<>」のように対になる括弧は、デリミタとして利用する際に「s{regex}{replacement}」や「s<regex><replacement>」のように、対となる括弧で正規表現を括るようにして利用できる。正規表現中でデリミタと同じ文字を利用する場合は、「\/」のように直前にエスケープ文字である「\」が必要
- パターン演算結合子として「=~」の代わりに「!~」を利用すると、「指定された変数が置換されなかった場合に真」という意味になる

Perl では置換文字列中で後方参照を行う場合、「\n」に加えて特殊変数「$n」が利用できます。また、「$n」は正規表現の外部でも利用可能です。

［文例］

● 変数「$line」内で正規表現「\d+」にマッチする部分を「[」と「]」で括ります。また、キャプチャされた結果である「$1」の内容を出力します。

```
$line = "Id: 567";
if ($line =~ s/(\d+)/[$1]/) {
  print "$line\n";
  print "$1\n";
}
```

○ 実行結果

```
Id: [567]
567
```

● 置換時にも正規表現オブジェクトが利用可能です。以下の例は、正規表現「id:\s+\d+」にマッチする部分を「-」に置換するものです。正規表現オブジェクトにはi修飾子を付与しているので、マッチは大文字小文字を無視して行われます。

```
$line = "Id: 567";
$regex = qr/id:\s+\d+/i;
if ($line =~ s/$regex/-/) {
  print "$line\n";
}
```

○ 実行結果

```
-
```

01 文字列を検索する

preg_match(pattern, subject[, matches[, flags[, offset]]])

pattern：正規表現　subject：検索対象文字列　matches：マッチ結果　flags：処理フラグ
offset: マッチ開始起点

戻り値：マッチ成功時は 1、失敗時は 0、エラー時は FALSE

preg_match_all(pattern, subject[, matches[, flags[, offset]]])

pattern：正規表現　subject：検索対象文字列　matches：マッチ結果　flags：処理フラグ
offset: マッチ開始起点

戻り値：マッチ成功時はマッチした文字列の数、失敗時は 0、エラー時は FALSE

preg_match 関数は、指定した正規表現が文字列にマッチするかどうかを調べます。正規表現が文字列の一部にでもマッチすれば、マッチ成功とみなされます。検索は文字列先頭から行われますが、オプションの引数 offset に値を指定した場合、検索はその位置から行われます。ただし offset の値は文字単位ではなく、バイト単位である点に注意してください。

マッチの結果は配列 matches に格納され、$matches[0] にはマッチしたテキスト全体が、$matches[1] 以降には部分正規表現にマッチしたテキストが格納されています。preg_match 関数は、マッチする文字列が見つかった時点で処理を終了します。

preg_match_all 関数は preg_match 関数と似ていますが、いったんマッチする文字列が見つかった後も、更にマッチするものはないかを継続して調べます。マッチの結果は 2 次元配列 matches に格納されますが、格納方法はオプションである引数 flags の指定によって異なります。

なお、正規表現の前後にはデリミタが必要です。デリミタには英数字と「\」以外のすべての文字が利用可能ですが、一般的には「/」が利用されます。Perl 同様、「{」「}」のように対となる括弧で正規表現を括っても構いません。また、デリミタの直後にはモード修飾子を配置できます。たとえば、「/ パターン /i」の場合は大文字 / 小文字の違いを無視したマッチを行います。

参考

preg_match 関数及び preg_match_all 関数では、以下のようなフラグをオプションの引数 flags に指定することができます。フラグを指定しない場合、preg_match 関数では 0、preg_match_all 関数では PREG_PATTERN_ORDER が指定されたとみなされます。

PREG_OFFSET_CAPTURE

指定すると、引数 matches のマッチ文字列（あるいはキャプチャ結果）が格納される要素が配列となります。この配列の要素 0 にはマッチした文字列（あるいはキャプチャ結果）が、要素 1 にマッチした位置が格納されます（位置は文字数ではなく、バイト数として表現されます）。preg_match_all では matches[m][n] が配列となり、matches[m][n][0] にマッチした文字列（あるいはキャプチャ結果）が、matches[m][n][1] にマッチした位置が格納されます。

PREG_PATTERN_ORDER（preg_match_all 関数のみ）

引数 matches への結果の格納方法を変更するフラグで、matches[0][n] には n 番目にマッチした文字列全体が、matches[m][n] には n 番目の各マッチにおける m 番目のキャプチャ結果が格納されます。

PREG_SET_ORDER（preg_match_all 関数のみ）

引数 matches への結果の格納方法を変更するフラグです。matches[m][0] には m 番目にマッチした文字列全体が、matches[m][n] には m 番目のマッチにおける n 番目のキャプチャ結果が格納されます。

対象文字列：2004-01,2004-02,2004-03
正規表現： (\d{4})-(\d{2})

[0][0]:2004-01	[0][1]:2004-02	[0][2]:2004-03
[1][0]:2004	[1][1]:2004	[1][2]:2004
[2][0]:01	[2][1]:02	[2][2]:03

PREG_PATTERN_ORDER

[0]:2004-01	[0][1]:2004	[0][2]:01
[1][0]:2004-02	[1][1]:2004	[1][2]:02
[2][0]:2004-03	[2][1]:2004	[2][2]:03

PREG_SET_ORDER

● フラグによる結果格納方式の違い

［文例］

● preg_match 関数の利用例です。

```
$string = '2004/01,2004/02';
if (preg_match( '/(\d{4})\/(\d{1,2})/', $string, $matches)) {
  # マッチした文字列全体と、各キャプチャ内容を表示
  print $matches[0] . " : " .
        $matches[1] . " : " .
        $matches[2] . "\n";
}

if (preg_match('/(\d{4})\/(\d{1,2})/', $string, $matches,
        PREG_OFFSET_CAPTURE)) {
  # マッチした文字列全体、各キャプチャ内容に加えて、マッチした位置も表示
  print $matches[0][0] . "[" . $matches[0][1] . "] : " .
        $matches[1][0] . "[" . $matches[1][1] . "] : " .
        $matches[2][0] . "[" . $matches[2][1] . "]\n";
}
```

○ 実行結果

```
2004/01 : 2004 : 01
2004/01[0] : 2004[0] : 01[5]
```

● preg_match_all 関数の利用例です。

```
$string = '2004/01,2004/02';
if (preg_match_all('/(\d{4})\/(\d{1,2})/', $string, $matches)) {
  print $matches[0][0] . " : " . $matches[0][1] . "\n";
  print $matches[1][0] . " : " . $matches[1][1] . "\n";
  print $matches[2][0] . " : " . $matches[2][1] . "\n";
}
```

○ 実行結果

```
2004/01 : 2004/02
2004 : 2004
01 : 02
```

02 配列から文字列を検索する

preg_grep(pattern, input[, flags])

pattern：正規表現　input：検索対象文字列の配列　flags: 処理フラグ

戻り値：マッチした要素だけが格納された配列

指定された配列の各要素が指定された正規表現にマッチするかどうかを調べ、マッチした要素だけを格納した配列を返します。オプションの引数 flags に PREG_GREP_INVERT を設定すると、マッチしない要素だけが格納されます。

返される配列では、配列の添字が保持されます（マッチした要素が要素 0 から詰め直されるわけではありません)。詳細については、サンプルを参照してください。

［文例］

● preg_grep 関数の利用例です。先頭の文字が大文字のものだけがマッチします。

```
$in[0] = "sed";
$in[1] = "PHP";
$in[2] = "Perl";
$in[3] = "awk";
$result = preg_grep('/^[[:upper:]]/', $in);
print_r($result);
```

○ 実行結果

```
Array
(
  [1] => PHP    ←元の配列の添字は保持される
  [2] => Perl
)
```

03 正規表現全体をエスケープする

preg_quote(pattern[, delimiter])

pattern：正規表現　delimiter：デリミタ

戻り値：クォートされた正規表現

指定された正規表現全体をクォートします。これによって、正規表現中のメタキャラクタの前にバックスラッシュが挿入されます。メタキャラクタをメタキャラクタではなく、通常の文字としてマッチさせたい場合に利用できます。

デリミタを指定した場合、デリミタもエスケープされます。

［文例］

● preg_quote関数の利用例です。

```
$string = "** sample **";
$pattern = preg_quote("/** sample **/");   ←メタキャラクタをクォート
print "$pattern\n";
if (preg_match($pattern, $string)) {
  print "success.\n";
}
$string = "/** sample **/";
$pattern = preg_quote("/** sample **/", "/");   ←デリミタもクォート
print "$pattern\n";
if (preg_match("/$pattern/", $string)) {
  print "success.\n";
}
```

○ 実行結果

```
/\*\* sample \*\*/
success.
\/\*\* sample \*\*\/
success.
```

04 文字列を置換する

preg_replace(pattern, replacement, subject[, limit])

pattern：正規表現　replacement：置換文字列　subject：置換対象文字列　limit：置換上限数

戻り値：置換後の文字列

preg_replace_callback(pattern, callback, subject[, limit])

pattern：正規表現　callback：コールバック関数名　subject：置換対象文字列　limit：置換上限数

戻り値：置換後の文字列

preg_replace関数は、指定された正規表現にマッチする文字列を、指定された置換文字列で置換します。オプションの引数limitを指定した場合、指定した回数まで置換が行われます。limitを指定しないか-1を指定した場合、マッチした文字列をすべて置換します。

preg_replace関数では、引数に配列を指定することもできます。

- subjectに配列を指定した場合、検索及び置換は指定された配列の各要素に対して行われる。この場合、戻り値も配列となる
- pattern及びreplacementに配列を指定した場合、そのキーが配列に現れる順番で置換が行われる。配列添字の順序で行われることは保証されないため、必要であればpattern/replacementの両方に対して配列をキーでソートする関数ksortを適用し、配列をソートしておかなければならない。また、replacementの要素数がpatternよりも少ない場合、不足分の置換文字列は空文字列となる

preg_replace_callback関数はpreg_replace関数と似ていますが、第2引数として指定した関数（コールバック関数）が返す値を置換文字列として利用するところが異なります。コールバック関数の引数には、マッチした結果が格納された配列が渡されます。この配列の要素0にはマッチした文字列全体が、要素1以降にはキャプチャされた結果が順に格納されています。コールバック関数名は文字列として指定します。

PHPでは置換文字列中で後方参照を行う場合、「\n」ではなく「$n」という表記も利用できます。

［文例］

● preg_replace 関数の利用例です。年月日の区切り文字を「/」から「.」に変更しています。また、正規表現中の「/」をエスケープせずに済むよう、デリミタとして「/」の代わりに「:」を利用しています。

```
$string = "2004/01/22";
$result = preg_replace( ':(\d{4})/(\d{1,2})/(\d{1,2}):' ,
                        '\1.\2.\3', $string);
print "$result\n";
```

○ 実行結果

```
2004.01.22
```

● 正規表現と置換文字列を配列にした例です。

```
$string = "2004/01/22";
$pattern = array(0 => '/^/', 1 => '/\d/', 2 => '/\//');
$replacement = array(0 => '^', 1 => 'x');
$result = preg_replace($pattern, $replacement, $string);
print "$result\n";
```

○ 実行結果

```
^xxxxxxxx
```

● preg_replace_callback 関数の利用例です。

```
function calc($array) {            ←コールバック関数の定義
  return $array[1] + $array[2];    ←キャプチャ結果を合計して返す
}
$string = "31,23";
$result = preg_replace_callback('/(\d+),(\d+)/', "calc", $string);
print "$result\n";
```

○ 実行結果

```
54
```

01 正規表現オブジェクトを生成する

Pattern.compile(String regex[, int flags])

regex：正規表現　flags：処理フラグ

戻り値：Pattern オブジェクト

patternObject.matcher(String input)

patternObject：Pattern オブジェクト　input：検索 / 置換対象文字列

戻り値：Matcher オブジェクト

Pattern クラスのクラスメソッド compile は、コンパイル済みの正規表現を生成します。正規表現は文字列として指定するため、「\」を記述する場合は「\\」と記述する必要があります。

引数 flags はオプションで、マッチ操作の処理モードを指定するために利用します。処理フラグは Pattern クラスで名前付き定数として定義されています。複数の処理フラグを適用する場合は、後述するように各処理フラグのビット和を取った結果を指定します。

Pattern クラスの matcher メソッドは、コンパイル済み正規表現を適用する文字列を受け取り、正規表現のマッチ操作を行うエンジン（Matcher オブジェクト）を生成します。

［文 例］

● 正規表現エンジンの作成例です。

```
// 正規表現「\d+」をコンパイル
Pattern p = Pattern.compile("\\d+");
// 上記正規表現を文字列「abc123」に対して適用するエンジンを生成
Matcher m1 = p.matcher("abc123");
// コンパイル済み正規表現は、他の文字列にも適用できる
String s = "def456";
Matcher m2 = p.matcher(s);
```

注意

- Pattern クラス及び Matcher クラスはどちらも java.util.regex パッケージに所属しているため、利用する際には以下のようにして import する必要がある

```
import java.util.regex.Pattern;
import java.util.regex.Matcher;
```

- ビット和は演算子「|」によって算出する。フラグ Pattern.UNIX_LINES と Pattern.MULTILINE を共に指定するには、Pattern.compile の引数 flags に次のように指定する

```
Pattern.UNIX_LINES|Pattern.MULTILINE
```

- Pattern.LITERAL フラグを指定すると、全てのメタキャラクタはその意味を失い、全て書いたままの文字を意味するようになる。例えば「\d」は数字ではなく、「\d」という文字列にのみマッチするようになる

参考

Java で正規表現を利用するには、正規表現のコンパイルが必要です。String クラスの matches メソッドなどは正規表現を直接受け取って処理を行いますが、これらのメソッドも内部では正規表現のコンパイルを行ってから、マッチ操作を行っています。

同じ正規表現を複数回利用する場合、上述のように一度 Pattern オブジェクトを生成してそれを再利用するようにすることで、プログラムの効率を上げることができます。

02 文字列に対するマッチを行う

matcherObject.matches()

matcherObject：Matcher オブジェクト

戻り値：マッチ成功時は true、失敗時は false

matcherObject.lookingAt()

matcherObject：Matcher オブジェクト

戻り値：マッチ成功時は true、失敗時は false

matcherObject.find([int start])

matcherObject：Matcher オブジェクト　start：検索開始位置

戻り値：マッチ成功時は true、失敗時は false

matcherObject.reset([CharSequence input])

matcherObject：Matcher オブジェクト　input：検索 / 置換対象文字列

戻り値：マッチ成功時は true、失敗時は false

matches メソッドは、正規表現が文字列全体にマッチするかどうかを判定します。部分的にマッチした場合は、マッチしたとはみなされません。「a+」を「aaa」に対して適用した場合は true が返りますが、「aab」に対して適用した場合は false が返ります。

lookingAt メソッドは、正規表現が文字列に一部でもマッチするかどうかを判定します。matches メソッドと異なるのは、部分的にマッチした場合もマッチしたとみなすという点です。「a+」は「aaa」と「aab」のどちらに適用しても true となります。

find メソッドは文字列を順に調べ、正規表現がマッチする位置を探索します。同じ文字列に対して find メソッドを繰り返し適用すると、前回マッチした位置から探索が行われます。「321」に対して「\d」を適用すると、1回目は「3」が、2回目は「2」が、3回目は「1」が返ります。

findメソッドの引数として数値を指定すると、指定された位置から検索を開始します。「321」に対して「\d」を適用する際に引数「2」を与えると、先頭から2文字読み飛ばした「1」からの検索が行われるので、結果として「1」が返ります。

マッチ操作を行うと、Matcherオブジェクトの内部状態（マッチ位置や検索開始位置など）が変化します。内部状態を初期化するには、resetメソッドを呼び出してください。resetメソッドに文字列を指定すると、別の文字列に対してこの正規表現によるマッチ処理を行うことができます。

［文例］

● 正規表現を文字列に適用します。

```
Pattern p = Pattern.compile("a+");
Matcher m = p.matcher("aab");
System.out.println("lookingAt を aab に適用 : " + m.lookingAt());
m.reset();
System.out.println("matches を aab に適用 : " + m.matches());
m.reset("aaa");                    ←検索対象文字列を変更
System.out.println("matches を aaa に適用 : " + m.matches());
```

○ 実行結果

```
lookingAt を aab に適用 : true ← 「a+」は「aab」内の「aa」にマッチする
matches を aab に適用 : false ← 「a+」は「aab」全体にはマッチしない
matches を aaa に適用 : true  ← 「a+」は「aaa」全体にマッチする
```

03 マッチした内容を取り出す

matcherObject.start([int group])

matcherObject：Matcher オブジェクト　group：後方参照の番号

戻り値：マッチの開始位置

matcherObject.end([int group])

matcherObject：Matcher オブジェクト　group：後方参照の番号

戻り値：マッチの終了位置 +1

matcherObject.group([int group])

matcherObject：Matcher オブジェクト　group：後方参照の番号

戻り値：キャプチャされた文字列（存在しなければ null）

matcherObject.groupCount()

matcherObject：Matcher オブジェクト

戻り値：有効な後方参照の数

start メソッドはマッチの開始位置を、end メソッドはマッチの終了位置に 1 を足した値を、それぞれ数値で返します。「\d+」を「abc123」に適用した場合、start メソッドは「3」を、end メソッドは「6」を返します。

group メソッドは、マッチした内容を返します。「\d+」を「abc123」に適用した場合、group メソッドは「123」を返します。

start/end/group とも、引数として数値を指定すると、指定した後方参照の情報を返します（名前付きキャプチャを利用した場合、それぞれのメソッドには数値の代わりに文字列で名前を指定します）。また、groupCount メソッドは有効な後方参照の数を返します。

これらのメソッドは、事前にマッチが完了していなければ例外を発生させます。

［文例］

● 数字2文字の連続にマッチする正規表現を文字列「321321」に繰り返し適用して、マッチの情報を取得します。

```
Pattern p = Pattern.compile("\\d\\d");
Matcher m = p.matcher("321321");
while (m.find()) {
  System.out.print("group: " + m.group());
  System.out.print(" / start: " + m.start());
  System.out.println(" / end: " + m.end());
}
```

○ 実行結果

```
group: 32 / start: 0 / end: 2
group: 13 / start: 2 / end: 4
group: 21 / start: 4 / end: 6
```

● 部分正規表現がキャプチャした内容を取得します。

```
Pattern p = Pattern.compile("(\\w+)\\s(\\d+)");
Matcher m = p.matcher("abc 123");
m.lookingAt();
System.out.println("group:    " + m.group());
System.out.println("group(0): " + m.group(0));
System.out.println("group(1): " + m.group(1));
System.out.println("group(2): " + m.group(2));
System.out.println("groupCount: " + m.groupCount());
```

○ 実行結果

```
group:    abc 123
group(0): abc 123     ← group() と group(0) は同じ結果を返す
group(1): abc         ← group(1) は最初の部分正規表現のキャプチャ
group(2): 123         ← group(2) は２番目の部分正規表現のキャプチャ
groupCount: 2
```

04 文字列の置換を行う

matcherObject.replaceAll(String replacement)

matcherObject：Matcher オブジェクト　replacement：置換文字列

戻り値：置換後の文字列

matcherObject.replaceFirst(String replacement)

matcherObject：Matcher オブジェクト　replacement：置換文字列

戻り値：置換後の文字列

matcherObject.appendReplacement(StringBuilder sb,
String replacement)

matcherObject：Matcher オブジェクト　sb：置換後の文字列　replacement：置換文字列

戻り値：この Matcher オブジェクト

matcherObject.appendTail(StringBuilder sb)

matcherObject：Matcher オブジェクト　sb：置換後の文字列

戻り値：置換後の文字列

replaceAll メソッドは、マッチした部分をすべて引数に指定した置換文字列で置換します。一方、replaceFirst はマッチした部分の最初の 1 つだけを置換します。「\d」を「a1b2c3」に適用する場合、置換文字列として「-」を指定して replaceAll を呼び出すと、結果は「a-b-c-」となります。一方、replaceFirst の場合は「a-b2c3」となります。

replaceAll 及び replaceFirst には、置換文字列の代わりにコールバックオブジェクトを Function として渡すこともできます。この場合、コールバックオブジェクトが返した結果が最終的な置換文字列として利用されます。コールバックオブジェクトには MatchResult 型のオブジェクトが引数として渡されますが、このオブジェクトにはマッチした内容（group メソッドで取得）やマッチの開始 / 終了位置（start/end メソッドで取得）が含まれています。

［文例］

● replaceAll と replaceFirst の違いを調べます。

```
Pattern p = Pattern.compile("\\s");
Matcher m = p.matcher("This is a string.");
System.out.println(m.replaceAll("-"));
m.reset();
System.out.println(m.replaceFirst("-"));
```

○ 実行結果

```
This-is-a-string.
This-is a string.
```

● replaceAll でコールバックを使う例です。コールバックは Java 8 から追加されたラムダ式で記述しており、マッチした内容を group() で取得して「[」と「]」で括っています。

```
Pattern p = Pattern.compile("(\\d+)");
Matcher m = p.matcher("123:abc,456:def,789:ghi");
System.out.println(m.replaceAll(x -> "[" + x.group() + "]"));
```

○ 実行結果

```
[123]:abc,[456]:def,[789]:ghi
```

appendReplacement 及び appendTail の両メソッドは、マッチした部分を継続的に置換する場合に利用します。appendReplacement メソッドは「前回のマッチの終了位置 +1」という位置から、今回のマッチの終了位置までを指定された StringBuilder に追加しますが、このとき、今回のマッチ範囲を指定された内容で置換します。appendTail は、「最後のマッチの終了位置 +1」から文字列の最後までを、指定された StringBuilder に追加します。詳細についてはサンプルを参照してください。

［文例］

● appendReplacement / appendTail のサンプルです。

```
//「数字の連続：小文字の連続」にマッチする正規表現
//（「数字の連続」と「小文字の連続」をそれぞれキャプチャする）
Pattern p = Pattern.compile("(\\d+):([a-z]+)");
Matcher m = p.matcher("123:abc -- 456:def -- 789:ghi --");

// 置換結果を格納する文字列バッファ
StringBuilder sb = new StringBuilder();

// 正規表現がマッチする都度、置換処理を行う
while (m.find()) {
  // マッチした部分を指定した内容で置換
  // 置換対象文字列では「$数字」表記によって後方参照が可能
  m.appendReplacement(sb, "[ $2 / $1 ]");
}
// マッチの残りを文字列バッファに追加
m.appendTail(sb);
System.out.println(sb);
```

○ 実行結果

```
[ abc / 123 ] -- [ def / 456 ] -- [ ghi / 789 ] --
```

参考

置換文字列中で後方参照を利用したい場合は、「\n」表記ではなく、「$ 数字」という表記を利用します。「$2-$1」という置換文字列は、2 番目のキャプチャ内容と 1 番目のキャプチャ内容を「-」で繋いだ文字列を意味します。

このため、「$」という文字を置換文字列中で利用するには「\$」と記述する必要があります。

01 RegExp オブジェクトの生成

1 re = /regex/[modifier]
2 re = new RegExp("regex"[, "modifier"])

regex：正規表現　modifier：モード修飾子

戻り値：RegExp オブジェクト

JavaScript で正規表現を利用するには、まず RegExp オブジェクトを生成し、RegExp オブジェクトのメソッドに文字列（String オブジェクト）を渡すという方法を取ります。

一般的に、構文 1 は既に利用する正規表現が決まっている場合に利用します。これに対して構文 2 は、正規表現を動的に生成する場合に利用します。

modifier には、正規表現の処理モードを規定するモード修飾子を指定します。モード修飾子はオプションなので、必要がなければ指定しなくとも構いません。

［文例］

● 構文 1 の利用方法です。

```
//「i」は大文字小文字の違いを無視するための修飾子
var reA = /\d+\s+a$/i;
```

● 構文 2 の利用方法です。

```
// 文字列内では「\」を「\\」と記述する必要がある
var reB1 = new RegExp("\\d+\\s+a$", "i");
```

● 構文 2 では、変数に格納された文字列を正規表現として利用できます。

```
var pattern = "\\d+\\s+a$";
var reB2 = new RegExp(pattern, "i");
```

02 文字列に対するマッチを行う

regexpObject.test(string)

regexpObject：RegExp オブジェクト　string：検索対象文字列

戻り値：マッチ成功時は true、失敗時は false

regexpObject.exec(string)

regexpObject：RegExp オブジェクト　string：検索対象文字列

戻り値：マッチ結果を含む配列。マッチ失敗時は null

test メソッドは、正規表現が文字列にマッチするかどうかを判定します。正規表現が部分的にマッチした場合もマッチしたとみなされます。「a+」は「aaa」と「aab」のどちらに適用しても true となります。

exec メソッドは文字列を順に調べ、正規表現がマッチした場合はマッチ結果を返します。この配列には、以下のような情報が格納されています。

▼ exec メソッドが返す配列の内容

array[0]	最後にマッチした文字列全体
array[1]	1 番目の部分正規表現によってキャプチャされた内容。2 以降も同様
input プロパティ	検索対象となった文字列全体
index プロパティ	対象文字列中で正規表現がマッチした範囲の開始位置

参考

RegExp オブジェクトには、以下のようなプロパティがあります。

▼ RegExp オブジェクトのプロパティ

lastIndex	検索文字列内で、正規表現が次に一致する位置（整数値）。g 修飾子を利用した場合のみ有効
source	正規表現そのもののテキスト（String、読み込み専用）
global	g 修飾子が指定されているかどうか（Boolean、読み込み専用）
multiline	m 修飾子が指定されているかどうか（Boolean、読み込み専用）
ignoreCase	i 修飾子が指定されているかどうか（Boolean、読み込み専用）

［文例］

● マッチの結果、各プロパティにどのような値が格納されるかを調べます。

```
// RegExp オブジェクトを生成し、変数 re に格納
// (lastIndex を取り出すため、g 修飾子を指定している )
var re = /(\w+)\s+(\w+)/g;
// 文字列 target が、re にマッチするかどうかを調べる
var target = "-- regular expression --";
var results = re.exec(target);
```

○ 実行結果

re.source	(\w+)\s+(\w+)
re.lastIndex	21
results.input	-- regular expression --
results.index	3
results[0]	regular expression
results[1]	regular
results[2]	expression

03 文字列の置換を行う

stringObject.replace(regex, string)

stringObject：String オブジェクト　regex：正規表現　string：置換対象文字列

戻り値：置換後の文字列

JavaScript で置換を行うには、String オブジェクトの replace メソッドを利用します。replace メソッドは正規表現にマッチした内容を指定された文字列で置換し、結果を文字列として返します。

replace メソッドには、置換文字列の代わりにコールバック関数を渡すこともできます。この場合、コールバック関数が返した結果が最終的な置換文字列として利用されます。コールバック関数の引数は以下のようにやや複雑です。

変数	説明
match	マッチした範囲
p1, p2, ...	キャプチャされた部分文字列（部分正規表現の数だけ引数を用意する必要がある）
offset	マッチした範囲の開始位置
string	検索対象文字列全体

［文例］

● target 中のすべての「--」を「++」で置換します。結果は「++ regular expression ++」となります。

```
var target = "-- regular expression --";
var result = target.replace(/--/g, "++");
```

● コールバックを使って置換する例です。正規表現中に部分正規表現が 2 つあるので、引数は合計 5 個となります。結果は「price: $[35,15] (8)」となります。

```
// 置換文字列を生成するコールバックを用意
var cb = function(match, p1, p2, offset, string) {
```

```
    // キャプチャされた2つの部分文字列とマッチ位置を組み合わせた文字列を
    // 生成
    return "[" + p1 + "," + p2 + "] (" + offset + ")";
};
var target = "price: $35.15";
var result = target.replace(/(\d+)\.(\d+)/, cb);
```


参考

String オブジェクトにはこれ以外にも、正規表現に関係するメソッドが用意されています。

▼ String オブジェクトの正規表現関連メソッド

メソッド	説明
match(regex)	正規表現を文字列に対して適用し、マッチ結果を含む配列を返す（マッチ失敗時は null）
search(regex)	正規表現が最初にマッチした位置を返す
split(regex)	指定された正規表現で文字列を分割する

［文例］

● target にマッチするかどうかを調べます。返される結果は RegExp.exec() と同じです。

```
var target = "-- regular expression --";
var resultArray = target.match(/(\w+)\s+(\w+)/);
```

● 「\w+」が最初にマッチする位置を返します。結果は「3」となります。

```
var target = "-- regular expression --";
var position = target.search(/\w+/);
```

● target を「e」及び「l」で分割します。結果は「-- r」「gu」「ar 」「xpr」「ssion --」となります。

```
var target = "-- regular expression --";
var splitArray = target.split(/[el]/);
```

参考

置換文字列中で後方参照を利用したい場合、「\n」表記ではなく「$数字」という表記を利用します。「$2-$1」という置換文字列は、2番目のキャプチャ内容と1番目のキャプチャ内容を「-」で繋いだ文字列を意味します。このため、「$」という文字を置換文字列中で利用するには「$$」と記述する必要があります。

また、「$&」でマッチした内容全体を、「$`」でマッチした部分の直前の文字列を、「$'」でマッチした部分の直後の文字列をそれぞれ参照できます。

COLUMN

JavaScriptの規格

JavaScriptはヨーロッパに本拠地を置く標準化団体Ecmaインターナショナルによって、「ECMAScript」(ECMA-262)という名前で標準化されています。旧来のバージョンは「ECMAScript 5」のようにバージョン番号で識別されていましたが、2015年に公開されたバージョン6に相当するバージョンからは「ECMAScript 2015」のように発行年で区別されるようになりました。なお、本書執筆時点での最新版はECMAScript 2017です。

近年の大多数のWebブラウザは、ECMAScript 2017にほぼ対応しています。この例外はInternet Explorer 11で、ECMAScript 2015にも断片的にしか対応していません。正規表現を利用する上では、ECMAScript 2015から導入された以下の2つの機能に注意してください。

- y修飾子及びu修飾子
- U+10000以上のコードポイントを示すための「\u{n}」記法

01 正規表現オブジェクトを生成する

re.compile(regex[, flags])

regex：正規表現　flags：処理モード

戻り値：正規表現オブジェクト

re モジュールのメソッド compile は、指定された文字列をコンパイルして、コンパイル済みの正規表現オブジェクトを生成します。

正規表現は文字列として指定するため、「\」を記述する場合は「\\」と記述する必要があります。しかしこれは煩雑でミスも起こしやすいので、正規表現の記述には Python の「raw 文字列」(「r' 文字列 '」という記法) を利用するとよいでしょう。raw 文字列では、バックスラッシュも単なる文字として解釈されます。

引数 flags はオプションで、マッチ操作の処理モードを指定するために利用します。処理モードは re モジュールで名前付き定数として定義されています。複数の処理モードを適用する場合は、後述するように各処理モードのビット和を取った結果を指定します。

［文例］

● 正規表現は文字列として指定するので、「\」をエスケープする必要があります。

```
regex = re.compile('\\w+')
```

● raw 文字列で記述した場合、「\」は「\」として解釈されます。

```
regex = re.compile(r'\w+')
```

注意

- re モジュールを利用するには、「import re」によって事前にモジュールをインポートする必要がある
- ビット和は演算子「|」によって算出する。フラグ「re.I」と「re.M」の両方を指定するには「re.I | re.M」と記述することになる
- re.DEBUG フラグを指定すると、compile メソッドの呼び出し時にコンパイルした表現に関するデバッグ情報が出力される

02 文字列に対するマッチを行う

regexpObject.search(string[, pos[, endpos]])

regexpObject：正規表現オブジェクト　string：検索対象文字列　pos：検索の開始位置
endpos：検索の終了位置

戻り値：マッチ成功時は match オブジェクト、失敗時は None

regexpObject.match(string[, pos[, endpos]])

regexpObject：正規表現オブジェクト　string：検索対象文字列　pos：検索の開始位置
endpos：検索の終了位置

戻り値：マッチ成功時は match オブジェクト、失敗時は None

regexpObject.fullmatch(string[, pos[, endpos]])

regexpObject：正規表現オブジェクト　string：検索対象文字列　pos：検索の開始位置
endpos：検索の終了位置

戻り値：マッチ成功時は match オブジェクト、失敗時は None

regexpObject.findall(string[, pos[, endpos]])

regexpObject：正規表現オブジェクト　string：検索対象文字列　pos：検索の開始位置
endpos：検索の終了位置

戻り値：マッチした全ての部分文字列を格納したリスト

regexpObject.finditer(string[, pos[, endpos]])

regexpObject：正規表現オブジェクト　string：検索対象文字列　pos：検索の開始位置
endpos：検索の終了位置

戻り値：マッチした全ての部分文字列に対応する match オブジェクトの iterator

Python のマッチ用メソッドは一箇所に対するマッチを行う search / match / fullmatch と、マッチする全ての場所を取り出す findall / finditer に分類できます。

一箇所に対するマッチを行う search / match / fullmatch は、それぞれ以下のように動作します。いずれもマッチに成功した場合は、マッチに関する各種の情報を保持した match オブジェクトを返します。

- search は、文字列中のいずれかの場所でマッチすればよい
- match は、文字列の先頭でマッチする必要がある
- fullmatch は、文字列全体にマッチする必要がある

findall / finditer はいったんマッチする文字列が見つかったあとも、更にマッチするものはないかを継続して調べます。findall はマッチした部分を文字列のリストとして返しますが、finditer はマッチした部分の情報を保持した match オブジェクトの iterator を返します。

search や finditer が返す match オブジェクトには以下のメソッドがあり、マッチに関するさまざまな情報を提供します。主なメソッドを以下に示します。

▼ match オブジェクトの主なメソッド

メソッド	説明
group()	マッチした内容。引数なし、あるいは 0 を指定した場合はマッチした範囲全体を、1 以上の数値を指定した場合は部分正規表現によってキャプチャされた内容を返す。名前付きキャプチャを利用している場合は名前を指定することでその内容を取得できる
start() end()	マッチした部分の開始／終了位置。group() 同様、引数なしあるいは 0 ならマッチした範囲全体の、1 以上あるいは名前を指定した場合は部分正規表現がキャプチャした範囲の開始／終了位置となる

マッチ用メソッドにはいずれも追加引数として、検索対象文字列中での検索の開始位置／終了位置を指定可能です。

［文例］

● search / match / fullmatch の違いを示します。

```
# 正規表現オブジェクトを用意
regex = re.compile(r'\d+')

# search() ならいずれかの場所でマッチすればよい
match = regex.search("abc123")
print("search: " + match.group())

# match() は先頭でマッチするかどうかを確認する
match = regex.match("abc123")
print("match: " + str(match))
match = regex.match("123abc")
print("match: " + match.group())

# fullmatch() では文字列全体にマッチする必要がある
match = regex.fullmatch("abc123")
print("fullmatch: " + str(match))
match = regex.fullmatch("123456")
print("fullmatch: " + match.group())
```

○ 実行結果

```
search: 123
match: None
match: 123
fullmatch: None
fullmatch: 123456
```

● findall はマッチした箇所を文字列のリストとして返します。

```
regex = re.compile(r'\d+')
matches = regex.findall("123,456,789")    # マッチする文字列
print(matches)
matches = regex.findall("a,b")    # マッチしない文字列
```

NEXT

```
print(matches)
```

○ 実行結果

```
['123', '456', '789']
[]
```

● finditer はマッチした箇所を match オブジェクトの iterator として返します。

```
regex = re.compile(r'\d+')
matches = regex.finditer("123,456,789");
for m in matches:
  print(m.group() + ": " + str(m.start()) + "-" + str(m.end()))
```

○ 実行結果

```
123: 0-3
456: 4-7
789: 8-11
```

参考

Python の re モジュールには「re.search（正規表現，文字列）」のように正規表現を直接指定するメソッドも用意されていますが、これらのメソッドはP.096で説明したように、内部的には正規表現のコンパイルを行っています。同じ正規表現を複数回利用する場合、一度正規表現オブジェクトを生成してそれを再利用するようにすることで、プログラムの効率を上げることができます。

03 文字列の置換を行う

regexpObject.sub(replacement, string[, count])

regexpObject：正規表現オブジェクト　replacement: 置換文字列　string: 検索対象文字列　count: 置換上限数

戻り値：置換後の文字列

regexpObject.subn(replacement, string[, count])

regexpObject：正規表現オブジェクト　replacement: 置換文字列　string: 検索対象文字列　count: 置換上限数

戻り値：置換後の文字列と置換件数のタプル

メソッド sub は、指定された正規表現にマッチする文字列を指定された置換文字列で置換し、置換後の結果を返します。オプションの引数 count を指定した場合、指定した回数まで置換が行われます。count を指定しないか、0 を指定した場合、マッチした文字列をすべて置換します。

subn は sub に似ていますが、置換後の文字列と置換した回数のタプルを返します。

参考

置換文字列の中では、以下の表記を使って後方参照を利用できます。

▼後方参照の記法

記法	意味
\n、\g<n>	n 番目のキャプチャ内容を展開
\g< 名前 >	名前付きキャプチャの内容を展開

Python は文字列中の「\ 数字」を文字の 8 進表現とみなすため、置換文字列中で後方参照を意図して記述した「\1」は、ASCII の制御文字 SOH（U+0001）と解釈される点に注意してください。これを防ぐには「\\1」のように「\」をエスケープするか、raw 文字列を利用する必要があります。

［文例］

● Python での置換のサンプルです。

```
regex = re.compile(r'(\d+):(\w+)')

# sub() による文字列の置換
# 文字列中の後方参照は「\\1」のように「\」をエスケープする必要がある
result = regex.sub('[\\2:\\1]', "1234:abc,56:def,789:ghi")
print(result)

# subn() は置換結果と個数をタプルで返す
# raw 文字列（バックスラッシュをエスケープシーケンスとして認識しない）
# ならエスケープは不要
result = regex.subn(r'[\2:\1]', "1234:abc,56:def,789:ghi")
print(result)
```

○ 実行結果

```
[abc:1234],[def:56],[ghi:789]
('[abc:1234],[def:56],[ghi:789]', 3)
```

01 正規表現オブジェクトを生成する

```
Regex regex = new Regex(string regex, RegexOptions options);
```

regex: 正規表現　options: 処理モード

戻り値 : 正規表現オブジェクト

.NET で正規表現を利用するには、まず Regex オブジェクトを生成し、RegExp オブジェクトのメソッドに文字列（string オブジェクト）を渡すという方法を取ります。

正規表現は文字列として指定するため、「\」を記述する場合は「\\」と記述する必要があります。しかしこれは煩雑でミスも起こしやすいので、正規表現の記述には C# の「逐語的文字列」(「@" 文字列 "」という記法）を利用するとよいでしょう。逐語的文字列の内部では、バックスラッシュも単なる文字として解釈されます。

引数 options はオプションで、マッチ操作の処理モードを指定するために利用します。処理モードは列挙型 RegexOptions の値として定義されています。複数の処理モードを適用する場合は、後述するように各処理モードのビット和を取った結果を指定します。

［文例］

● 正規表現「\d+」をコンパイルします。「@" 文字列 "」（逐語的文字列）を利用すれば、バックスラッシュなどのエスケープは不要です。

```
Regex regex = new Regex(@"\d+");
```

● 第 2 引数で処理モードを指定できます。複数の処理モードを指定する場合はビット和を取った結果を指定します。以下の例では IgnoreCase と Multiline の両方を指定しています。

```
Regex regex = newRegex(@"^abc",
RegexOptions.IgnoreCase | RegexOptions.Multiline);
```

注意

- .NETの正規表現関係のクラスは名前空間System.Text.RegularExpressionsに格納されているので、利用時にはusingディレクティブを使ってこれらのクラスを参照可能とする必要がある
- 列挙型のビット和は演算子「|」によって算出する。フラグRegexOptions.IgnoreCaseとRegexOptions.Multilineの両方を指定するには「RegexOptions.IgnoreCase | RegexOptions.Multiline」と記述することになる

COLUMN

RegexOptions.Compiledオプション

RegexOptionsは基本的に処理モードを指定するために使うものですが、RegexOptions.Compiledだけは少し意味合いが異なります。

RegexOptions.Compiledは、このオプションが指定された正規表現を.NETのIL(中間言語)にコンパイルするよう指示するものです。これによって初期化処理にやや時間がかかるようになりますが、実行時のパフォーマンスを向上させることができます。通常は意識する必要はありませんが、生成したRegexオブジェクトを繰り返し利用する場合、指定する価値はあります。

02 文字列に対するマッチを行う

regexObject.IsMatch(string input[, int startat])

regexObject: 正規表現オブジェクト　input: 検索対象文字列　startat: 検索の開始位置

戻り値 : マッチ成功時は true、失敗時は false

regexObject.Match(string input[, int startat[, int length]])

regexObject: 正規表現オブジェクト　input: 検索対象文字列　startat: 検索の開始位置
length: 検索対象とする（開始位置からの）文字数

戻り値 : Match オブジェクト

regexObject.Matches(string input[, int startat])

regexObject: 正規表現オブジェクト　input: 検索対象文字列　startat: 検索の開始位置

戻り値 : MatchCollection オブジェクト

IsMatch メソッドは、正規表現が文字列中で部分的にでもマッチするかどうかを判定します。Match メソッドは IsMatch に似ていますが、マッチの結果を Match オブジェクトとして返します。Match メソッドが返す Match には、最初にマッチした部分の情報が含まれています。

Matches メソッドは Match メソッドとは異なり、正規表現が文字列中でマッチした全ての場所に関する情報を返します。Matches メソッドが返す MatchCollection は Match オブジェクトのコレクションであり、foreach による反復処理の対象とできます。

Match / Matches が返す Match オブジェクトの主要なメソッド／プロパティは以下の通りです。

▼ match オブジェクトの主なメソッド / プロパティ

メソッド／プロパティ	説明
Success	マッチが成功したかどうか（成功した場合は true）
Value	マッチした範囲の文字列
Groups	部分正規表現によってキャプチャされた内容を保持する GroupCollection。GroupCollection は Group オブジェクトのコレクションであり、添字あるいは名前でアクセス可能。たとえば、Group[1] は最初にキャプチャされた内容を、Group["var"] は名前付きキャプチャ var の内容を返す
Result（文字列）	マッチした範囲の、指定された文字列で置換した結果を返す
NextMatch()	次にマッチする範囲を探し、その結果を別の Match オブジェクトとして返す

マッチ用メソッドにはいずれも追加引数として、検索対象文字列中での検索の開始位置を指定可能です（指定しない場合は文字列先頭から検索）。Match メソッドでは更に、検索開始位置から検索対象とする文字数も追加で指定可能です。

［文例］

● IsMatch は単純にマッチしたかどうかだけを返します。

```
// 正規表現オブジェクトを生成
Regex regex = new Regex(@"a+");
// マッチの結果を出力
Console.WriteLine("IsMatch: " + regex.IsMatch("aaa"));
```

○ 実行結果

```
IsMatch: True
```

● Match はマッチの結果を Match オブジェクトとして返します。

```
Regex regex = new Regex(@"\w+");
// 最初にマッチする場所を探す
Match result = regex.Match("test string");
Console.WriteLine($"Match: {result.Index} / {result.Value} / {result.
   Length}");
```

```
// 次にマッチする場所を探す
result = result.NextMatch();
Console.WriteLine($"Match: {result.Index} / {result.Value} / {result.
  Length}");
```

○ 実行結果

```
Match: 0 / test / 4
Match: 5 / string / 6
```

● Match で部分正規表現の内容を取り出す例です。

```
// 名前なしのキャプチャと名前付きキャプチャの両方を含んだ正規表現
Regex regex = new Regex(@"(\w+)\s(?<num>\d+)");
Match result = regex.Match("abc 123");
// マッチした件数を出力
Console.WriteLine("count: " + result.Groups.Count);
// キャプチャされた情報を出力
foreach (Group g in result.Groups) {
   Console.WriteLine($"Capture: {g.Name}:\t{g.Value} ({g.Index}/{g.
  Length})");
}
```

○ 実行結果

```
count: 3
Capture: 0:      abc 123 (0/7)  ← 0 はマッチ範囲全体
Capture: 1:      abc (0/3)   ← 1 は最初の名前なしキャプチャの情報
Capture: num:    123 (4/3)   ← 名前付きキャプチャの情報
```

● Matches は全てのマッチする場所の情報を返します。

```
Regex regex = new Regex(@"\w+");
MatchCollection results = regex.Matches("Perl PHP Java");
```

```
//マッチした件数を出力
Console.WriteLine("count: " + results.Count);
//マッチした個々の場所を出力
foreach (Match m in results) {
    Console.WriteLine("Matches: " + $"{m.Index} / {m.Value} / {m.
  Length}");
}
```

○ 実行結果

```
count: 3
Matches: 0 / Perl / 4
Matches: 5 / PHP / 3
Matches: 9 / Java / 4
```

03 文字列の置換を行う

regexObject.Replace(string input, string replacement[, int count[, int startat]])

regexObject: 正規表現オブジェクト　input: 検索対象文字列　replacement: 置換文字列
count: 置換を実行する最大回数　startat: 検索の開始位置

戻り値：置換後の文字列

regexObject.Replace(string input, MatchEvaluator evaluator[, int count[, int startat]])

regexObject: 正規表現オブジェクト　input: 検索対象文字列
evaluator: 置換文字列を生成するデリゲート　count: 置換を実行する最大回数　startat: 検索の開始位置

戻り値：置換後の文字列

メソッドReplaceは、指定された正規表現にマッチする文字列を指定された置換文字列で置換し、置換後の結果を返します。オプションの引数countを指定した場合、指定した回数まで置換が行われます。countを指定しない場合はマッチした場所全てが置換されますが、0を指定した場合はマッチしても置換は行われません。

置換文字列の中では、以下の表記を使って後方参照を利用できます。

▼後方参照の記法

記法	説明
$& / $0	マッチした範囲全体
$n	n番目のキャプチャ内容を展開
${名前}	名前付きキャプチャの内容を展開
$`	マッチした範囲よりも前の文字列
$'	マッチした範囲の後ろの文字列

置換文字列の代わりに、Matchオブジェクトを受け取って文字列を返すデリゲートMatchEvaluatorを指定することもできます。この場合、MatchEvaluatorにはマッチした場所の情報を保持したMatchオブジェクトが渡されます。MatchEvaluatorの内部ではMatchオブジェクトの内容を使って、任意の置換文字列を生成することが可能です。

［文例］

● 置換文字列を使った Replace のサンプルです。

```
// 名前なしのキャプチャと名前付きキャプチャの両方を含んだ正規表現
Regex regex = new Regex(@"(\d+):(?<val>\w+)");
string target = "1234:abc,56:def,789:ghi";
// 置換文字列中で後方参照を利用
Console.WriteLine(regex.Replace(target, "[${val}:$1]"));
```

○ 実行結果

```
[abc:1234],[def:56],[ghi:789]
```

● MatchEvaluator を使うと、マッチ部分に対する Match オブジェクトの情報を使って置換文字列を動的に生成できます。

```
// 名前なしのキャプチャと名前付きキャプチャの両方を含んだ正規表現
Regex regex = new Regex(@"(\d+):(?<val>\w+)");
// 置換文字列を生成する MatchEvaluator
MatchEvaluator me = (m) => $"{m.Groups[2].Value}({m.Groups[1].
  Length})" ;
// MatchEvaluator が返す文字列でマッチした範囲を置換する
Console.WriteLine(regex.Replace(target, me));
```

○ 実行結果

```
abc(4),def(2),ghi(3)
```

03

メタキャラクタリファレンス

01　x「その文字」自身にマッチ

対応処理系

JavaScript　Java　Perl　PHP　Python　.NET
sed　grep　egrep　awk　vim

単独では特別な意味を持たない通常の文字（メタキャラクタとして扱われない文字）は、その文字自身にマッチする正規表現となります。「x」や「1」などの通常の文字はその文字自身にマッチしますし、「abcde」は「abcde」という文字列にマッチします。

［文例］

● 文中の「a」をすべて「A」に変換するsedスクリプトの例です。すべての「a」を処理対象とするため、gフラグを利用しています。

```
s/a/A/g
```

○ 実行結果

That is a parasol.

ThAt is A pArAsol.

● 「Bob」という文字列をすべて「Robert」に変換するsedスクリプトの例です。単純に置換しているだけなので、「Bobby」のような単語に含まれる「Bob」まで「Robert」に変換されてしまっていることがわかります。

```
s/Bob/Robert/g
```

○ 実行結果

Bob White
Bobby White

Robert White
Robertby White

02 \ メタキャラクタの持つ特別な意味を失わせる

対応処理系

JavaScript　Java　Perl　PHP　Python　.NET
sed　grep　egrep　awk　vim

直後に続く文字がメタキャラクタではないことを、正規表現のエンジンに指示するメタキャラクタです。たとえば、「.」を「任意の1文字にマッチするメタキャラクタ」ではなく、「.」（ピリオド）という文字として利用したい場合は、「\.」のように記述します。

このように、メタキャラクタとしての意味を失わせ、通常の文字として扱うための処理を「エスケープ」と呼びます。メタキャラクタのエスケープ方法は他にもありますが、「\」は処理系を問わず利用可能な唯一のエスケープ方法です。

「\」を「\」として利用したい場合は、「\\」のように「\」自体を「\」でエスケープする必要があります。

［文例］

●「a\.\.」は「a..」という文字列にマッチします。

abc
a12
a..
↓
abc
a12
a..

参考

「\」は他の文字と組み合わせることによって、新しいメタキャラクタを定義するために利用されることがあります。

1. 通常の文字の前に置くことにより、別の意味を持つメタキャラクタを構成します。たとえば、「s」は「s」という文字にマッチする正規表現ですが、直前に「\」が置かれた「\s」は、「任意のスペース」を意味するメタキャラクタとなります。

2. 数値の前に置くことにより、後方参照や8進エスケープを表現します。

上記1及び2のケースに合致しない場合、「\」の挙動は処理系に依存します※。「\」の存在を無視する処理系もありますが、Javaのように「\」の直後に置かれていた文字が英字の場合はエラーとする（例外が発生する）処理系もあります。安全のためには、不要な「\」の存在は何らかの問題を引き起こすと考えるべきです。

※ POSIXでは、このようなケースの挙動は「未定義」としている

COLUMN

文字列と「\」

多くのプログラミング言語では、文字列は「"string"」のように「"」で括って定義します。文字列内部で「"」という文字を利用したい場合は、「\"」のように「"」そのものを「\」でエスケープします。「\」はエスケープのために利用する文字となっているため、文字列内部で「\」そのものを表現したい場合は「\\」と記述する必要があります。

Javaのように正規表現を通常の文字列として指定する処理系で、「\d」や「\n」のように「\」が含まれるメタキャラクタを利用するには、「\\d」や「\\n」のように「\」を「\\」として記述することになります。正規表現中で「\」という文字そのものを表現したい場合は、「\\\\」のように「\」を4つ並べなければなりません（文字列内部での「\\」は「\」と解釈されるので、「\\」と解釈させるには「\\\\」と記述する必要があります）。

03 . 任意の1文字にマッチ

対応処理系

JavaScript	Java	Perl	PHP	Python	.NET
sed	grep	egrep	awk	vim	

「.」は、どのような文字にでもマッチする正規表現です。英数字、記号、スペース、タブ、各種制御記号など、あらゆる文字がマッチの対象となります。

「...」のように「.」を連続させた場合は、連続させた数だけの長さの文字列にマッチします。「....」という正規表現は、「1234」「This」「.xls」など、すべての4文字からなる文字列にマッチします。「.」は空白にもマッチするため、「....」は「␣␣␣␣」のような空白の連続にもマッチします。

「.」がマッチしない文字

「.」は任意の文字にマッチすると説明しましたが、実は2つの例外があります。1つは改行（LF: U+000A)、もう1つはNUL(U+0000)です。

POSIXでは、「.」は改行にもマッチすると定義されています。しかし、一般的に「.」は改行にはマッチしません。正規表現を最初に実装したツール群（ラインエディタのedやgrepなど）はいずれも行単位で処理を行うツールであり、改行にマッチさせる必要がなかったためです。このため、現在でも大多数の処理系では、デフォルトでは「.」は改行にマッチしないようになっています。

しかし、スクリプト言語などで一度に複数行のデータを処理するような場合、「.」が改行にマッチしないのは不便です。そこで、処理系によっては「.」が改行にもマッチするような処理モードを用意しています。これにはPerlのs修飾子や、JavaのPattern.DOTALLフラグなどが挙げられます。

また、POSIXは「NULは正規表現及びマッチ対象文字には含めてはならない」と定めています。しかし大多数の処理系では、「.」はNULにもマッチするようになっています。

▼改行 (LF) 及び NUL に対する「.」の振舞い（○：マッチする、×：マッチしない、△：制約あり）

処理系	LF	NUL	備考
sed	×	△	GNU sed では NUL にマッチする
grep	×	×	
egrep	×	×	
awk	×	△	GNU awk では NUL にマッチする。ただし GNU awk に「--posix」オプションを付与した場合、NUL にはマッチしない
vim	×	○	
Java	△	○	Pattern.DOTALL フラグを指定すれば LF にもマッチする。 LF だけでなく、行終端子とみなされる文字（後述）にもマッチしない
JavaScript	×	○	LF だけでなく、行終端子とみなされる文字（後述）にもマッチしない
Perl	△	○	s 修飾子を指定すれば LF にもマッチする
PHP	△	○	s 修飾子を指定すれば LF にもマッチする
Python	△	○	re.DOTALL フラグを指定すれば LF にもマッチする
.NET	△	○	RegexOptions.Singleline オプションを指定すれば LF にもマッチする

［文例］

● 「...A」でマッチさせた結果を示します。

NASA
16mA
␣USA
MACSYMA
L.A.

NASA
16mA
␣USA
MACSYMA
L.A.

● 「secret.doc」というファイル名を検索するために「secret.doc」を利用すると、「secret␣document」などにマッチしてしまうことがあります。「.」が検索対象に含まれる場合は、「secret\.doc」のように「.」を「\」でエスケープするとよいでしょう。

He exposed a secret␣document named 'secret.doc'....

注意

Unicode の追加面（U+10000 以降の領域）に格納される文字をサロゲートペアで表現する処理系では、「.」はサロゲートペアを構成する 2 文字の 1 つにしかマッチしないことがあります。現時点では .NET 及び（u 修飾子を指定しない状態での）JavaScript がこれに該当します。

また、Unicode には「書記素クラスタ」という、複数の文字で 1 文字を構成する仕組みがある点にも注意が必要です。「ä」という文字は「ä」という単一の文字（U+00E4: LATIN SMALL LETTER A WITH DIAERESIS）としても、「a」（U+0061: LATIN SMALL LETTER A）と「¨」（U+00A8: DIAERESIS）の組み合わせとしても表現可能ですが、後者はあくまでも 2 文字からなる書記素クラスタです。そして「.」は書記素クラスタを構成するただ 1 文字にしかマッチしません。この例であれば、「.」は U+00E4 にはマッチしますが、U+0061 と U+00A8 の組み合わせに対してはそのどちらか 1 文字にしかマッチしないということです。

参考

Java 及び JavaScript は、以下の文字を行終端子とみなします。これらの文字は「.」だけではなく、「$」や「^」にも影響を及ぼします。

Java では Pattern.UNIX_LINES フラグ（あるいは d 修飾子）を指定すると、改行（0x0A）以外の行終端子は「.」にマッチするようになります。

▼ Java / JavaScript が行終端子とみなす文字（○：「.」がマッチしない、×：マッチする）

文字	コードポイント	Java	JavaScript
改行（LF）	U+000A	○	○
復帰（CR）	U+000D	○	○
NEXT LINE(NEL)	U+0085	○	×
LINE SEPARATOR（一般カテゴリ Zl）	U+2028	○	○
PARAGRAPH SEPARATOR（一般カテゴリ Zp）	U+2029	○	○

04 [xyz] 指定された文字の中のいずれかにマッチ

対応処理系					
JavaScript	Java	Perl	PHP	Python	.NET
sed	grep	egrep	awk	vim	

「[」と「]」で括られた内部に指定された文字のいずれかにマッチします。「ブラケット表現」と呼ばれるこの記法は、「[」と「]」で複数の文字をひとまとめにして、「複数の文字の中のいずれか」という概念を示すものです。ブラケット表現は極端に長くなるケースもありますが、マッチするのはその中の１文字だけという点に注意してください。

ブラケット表現の中では、以下のようなさまざまな記法が利用できます。なお、ブラケット表現中ではスペースや記号、各種のエスケープ表現を含め、すべての文字を利用できます。

文字の列挙

「[xyz]」のように、複数の文字を列挙することができます。「[xyz]」はx、y、zの3文字のうちのいずれかにマッチします。同様に「[0123456789]」は「任意の1文字の数字」を、「[A1]」は「Aまたは1」を意味します。

なお、ブラケット表現中で同じ文字を複数指定した場合、重複部分は無視されます。従って「[DDDDAAA]」は「[DA]」と同じ意味になります。

範囲表現

複数の文字を列挙するのは大変な作業なので、略記法として「[from-to]」という記述方法が用意されています。これは「文字コードの並びの順で、fromからtoまでの範囲に含まれるすべての文字」を示します。

先に挙げた「[0123456789]」の例で考えてみましょう。ASCIIでは、0から9までの数字は0x30から0x39までの範囲で順番に並んでいますので、「[0123456789]」の代わりに「[0-9]」と記述することができます。これは「0から9までの範囲に含まれるすべての文字」、すなわち「すべての数字」という意味となります。同様に、「[A-Z]」は「AからZまでのすべての文字」、つまり「アルファベットの大文字すべて」を意味します。

「-」は「[」と「]」の間で何度でも利用できますので、複数の範囲を指定することも可能です。「0-9A-Z」は「すべての数字とすべてのアルファベットの大文字」を意味します。文字の列挙と範囲表現は、同時に利用することも可能です。「1-479」は、「1から4までのすべての数字と、7及び9」という意味になります。

範囲表現では、最初に文字コード値の小さな文字を置き、最後に文字コード値の大きな文字を置かなければなりません。「[9-0]」や「[Z-A]」のように逆順で記述してしまうと、どのような文字にもマッチしなくなってしまいます。

ただし、複数の範囲指定の並び順については、文字コード値の順序は関係しません。「[0-9A-Z]」と「[A-Z0-9]」は、どちらも「すべての数字とすべてのアルファベットの大文字」を意味します。

否定

ブラケット表現の最初の文字として「^」を置くと、「[」と「]」で括られた内部に指定された文字以外のいずれかの文字にマッチするという意味になります。たとえば「[^acef]」は「a、c、e、f 以外の 1 文字」を、「[^0-9]」は「0 から 9 以外の 1 文字」を意味します。

このように「^」を利用して否定の意味を持たせたものを、「非マッチングリスト」と呼びます。これに対して、「^」を使用しないものは「マッチングリスト」と呼ばれます。

否定を表すメタキャラクタ「^」は、必ずブラケット表現の最初に置かなければなりません。途中に置いてしまうと、「^ にもマッチするマッチングリスト」と解釈されます。従って、「[a^c]」は「a、^、c のいずれか」という意味となります。

非マッチングリストは、「指定された文字以外のすべての文字」を意味するという点に注意してください。POSIX は「非マッチングリストは改行にもマッチする」と定めており、本書で取り上げるすべての処理系でも、非マッチングリストは改行（行終端子）にマッチします。

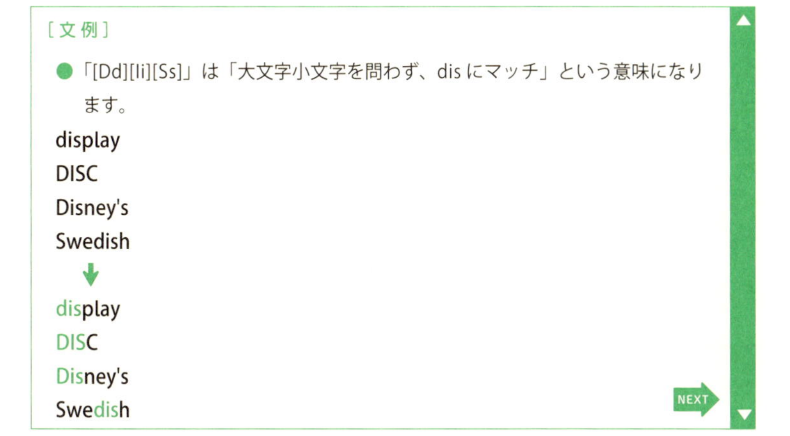

● 「[^bc]at」は「b あるいは c 以外の文字に at が続く文字列にマッチ」という意味になります。

bat
cat
eat
fat
↓
bat
cat
eat
fat

注意

2 種類の「^」

ブラケット表現中の否定を意味する「^」を、行頭を表す「^」と混同しないでください。この 2 つは同じ外見をしていますが、まったく異なるメタキャラクタです。

「]」と「-」の置き場所

ブラケット表現中に「]」及び「-」を含める場合は、以下のルールに従う必要があります。

- 「]」をブラケット表現中に含める場合、「]」は必ず先頭（非マッチングリストでは「^」の直後）に置かなければならない。「]」がブラケット表現中の文字の途中に置かれると、ブラケット表現の定義がそこで終わってしまう。たとえば「8、9、] のいずれか」は「[]89]」、「8、9、] 以外」は「[^]89]」と記述する
- 「-」をブラケット表現中に含める場合、「-」が「範囲を示す文字としての『-』」と誤解されないようにしなければならない。従って、「-」は必ず先頭（非マッチングリストでは「^」の直後）、あるいは最後に置く。たとえば「8、9、- のいずれか」は「[-89]」あるいは「[89-]」と記述する

ブラケット表現とメタキャラクタ

ブラケット表現中では、「^」を除くすべてのメタキャラクタがその意味を失います。ですから「[.*]」は「. または *」という意味になります。

ただし、sed、grep 及び egrep 以外の処理系では、「\」をエスケープ用のメタキャラクタとして利用できます。この場合、「-」及び「]」を「\-」及び「\]」と記述すれば、ブラケット表現中のどの位置にでも置くことができます。一方、「\」をブラケット表現中に含めるには「\\」と記述する必要があります。

このような処理系では、「[ab\]]」は「a、b 及び]」という意味になります。逆に、sed/grep/egrep では「a、b 及び \ のいずれかの文字に] が続く文字列」という意味になります。

「[」が単独で出現した場合

POSIX では、「a[b」のように「[」が単独で現れる正規表現の挙動は未定義としています。大多数の処理系ではこのような正規表現はエラーとなりますが、vim では「a[b」という文字列そのものにマッチします。

Perl と「$」

Perl では「$」という文字をブラケット表現内で利用する場合、「[\$]」のように必ず「\」でエスケープする必要があります。ブラケット表現中に直接「$」が置かれていると、変数展開の対象となってしまうからです。

仮に変数「$str」に「123」が格納されていた場合、「[$str]」というブラケット表現は「$」「s」「t」「r」のいずれかではなく、「1」「2」「3」のいずれかという意味になってしまいます。

05 (pattern)、\(pattern\) 部分正規表現のグルーピング

対応処理系

JavaScript / Java / Perl / PHP / Python / .NET / sed / grep / egrep / awk / vim

※基本正規表現では \(pattern\)

「(」と「)」の内部に囲まれた正規表現をひとまとまりにして、部分正規表現を定義します。「(」と「)」は入れ子にすることも可能です。

「(」と「)」で正規表現をひとまとまりにするのには、大きく２つの意味があります。１つには、「(」と「)」で囲まれた部分正規表現に対して、各種の量指定子（* や + など）を付随させるためです。従って「(abc)+」という正規表現は、「abc という文字列が１回以上連続した文字列」（例 :「abcabc」「abcabcabc」…）を意味します。

もう１つの使い方は算術式と同様、演算子の優先順位を変更するためです。正規表現では「|」によって実現される文字列の選択よりも、文字列の連接のほうが優先順位が高いため、「(」と「)」を使わないと正しく表現ができないケースが出てきます。

たとえば、「Bill|William Gates」という正規表現は「『Bill』または『William Gates』」を意味します。これを「(Bill|William) Gates」とすると、「『Bill Gates』または『William Gates』」という意味になります。前者は「Bill」と「William Gates」とを選ばせるのに対して、後者は「Bill」と「William」を選ばせたのち、「␣Gates」という文字列を続けているからです。

グルーピングと後方参照

「(」と「)」には「部分正規表現のグルーピング」のほかに、「マッチした範囲をキャプチャする（記憶する）」という役目があります。キャプチャされた内容は後から特別な記法によって取り出すことができます（これを「後方参照」と呼びます）が、これについては「\n」の項で詳しく解説します。

基本正規表現における「(」と「)」

基本正規表現では、「(pattern)」は「\(pattern\)」と記述します。このような処理系では、「(」及び「)」はメタキャラクタではなく、単なる文字として扱われます。

本書で取り上げるツールでは、sed、grep、vim がこれらに該当します。egrep は拡張正規表現を利用するツールなので、これには当てはまりません。

［文例］

「(long␣)+」は、「long␣」が複数回連続する文字列にマッチします。

long long ago

long long long ago

↓

long␣long␣ago

long␣long␣long␣ago

「Windows (7|10)」は「Windows 7」と「Windows 10」にマッチします。

Windows 7

Windows 10

↓

Windows 7

Windows 10

「(」と「)」は入れ子にできます。「Windows 10」に「(Windows (7|10))」を適用した場合、外側の部分正規表現には「Windows 10」に、内側の部分正規表現は「10」にマッチします。

Windows 10

Windows 7

↓

Windows 10　←下線を引いた部分が内側の部分正規表現のマッチ範囲

Windows 7

06 * 直前の正規表現と 0 回以上一致

対応処理系

JavaScript / Java / Perl / PHP / Python / .NET / sed / grep / egrep / awk / vim

直前の正規表現を 0 回以上繰り返したパターンを表現するためのメタキャラクタです。「*」の前に置かれるのは文字でも、ブラケット表現でも、部分正規表現でも、後方参照でも構いません。たとえば、「A*」は A が 0 回以上連続した文字列なので、空文字列、A、AA、AAAAA…などにマッチします。

「*」の利用上のポイントは 2 つあります。1 つは、「*」が「0 回以上の繰り返し」を示すメタキャラクタであり、「A*」は空文字列（= A の 0 回の連続）にもマッチするという点です。「A」が 1 文字以上必要な場合は「AA*」とするか、後述する「+」を利用しなければなりません。

もう 1 つは、「*」の前には「何を連続させるか」を示す正規表現が必要であるという点です。Windows や UNIX の「ワイルドカード」では、「*.txt」で「拡張子が .txt のファイル」を示すことができます。しかし、正規表現の「*」ではこのような記述はできません。同様の表現をするには「任意の文字の 1 文字以上の連続」を示す「..*」を利用して、「..*\.txt」と記述する必要があります（ここで「..*」としたのは、ワイルドカードは空文字列にマッチしないためです）。

「*」は最長一致の原則に従うメタキャラクタです。「.*a」という正規表現を「character」という単語に適用した場合、「cha」ではなく「chara」までがマッチ対象となります。

［文例］

● 「.*」、つまり「任意の文字の 0 文字以上の連続」は、すべての文字列にマッチする正規表現です。

I am a boy.
You are a girl.

↓

I am a boy.
You are a girl.

NEXT

● 「Bo*」は、Bの後にoが0回以上続く文字列にマッチします。「oの0回以上の連続」なので、「B」単体にもマッチする点に注意してください。

RGB
Boy
Boom
Booooooooooooooo!!

↓

RGB
Boy
Boom
Booooooooooooooo!!

注意

「\(」と「\)」で囲まれた部分正規表現と「*」

POSIXは、「*」は部分正規表現にも適用可能と規定しています。しかし初期の基本正規表現では、「\(」と「\)」は後方参照のためにだけ利用されていました。本書で取り上げるGNU grepやGNU sedでは問題ありませんが、一部のsedやgrepでは「\(」と「\)」で囲まれた部分正規表現に対して「*」を適用できない可能性があります。

参考

「*abc」や「\(*abc\)」のように、正規表現や部分正規表現の先頭（あるいは文字列の先頭を示す「^」の直後）に「*」を置いた場合、POSIXは「*を通常の文字として扱う」と規定しています。しかし多くの処理系は、「『*』に先行する正規表現がない」という理由で「*abc」のような正規表現をエラーとします。安全のためには「*」をエスケープして、「*abc」のように記述すべきでしょう。

07 {min,max}、\{min,max\} 直前の正規表現と指定回数一致

対応処理系

JavaScript　Java　Perl　PHP　Python　.NET
sed　grep　egrep　awk　vim

※基本正規表現では \{n,m\}、\{n\}、\{n,\}
※ vim では \{n}、\{n,m}、\{n,} だが、\{n\}、\{n,m\}、\{n,\} でもよい。\{} や \{,m} も有効
※ GNU egrep/awk では GNU 拡張

直前の正規表現を指定回数だけ繰り返したパターンを表現するためのメタキャラクタです。前に置かれるものは「*」と同様です。「{min,max}」は最長一致の原則に従います。

「{min,max}」という表現では、以下の3つのパターンが利用できます。

- {min,max} … min 回以上、max 回以下の繰り返しを意味する。「a{3,5}」は「a の 3 回以上 5 回以下の繰り返し」という意味になり、「aaa」「aaaa」「aaaaa」にマッチする
- {count} … count 回の繰り返しを意味する。「.{5}」は「任意の文字の 5 回の繰り返し」となり、「abcde」や「12345」などにマッチする
- {min,} … min 回以上の繰り返しにマッチする。「[ab]{2,}」は「a または b を 2 回以上繰り返した文字列」にマッチする。従って、「ab」「aa」「abaabbaa」などにマッチする。「{0,}」という記法は、「*」と同じ意味になる

基本正規表現における「{min,max}」

基本正規表現では、「{min,max}」は「\{min,max\}」と記述します。従って「a{3,5}」は「a\{3,5\}」となります。このような処理系では、「{」及び「}」はメタキャラクタではなく、単なる文字として扱われます。

本書で取り上げるツールでは、sed 及び grep がこれらに該当します。

拡張正規表現における「{min,max}」

拡張正規表現には「{min,max}」は含まれていないため、拡張正規表現を利用する処理系である egrep 及び awk では、「{min,max}」という記法を利用できません。しかし、GNU egrep 及び GNU awk では独自の拡張により、「{min,max}」を利用できます（GNU awk ではオプション「--re-interval」を指定する必要があります）。

vim における「{min,max}」

vim では、「{min,max}」「{count}」「{min,}」をそれぞれ「\{min,max}」「\{count}」「\{min,}」と記述します（「\{min,max\}」「\{count\}」「\{min,\}」も利用できます）。

また、vim では上記の 3 つのパターンに加えて、以下のパターンが利用できるようになっています。

- \{} … 0 回以上の繰り返しを意味する（「*」と同じ意味）
- \{,max} … 0 回以上、max 回以下の繰り返しを意味する

［文例］

● 「(Go!␣){4}」は、「Go!␣」を 4 回繰り返したパターンにマッチします。

Go!␣Go!␣Go!␣Go!␣Go!␣

Go!␣Go!␣Go!␣Go!␣Go!␣

参考

「{4,5}abc」のように正規表現の先頭に「{min,max}」を置いた場合、その挙動は処理系によって変わります。単純に「{4,5}」という文字列として解釈する処理系もありますが、「\{4,5\}」のように明示的にエスケープしなければエラーとなる処理系もあります。これらの挙動は同一の処理系でもバージョンによって異なりますので、利用する場合は注意してください。

08 $ 文字列の末尾、または行終端子の直前にマッチ

対応処理系

JavaScript / Java / Perl / PHP / Python / .NET / sed / grep / egrep / awk / vim

文字列の末尾、あるいは行終端子の直前（＝行の末尾）を示すメタキャラクタです。

このメタキャラクタは文字ではなく、位置にマッチするものです。「$」は文字列の末尾にある文字や行終端子そのものではなく、文字列の末尾の直前、あるいは行終端子の直前にある空文字列にマッチするという点に注意してください。

文字列中の行終端子と「$」

文字列中に行終端子が含まれていた場合、「$」が文字列中の行終端子にマッチするかどうかは、処理モードに依存します。

通常、「$」は文字列中の行終端子の直前にはマッチしません。「1_line ↵ 2_line」（「↵」は改行）という文字列に対して「line$」という正規表現を適用すると、「1_line ↵ 2_line」という部分にのみマッチします。

しかし処理系によっては、「$」が文字列中の行終端子（の直前）にもマッチするような処理モードが用意されています。これにはPerlのm修飾子や、JavaのPattern.MULTILINEフラグなどが挙げられます。このようなモードでは、先の正規表現は「1_line ↵ 2_line」という部分にマッチします。

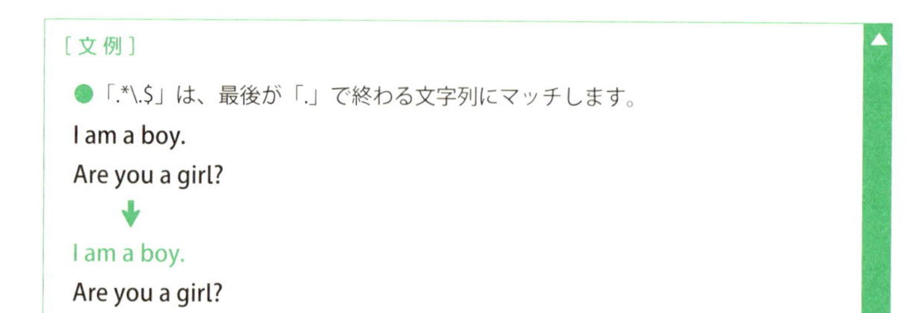

09 ^ 文字列の先頭、または行終端子の直後にマッチ

対応処理系

JavaScript	Java	Perl	PHP	Python	.NET
sed	grep	egrep	awk	vim	

文字列の先頭、あるいは行終端子の直後（＝行の先頭）を示すメタキャラクタです。「$」同様、このメタキャラクタは文字ではなく、位置にマッチするものです。「^」は文字列の先頭、あるいは行終端子の直後にある空文字列にマッチすると考えてください。

文字列中の行終端子と「^」

文字列中に行終端子が含まれていた場合、「^」が文字列中の行終端子にマッチするかどうかは、処理モードに依存します。

通常、「^」は文字列中の行終端子（の直後）にはマッチしません。「line_1 ↵ line_2」（「↵」は改行）という文字列に対して、「^line_1」という正規表現は文字列先頭にある「line_1」にマッチしますが、「^line_2」は文字列中のどの部分にもマッチしません。

しかし処理系によっては、「^」が文字列中の行終端子（の直後）にもマッチするような処理モードが用意されています。これにはPerlのm修飾子や、JavaのPattern.MULTILINEフラグなどが挙げられます。このようなモードでは、「^line_2」という正規表現は「line_1 ↵ line_2」という部分にマッチします。

［文例］

● 「^This.*」は、「This」で始まる文字列にマッチします。

This is a pen.
That is a vase.

This is a pen.
That is a vase.

10 \n キャプチャ済みの部分正規表現に対する後方参照

対応処理系

JavaScript | Java | Perl | PHP | Python | .NET
sed | grep | egrep | awk | vim

※ GNU egrep/awk では GNU 拡張

「\1」のように「\」に数値が続くパターンは、事前に「(」及び「)」で囲まれた部分正規表現にマッチした文字列に展開されます。この機能を「後方参照」と呼びます。

たとえば、「I am a (boy|girl).」という正規表現を「I am a boy.」という文字列に適用すると、部分正規表現「(boy|girl)」には「boy」がマッチします。ここで「\1」を参照すると、「\1」は「boy」に展開されるというわけです。

「\」に続く数値は、正規表現中の部分正規表現に対して、左から順番に対応付けられます。「([ABC][abc])..([0-9][0-9])」という正規表現では、「\1」は1番目の部分正規表現である「([ABC][abc])」がマッチした内容に、「\2」は2番目の部分正規表現である「([0-9][0-9])」がマッチした内容にそれぞれ展開されます。

部分正規表現が空文字列にマッチした場合でも、後方参照は有効です。「abcdef」に「([0-9]*)(.*)」を適用した場合、「\2」は「abcdef」として、「\1」は空文字列として展開されます（「([0-9]*)」は空文字列にもマッチするため）。

拡張正規表現と後方参照

拡張正規表現には、後方参照は含まれていません。ただし、GNU egrep では独自の拡張により、後方参照が利用可能です。また、GNU awk は独自拡張の gensub 関数内でのみ後方参照を利用できますが、マッチングパターン中に後方参照を配置することはできないという制限があります。従って「^(...)\1」は「abcabc」にマッチしません。

後方参照は9個まで

一般的に、後方参照は9個までに制限されています（POSIX でも、「\n」は最大9個まで利用可能と規定しています）。従って、後方参照の表記としては「\1」から「\9」の9個のみが有効です。

ただし、Perl / Java / PHP などでは「\12」のように、9個以上の後方参照が利用可能です。

部分正規表現の入れ子と順序

部分正規表現が入れ子になった場合、後方参照の番号は「部分正規表現の範囲を示す左括弧が登場する順番」に従って決定されます。

「((abc|cde)rts)xyz」の場合、後方参照を利用して「((abc|cde)rts)」と「(abc|cde)」にそれぞれマッチした内容を参照することができます。このとき、「((abc|cde)rts)」の左括弧のほうが「(abc|cde)」の左括弧よりも左にあるので、「((abc|cde)rts)」が「\1」に、「(abc|cde)」が「\2」に対応します。

［文例］

- 「^(...)\1」は、文字列先頭の最初の3文字が繰り返したパターンにマッチします。

abc123abc
abcabcabc

abc123abc
abcabcabc

- 「\n」で参照する内容にも量指定子が適用できます。「^(.).*\1+」は行頭から、文字列先頭の文字が後に1回以上登場する範囲にマッチします。

abcdefaabbcc
123456114455

abcdefaabbcc ← 行頭の「a」が再登場した「aa」までマッチ
123456114455 ← 行頭の「1」が再登場した「11」までマッチ

参考

部分正規表現の数よりも後方参照の数が多い場合の扱い

部分正規表現の数よりも後方参照の数が多い場合の挙動は、処理系によって異なります。しかしPOSIXでは不正な正規表現として扱うよう規定しており、実際にエラーとする処理系も多いため、基本的には正しく動作しないと考えてください。

11 [:...:] POSIX文字クラス表現

対応処理系

JavaScript / **Java** / **Perl** / **PHP** / Python / .NET
sed / **grep** / **egrep** / **awk** / **vim**

POSIXには「文字クラス」といって、文字の性質によって文字をグループ化する概念があります。文字クラスの名前を「[:」と「:]」で括ったものは、その文字クラスに含まれる1文字にマッチします。POSIXはこの表記方法を「文字クラス表現」と呼んでいます。

以下に、POSIXで定義されている文字クラス、及びPerl/PHPで利用可能な独自の文字クラスの一覧を示します。JavaにはPOSIX文字クラス表現はありませんが、「\p」を利用するUnicodeプロパティ表現に似た独自の形式が利用可能です。

▼ POSIX文字クラス表現の一覧

文字クラス	Java	意味	等価な表現
[:alnum:]	\p{Alnum}	アルファベットと数字にマッチ	[0-9A-Za-z]
[:alpha:]	\p{Alpha}	アルファベットにマッチ	[A-Za-z]
[:blank:]	\p{Blank}	空白またはタブにマッチ	[␣\t]
[:cntrl:]	\p{Cntrl}	制御文字にマッチ	[\x00-\x1F\x7F]
[:digit:]	\p{Digit}	10進数字にマッチ	[0-9]
[:graph:]	\p{Graph}	表示可能な文字にマッチ	[0x21-0x7E]
[:lower:]	\p{Lower}	アルファベット小文字にマッチ	[a-z]
[:print:]	\p{Print}	印字可能文字にマッチ	[0x20-0x7E]
[:punct:]	\p{Punct}	句読点及び記号として利用される文字にマッチ([:graph:]で示される文字から、[:alnum:]で示される文字を除いた文字)	[!"#$%&'()*+,-./:;<=>?@[\]^_`{|}~]
[:space:]	\p{Space}	空白にマッチ	[␣\t\n\v\f\r]
[:upper:]	\p{Upper}	アルファベット大文字にマッチ	[A-Z]
[:xdigit:]	\p{XDigit}	16進表現に利用される文字にマッチ	[0-9a-fA-F]
[:ascii:]	\p{ASCII}	ASCIIの範囲の文字にマッチ(Perl/PHP独自)	[\x00-\x7F]
[:word:]	-	単語を構成する文字にマッチ(Perl/PHP独自)	\w

POSIX文字クラス表現を利用する場合、以下の点に注意が必要です。

- POSIX文字クラス表現はブラケット表現内だけで使用でき、他の場所では利用できない

- POSIX 文字クラス表現はブラケット表現のように見えるが、ブラケット表現そのものではない。従って、「[[:alpha:]]」や「[[:lower:][:digit:]]」のように記述する必要がある
- POSIX 文字クラス表現は当該文字クラスに所属する 1 文字だけを表現する正規表現であり、文字の連続は示さない。ある文字クラスに所属する文字の連続を示したい場合は、「[[:alpha:]]+」のように記述する

POSIX 文字クラス表現の否定

通常、POSIX 文字クラス表現の否定を示すには「[^[:alpha:]]」のように記述します。しかし Perl 及び PHP では POSIX 文字クラス表現の否定形として、「[:^alpha:]」のように「[:」の直後に「^」をつける記法が利用できます。

Perl 及び PHP では、「[[:^alnum:][:lower:]]」（英数字以外の文字、ただし小文字は含む）といった高度な表現も利用可能です。

Perl / PHP / Java における POSIX 文字クラス表現

文字列を Unicode として処理している場合、POSIX 文字クラス表現に合致する文字の集合は Unicode のプロパティを意識したものとなります。また、これらの文字の範囲にはいわゆる「全角文字」や漢字までもが含まれる可能性がある点に注意してください。

▼ Unicode 処理時に POSIX 文字クラスが合致する文字

<table>
<tr><th>種類</th><th>Java</th><th>Perl</th><th>PHP</th></tr>
<tr><td>[:alnum:]</td><td colspan="2">\p{IsAlphabetic}, \p{Nd}</td><td>\p{L}, \p{N}</td></tr>
<tr><td>[:alpha:]</td><td colspan="2">\p{IsAlphabetic}</td><td>\p{L}</td></tr>
<tr><td>[:blank:]</td><td colspan="3">メタキャラクタ \h と同じ</td></tr>
<tr><td>[:cntrl:]</td><td colspan="2">\p{Cc}</td><td>[\x00-\x1F\x7F]</td></tr>
<tr><td>[:digit:]</td><td colspan="3">\p{Nd}</td></tr>
<tr><td>[:graph:]</td><td>\p{Cc},\p{Cs},\p{Cn},\p{Z} 以外</td><td>\p{Cc},\p{Zs} 以外</td><td>\p{L},\p{M},\p{N},\p{P},\p{S},\p{Cf} ただし U+061C,U+180E,U+2066 〜 U+2069 を除く</td></tr>
<tr><td>[:lower:]</td><td colspan="2">\p{IsLowercase}</td><td>\p{Ll}</td></tr>
<tr><td>[:print:]</td><td>\p{Cntrl} を除く \p{Graph}, \p{Blank}</td><td>\p{Cc},\p{Zl},\p{Zl} 以外</td><td>[:graph:] + \p{Zs}</td></tr>
<tr><td>[:punct:]</td><td>\p{P}</td><td colspan="2">\p{P} + U+007F 以下の \p{S}</td></tr>
<tr><td>[:space:]</td><td colspan="3">メタキャラクタ \s と同じ</td></tr>
<tr><td>[:upper:]</td><td colspan="2">\p{IsUppercase}</td><td>\p{Lu}</td></tr>
<tr><td>[:xdigit:]</td><td colspan="2">\p{IsHex_Digit, \p{Nd}</td><td>[0-9a-fA-F]</td></tr>
<tr><td>[:ascii:]</td><td colspan="3">[\x00-\x7F]</td></tr>
<tr><td>[:word:]</td><td>-</td><td colspan="2">メタキャラクタ \w と同じ</td></tr>
</table>

［文例］

● 「^[[:lower:]]+」は、文字列先頭にある小文字の 1 文字以上の連続を示します。

postmaster@example.com
YAMADA22@example.com

postmaster@example.com
YAMADA22@example.com

● 「^[[:upper:][:digit:]]+」は、文字列先頭にある大文字あるいは数字の 1 文字以上の連続を示します。

postmaster@example.com
YAMADA22@example.com

postmaster@example.com
YAMADA22@example.com

COLUMN

導出プロパティ「Alphabetic」

前述の表「Unicode 処理時に POSIX 文字クラスが合致する文字」では、Perl/Java の「[:alpha:]」が合致する文字の定義として「\p{IsAlphabetic}」という値が示されています。この「Alphabetic」とはなんでしょうか。

Alphabetic は Unicode の導出プロパティ（他のプロパティの組み合わせとして決まるプロパティ）であり、その定義は「Uppercase + Lowercase + Lt + Lm + Lo + Nl + Other_Alphabetic」となっています。ひらがな / カタカナ / 漢字は一般カテゴリ Lo に含まれているため、結果として「[:alpha:]」はいわゆる「全角文字」や漢字にもマッチすることになります。

ちなみに Alphabetic の定義に含まれる「Other_Alphabetic」も Unicode のプロパティの一つであり、ここには各種の結合文字（一般カテゴリ Mn、Mc）と、丸付きのラテンアルファベットなどが含まれています。

12 [.ll.] 指定した照合要素にマッチ

対応処理系

JavaScript	Java	Perl	PHP	Python	.NET
sed	grep	egrep	awk	vim	

「[.」と「.]」の間に記述された複数の文字から構成される、単一の照合要素にマッチします。

照合要素とはPOSIXで定義されている概念で、「単一の実体としてみなされる2文字以上の文字の連続」を指します。このような概念は日本語の文字には見当たりませんが、スペイン語では「ll」「ch」「rr」、オランダ語では「ij」などがこれに相当します。これらの2文字の連続は、2文字で1つの文字として扱われます。

[.ll.]はこのような照合要素を定義するための記法で、複数の文字を1つの照合要素としてマッチさせるために利用されます。従って、「[.ch.]」はスペイン語の「ch」を、「[.ij.]」はオランダ語の「ij」を表します。

「[.ll.]」はPOSIX文字クラス表現と同様、ブラケット表現の内部でのみ利用することができます。また、「[.ll.]」はブラケット表現そのものではありませんので、「[[.ch.]]」のように外側にブラケットが必要となります。

照合要素はその照合要素が有効なロカールでのみ有効です。指定した照合要素が現在のロカールに存在しない場合、不正な正規表現として扱われます。

13 [=e=] 指定した等価クラスに含まれる文字にマッチ

対応処理系

JavaScript Java Perl PHP Python .NET
sed **grep** **egrep** **awk** **vim**

指定された等価クラスに含まれる文字にマッチします。等価クラスとはPOSIXで定義されている概念で、特定のロカールにおいて「等価」だとみなされる複数の文字を包括的に指示する名前のことです。

ヨーロッパ系の言語では、さまざまなダイアクリティカルマーク付きの文字が利用されることがあります。たとえば、フランス語では「e」以外にも、ダイアクリティカルマークが付いた「è」「é」「ê」といった文字が利用されます。しかし、これらの文字にはそれぞれ独自の文字コードが割り当てられていますので、「e」は「è」や「ê」にはマッチしません。

このような不便を解消するために導入されたのが、「等しいとみなせる文字を1つの名前で表現する」という等価クラスです。等価クラス「e」としてe、è、é、êが定義されていれば、「e」という等価クラスは先に挙げた4文字を表現するために利用できます。

正規表現内で等価クラスを利用するには、等価クラスを「[=」と「=]」で括って利用します。「[=e=]」は「e」「è」「é」「ê」すべてにマッチします。

「[=e=]」はPOSIX文字クラス表現と同様、ブラケット表現の内部でのみ利用することができます。また、「[=e=]」はブラケット表現そのものではありませんので、「[[=e=]]」のように外側にブラケットが必要となります。

「[=e=]」は、その等価クラスが定義されているロカールでのみ有効です。日本語のロカールでは「[=e=]」を利用しても、「e」や「ê」にはマッチしません。

01 x|y、x\|y 正規表現 x または y にマッチ

対応処理系

JavaScript	Java	Perl	PHP	Python	.NET
sed	grep	egrep	awk	vim	

※ vim、sed、grep では「\|」
※ GNU grep/sed では GNU 拡張

「|」は、正規表現の選択を意味するメタキャラクタです。これは、「|」の両側に置かれた正規表現のどちらかにマッチするものとして定義されます。

「|」単独では 2 つの正規表現のいずれかしか選択できません。3 つ以上の正規表現からの選択を実現したい場合は、「x|y|z」のように複数の正規表現をそれぞれ「|」で連結します。たとえば、「red|green|blue」は、red、green、blue のいずれかにマッチします。

正規表現の選択は連結よりも優先順位が低いので、必要に応じて「(」及び「)」を利用して優先順位を変えなければなりません。「『green bar』と『red bar』のいずれか」の意味で「green|red bar」と書くと、「『green』と『red bar』のいずれか」と解釈されます。意図通りの正規表現にするには「(green|red) bar」とするか、「green bar|red bar」とする必要があります。

基本正規表現における「|」

基本正規表現には「|」は含まれていないため、基本正規表現を利用する sed や grep、vi では「|」を利用することはできません。しかし GNU sed や GNU grep では独自の拡張により、「\|」という表記で「|」を利用できます。従って「red|green」は「red\|green」と記述することになります。

この「\|」という表記は、vim でも採用されています。

同じ文字列にマッチする可能性のある選択肢

「|」における複数の選択肢が同じ文字列にマッチする可能性がある場合、処理系によってマッチする内容が変わってきます。正規表現エンジンとして DFA 及び POSIX NFA を利用している処理系では、もっとも長い選択肢が必ず選ばれます。これに対して、従来型 NFA を利用している処理系では、選択肢が順に評価され、最初にマッチしたものが常に選ばれます。

「internationalization」という単語に対して「in」「inter」「international」の 3 つの選択肢を適用した場合に、各処理系でどこまでマッチするのかを以下に示します。sed /

awk では常にもっとも長い選択肢である「international」が選択されているのに対し、それ以外の処理系では選択肢の最初にあるものが必ず選択されていることがわかります。

▼同じ文字列にマッチする可能性のある選択肢に対する挙動

正規表現	sed / awk	その他
in|inter|international	international	in
inter|international|in	international	inter
international|in|inter	international	international

[文例]

● 「\.xls|\.doc」は、「.xls」あるいは「.doc」にマッチします。

readme.txt
report.doc
chart.xls

↓

readme.txt
report.doc
chart.xls

参考

「(abc|)」という記法

「(abc|)」のように選択肢の片方が空文字列の場合、「abc があってもなくてもよい」という意味（「?」と同じ）となります。POSIX はこの記法による結果を未定義としていますが、本書で取り上げる処理系ではいずれも「?」と同じと解釈します。

文字の選択に「|」を使う

「|」は当然ながら、文字の選択にも利用することができます。たとえば「x|y」は「x または y」を意味します。しかし、文字に対してこのような選択を行う場合は、「[xy]」のようにブラケット表現を利用したほうが高速に処理されます。

02 +、\+ 直前の正規表現と1回以上一致

対応処理系

JavaScript	Java	Perl	PHP	Python	.NET
sed	grep	egrep	awk	vim	

※ vim、sed、grep では「\+」
※ GNU grep/sed では GNU 拡張

直前の正規表現を1回以上繰り返したパターンを表現するメタキャラクタです。前に置かれるものは「*」と同様です。「{m,n}」表記で表現すれば、「{1,}」となります。

「+」は「*」とは異なり、0回の繰り返しにはマッチしません。従って、「A+」は「A」「AAA」などにはマッチしますが、空文字列にはマッチしません。

なお、「+」は最長一致の原則に従います。

基本正規表現における「+」

基本正規表現には「+」は含まれていないため、基本正規表現を利用するsedやgrep、viでは「+」を利用することはできません。しかしGNU sed、GNU grep及びvimでは独自の拡張により、「\+」という表記で「+」を利用できます。従って「A+」は「A\+」と記述することになります。

［文例］

● 「[0-9]+/[0-9]+」は、1桁以上の数字に「/」が続き、更に1桁以上の数字が続く文字列にマッチします。

3/17
/15

3/17
/15

● 「.+」は、任意の文字の1桁以上の連続にマッチします。従って、文字さえあればマッチすることになります。

```
This is a line. ↵
↵
```

```
This is a line. ↵
↵
```

COLUMN

混同しやすい「+」「?」

本節で紹介する「+」及び次節で紹介する「?」は、他の文字と組み合わせて別のメタキャラクタを構成するためにも使われます。慣れないうちは混同しやすいので注意してください。

- 「*」「+」「?」「{min,max}」に「+」がついた「*+」「++」「?+」「{min,max}+」は、それぞれ「強欲な量指定子」を意味するメタキャラクタとなる
- 「*」「+」「?」「{min,max}」に「?」がついた「*?」「+?」「??」「{min,max}?」は、それぞれ「無欲な量指定子」を意味するメタキャラクタとなる
- 「(」の後ろに「?」がついた「(?」という表現は、特殊なグルーピングを開始するメタキャラクタとなる

03 ?、\?、\= 直前の正規表現と0回または1回一致

対応処理系

JavaScript / Java / Perl / PHP / Python / .NET
sed / grep / egrep / awk / vim

※ vim、sed、grep では「\?」。vim では「\=」も同様
※ GNU grep/sed では GNU 拡張

直前の正規表現の0回あるいは1回の繰り返しを表現するメタキャラクタです。前に置かれるものは「*」と同様です。「{m,n}」表記で表現すれば、「{0,1}」となります。

「直前の部分正規表現の0回あるいは1回の繰り返し」という説明よりも、「直前の正規表現がなくてもよい」というほうがわかりやすいでしょう。「Mac␣?OS」は、「Mac」の次に空白があってもなくてもよく、続いて「OS」が続くパターンを意味しています。従って、「Mac␣OS」にも「MacOS」にもマッチします。

なお、「?」は最長一致の原則に従います。

基本正規表現における「+」

基本正規表現には「?」は含まれていないため、基本正規表現を利用する sed や grep、vi では「?」を利用することはできません。しかし GNU sed、GNU grep 及び vim では独自の拡張により、「\?」という表記で「?」を利用できます。従って「Mac␣?OS」は「Mac␣\?OS」と記述することになります。

また、vim には「\?」と同じ意味のメタキャラクタとして「\=」が用意されています。

［文例］

● 「colou?r」は、イギリス英語の「colour」にも、アメリカ英語の「color」にもマッチします。

colour filter
color filter

colour filter
color filter

01 \d、\D 任意の数字にマッチ / 数字以外の任意の1字にマッチ

対応処理系

JavaScript	Java	Perl	PHP	Python	.NET
sed	grep	egrep	awk	vim	

「\d」は「0」から「9」までの任意の数字1文字にマッチするメタキャラクタです。ブラケット表現を利用すれば「[0123456789]」あるいは「[0-9]」と記述できますが、「\d」を利用すれば正規表現が読みやすくなります。

「\d」は数字1文字を表現する正規表現であり、数字の連続は示しません。数字の連続を示す場合は連続を表現するメタキャラクタを併用し、「\d*」や「\d+」などと記述する必要があります。

「\D」は「\d」の否定を意味するメタキャラクタで、「\dにマッチしない」1文字（「0」から「9」までの数字以外の1文字）にマッチします。ブラケット表現では「[^0123456789]」あるいは「[^0-9]」に相当します。「\D」は行終端子にもマッチし得るメタキャラクタですので、注意してください。

「\d」及び「\D」は、ブラケット表現内でも利用できます。「[\dab]」は、0から9までの数字、a、bのいずれかにマッチします。ただし、vimでは「[\d]」が「\」「d」のいずれかと判断されてしまうため、「\d」及び「\D」をブラケット表現内で利用することはできません。

Unicodeと「\d」

Perl/PHP/Python/Java/.NETで文字列をUnicode文字列として処理している場合、「\d」はASCIIの0から9だけでなく、Unicode一般カテゴリNd（様々な言語における0から9の数字を示す）の文字にマッチします。

一般カテゴリNdには例えば、いわゆる「全角数字」（０１２３４５６７８９）も含まれます。このため、「半角数字」にのみマッチさせるつもりで「\d」を使うことはできません。「半角数字」にのみマッチさせたい場合は、「\d」ではなく「[0-9]」を使う必要があります。

［文例］

 3桁の数字を表現するには、「\d\d\d」や「\d{3}」を利用します。

123%
4567
890abc
↓
123%
4567
890abc

 「\D{3}」なら、数字以外の3文字にマッチします。

123%
4567
890abc
↓
123%
4567
890abc

COLUMN

Unicodeの「数字」

Unicodeは一般的に「数字」とされる文字を、3種類の一般カテゴリに分類しています。「10進数字」、つまり10進数を表現する文字を示すNd、ローマ数字のような10進数以外の数を表すNl、丸付き数字や分数のように数字とみなし得る文字を示すNoです。「\d」がマッチするのは、このうち一般カテゴリNdに所属する文字となります。なお、「十」や「億」のような漢数字は一般カテゴリLo（その他の文字）として分類されており、数字とは定義されていません。

Unicodeの面白いところは、数字と解釈され得る文字について「その文字が表す値」をプロパティNumeric_Valueとして別途定義している点です。たとえば、前述の「十」に対する値は10、大数字の「弐」に対する値は2、「丗」に対しても30という値が定義されています。一方、「千」や「南」の部首である「十」（U+2F17）に対しては、文字ではなく部首であるということから、値は定義されていません。

02 \s、\S 任意の空白にマッチ / 空白以外の任意の文字にマッチ

対応処理系

JavaScript　Java　Perl　PHP　Python　.NET
sed　grep　egrep　awk　vim

※ GNU sed/grep/egrep/awk では GNU 拡張

「\s」は空白を意味する1文字にマッチします。「空白」にはスペース（コードポイントU+0020）だけではなく、タブや改行なども含まれます。一方、「\S」は「\s」の否定を意味するメタキャラクタであり、「\s にマッチしない」1文字（空白以外の1文字）にマッチします。

「\s」は1文字の空白を表現する正規表現であり、空白の連続は示しません。空白の連続を示す場合は連続を表現するメタキャラクタを併用し、「\s*」や「\s+」などと記述する必要があります。

「\s」及び「\S」はブラケット表現内でも利用できます。「[\sab]」は、空白、a、bのいずれかにマッチします。ただし、vim 及び GNU sed では「[\s]」が「\」「s」のいずれかと判断されてしまうため、「\s」及び「\S」をブラケット表現内で利用することはできません。

空白として認識される文字

以下のすべての文字は、どの処理系でも空白としてみなされます。

▼全ての処理系で「\s」に含まれる文字の種類

名称	コードポイント	メタキャラクタ
水平タブ（HT）	U+0009	\t
改行（LF）	U+000A	\n
フォームフィード（FF）	U+000C	\f
復帰（CR）	U+000D	\r
スペース	U+0020	␣

処理系によっては、以下の文字も空白とみなします。Unicodeに対応した大部分の処理系では「\s」がUnicode一般カテゴリZl（行セパレータ）、Zp（段落セパレータ）、Zs（各種スペース）にマッチするため、かなり多くの文字が「\s」にマッチします。

なお、一般カテゴリZsには「全角空白」（U+3000:IDEOGRAPHIC SPACE）が含まれているため、これらの処理系では全角の空白も空白として処理できます。

▼処理系によって「\s」に含まれる文字の種類

名称	コードポイント	Perl/PHP/Java/Python/.NET		JavaScript
		ASCII文字列(*1)	Unicode文字列(*2)	
垂直タブ(VT)(*3)	U+000B	○	○	○
NO-BREAK SPACE	U+00A0	×	×	○
NEXT LINE(NEL)	U+0085	×	○	×
LINE SEPARATOR（一般カテゴリZl）	U+2028	×	○	○
PARAGRAPH SEPARATOR（一般カテゴリZp）	U+2029	×	○	○
Unicodeの各種スペース（一般カテゴリZs）	−	×	○	○
ZERO WIDTH NO-BREAK SPACE	U+FEFF	×	×	○

(*1) 文字列をUnicode文字列として処理していない場合
(*2) 文字列をUnicode文字列として処理している場合
(*3) 垂直タブを示すメタキャラクタは「\v」。

［文例］

● 「\s*$」は、文字列末尾のすべての（改行も含む）空白の連続にマッチします。

sample 1 ⏎
sample 2␣␣␣⏎
sample 3␣␣…▸␣␣⏎

sample 1 ⏎
sample 2␣␣␣⏎
sample 3␣␣…▸␣␣⏎

03 \w、\W 任意の単語構成文字にマッチ／単語構成文字以外の任意の文字にマッチ

対応処理系

JavaScript	Java	Perl	PHP	Python	.NET
sed	grep	egrep	awk	vim	

※ GNU sed/awk/grep/egrep では GNU 拡張

「\w」は「単語を構成する文字」1文字にマッチします。「単語を構成する文字」というのは分かりにくい概念ですが、大部分の処理系では「英数字とアンダースコア（_）」として定義されています。従って、ブラケット表現を利用すれば「[A-Za-z0-9_]」と表現できます。

「\w」は1文字を表現する正規表現であり、文字の連続は示しません。文字の連続を示す場合は連続を表現するメタキャラクタを併用し、「\w*」や「\w+」などと記述する必要があります。

「\W」は「\w」の否定を意味するメタキャラクタで、「\wにマッチしない」1文字（「単語を構成する文字」以外の1文字）にマッチします。「\W」は行終端子にもマッチし得るメタキャラクタですので、注意してください。

「\w」及び「\W」は、ブラケット表現内でも利用できます。「[\w@%]」は、英数字、アンダースコア、@、%のいずれかにマッチします。ただし、vim及びGNUsed/awk/grep/egrepでは「[\w]」が「\」「w」のいずれかと判断されてしまうため、「\w」及び「\W」をブラケット表現内で利用することはできません。

Unicodeと「\w」

Perl/PHP/Python/Java/.NETで文字列をUnicode文字列として処理している場合、「\w」はUnicodeの以下のプロパティを満たす文字にマッチします。これらの文字にはいわゆる「全角数字」はもちろん、日本語の漢字やひらがなも含まれている点に注意してください。

03-03　文字クラスエスケープ

▼処理系によって「\w」に含まれる文字の種類

処理系	「\w」がマッチする文字の範囲
Perl/Java	\p{IsAlphabetic}, \p{M}, \p{Nd}, \p{Pc}, \p{IsJoin_Control}
PHP/Python	\p{L}, \p{N} 及び「_」(アンダースコア)
.NET	\p{L}, \p{Nd}, \p{Pc}

[文例]

「^\w*」は、文字列の先頭にある単語を構成する文字の連続にマッチします。「_」にはマッチしますが、「-」にはマッチしません。

postmaster@example.com
some_user@example.com
user-11@example.com

↓

postmaster@example.com
some_user@example.com
user-11@example.com

04 \v、\V 任意の垂直方向の空白にマッチ / 垂直方向の空白以外の任意の1字にマッチ

対応処理系

● \v

JavaScript | Java | Perl | PHP | Python | .NET
sed | grep | egrep | awk | vim

※ GNU sed では GNU 拡張

● \V

JavaScript | Java | Perl | PHP | Python | .NET
sed | grep | egrep | awk | vim

03-03-04 文字クラスエスケープ

「\v」は「垂直方向の空白」を意味する任意の1文字にマッチするメタキャラクタです。一方、「\V」は「\v」の否定を意味するメタキャラクタで、「\vにマッチしない」1文字にマッチします。「\v」及び「\V」は、ブラケット表現内でも利用できます。

従来の処理系では、「\v」は垂直タブ(VT: U+000B)を表現するメタキャラクタに過ぎませんでした。しかし近年の処理系では垂直タブだけでなく、垂直方向に何らかの形でカーソルを動かす文字(一般的なイメージとしては「改行を行う文字」)にもマッチするようにその意味が拡張されています。これには、Microsoft Wordのような一部のワードプロセッサが「物理的な行の区切り」(UnicodeのLINE SEPARATOR相当の意味)を示す目的で垂直タブを使ってきたという歴史的経緯も絡んでいます。「\v」にマッチする文字は以下の表の通りとなります。

▼処理系によって「\v」に含まれる文字の種類

名称	コードポイント	Perl/PHP/Java		それ以外
		ASCII文字列(*1)	Unicode文字列(*2)	
改行(LF)	U+0009	○	○	×
垂直タブ(VT)	U+000B	○	○	○
フォームフィード(FF)	U+000C	○	○	×
復帰(CR)	U+000D	○	○	×
NEXT LINE(NEL)	U+0085	×	○	×
LINE SEPARATOR	U+2028	×	○	×
PARAGRAPH SEPARATOR	U+2029	×	○	×

(*1) 文字列をUnicode文字列として処理していない場合
(*2) 文字列をUnicode文字列として処理している場合

05 \h、\H 任意の水平方向の空白にマッチ / 水平方向の空白以外の任意の1字にマッチ

対応処理系

JavaScript / Java / Perl / PHP / Python / .NET
sed / grep / egrep / awk / vim

「\h」は「水平方向の空白」を意味する任意の1文字にマッチするメタキャラクタです。一方、「\H」は「\h」の否定を意味するメタキャラクタで、「\hにマッチしない」1文字にマッチします。「\h」及び「\H」は、ブラケット表現内でも利用できます。

「\h」は正規表現の歴史の中では比較的新しいメタキャラクタであり、サポートしている処理系はあまり多くありません。イメージとしては「\s」にマッチする文字のうち、「\v」(垂直方向の空白) にマッチする文字を除いたものとなります。「\h」にマッチする文字は以下の表の通りとなります。

▼「\h」に含まれる文字の種類

名称	コードポイント	ASCII 文字列 (*1)	Unicode 文字列 (*2)
水平タブ (HT)	U+0009	○	○
スペース	U+0020	○	○
Unicode の各種スペース (一般カテゴリ Zs)	–	×	○

(*1) 文字列を Unicode 文字列として処理していない場合
(*2) 文字列を Unicode 文字列として処理している場合

01 \n、\a、\b、\e、\f、\r、\t 各種の制御文字にマッチ

対応処理系

● \n

JavaScript	Java	Perl	PHP	Python	.NET
sed	grep	egrep	awk	vim	

● \a

JavaScript	Java	Perl	PHP	Python	.NET
sed	grep	egrep	awk	vim	

● \b

JavaScript	Java	Perl	PHP	Python	.NET
sed	grep	egrep	awk	vim	

※ Java の \b は正規表現ではなく、Java 言語の機能としてのエスケープシーケンス
※単語境界の \b が存在する言語では、\b は文字クラス内部でのみ利用可能

● \e

JavaScript	Java	Perl	PHP	Python	.NET
sed	grep	egrep	awk	vim	

● \f

JavaScript	Java	Perl	PHP	Python	.NET
sed	grep	egrep	awk	vim	

● \r

JavaScript	Java	Perl	PHP	Python	.NET
sed	grep	egrep	awk	vim	

● \t

JavaScript	Java	Perl	PHP	Python	.NET
sed	grep	egrep	awk	vim	

03-04 制御文字と Unicode

それぞれ、代表的な制御文字 1 文字を表現するメタキャラクタです。これらのメタキャラクタを利用すれば、キーボードから単純に入力することができない各種の制御文字を正規表現中で表現することができます。

これらのメタキャラクタは、ブラケット表現中でも使用できます。あまり使うことはないかもしれませんが、ブラケット表現中の範囲表現の起点 / 終点に利用することも可能です。たとえば、「[\a-\e]」は、コード値 0x07 から 0x1B までの範囲の文字にマッチします。

メタキャラクタの意味と、各処理系でどのメタキャラクタが利用できるかを以下に示します。

▼制御文字を表現するメタキャラクタ（△は GNU による独自拡張）

メタキャラクタ	名称	コードポイント	JavaScript	Java	Perl	PHP	Python	.NET	sed	egrep	awk	vim
\a	ベル (BEL)	U+0007	–	○	○	○	○	○	△	–	○	–
\b	バックスペース (BS)	U+0008	–	(*1)	(*2)	(*2)	(*2)	(*2)	–	–	○	○
\e	エスケープ (ESC)	U+001B	–	○	○	○	–	○	–	△	–	○
\f	フォームフィード (FF)	U+000C	○	○	○	○	○	○	△	–	○	–
\n	改行 (LF)	U+000A	○	○	○	○	○	○	○	–	○	○
\r	復帰 (CR)	U+000D	○	○	○	○	○	○	△	△	○	○
\t	水平タブ (HT)	U+0009	○	○	○	○	○	○	–	–	○	○

(*1)Java は正規表現の仕様として「\b」をサポートしていないが、言語仕様として文字列中の「\b」がバックスペース（U+0008）を表現する。

(*2) これらの処理系では「\b」が単語境界を示すため、制御文字を表す「\b」はブラケット表現内部でのみ利用可能（後述）。

Perl / PHP / Python / .NET における「\b」

Perl / PHP / Python / .NET で「\b」をバックスペースにマッチさせるためには、「[\b]」のようにブラケット表現内に格納して利用しなければなりません。単純に「\b」を利用すると、「単語の境界」と解釈されてしまうからです。

ただし、置換文字列内での「\b」は単語の境界ではなく、常にバックスペースとして解釈されます。

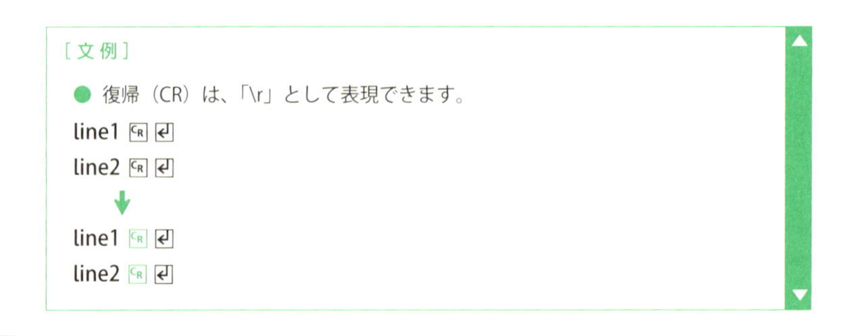
[文例]
● 復帰（CR）は、「\r」として表現できます。
line1
line2
line1
line2

02 \cx　x で指定した制御文字にマッチ

対応処理系

JavaScript / Java / Perl / PHP / Python / .NET
sed / grep / egrep / awk / vim

※ GNU sed では GNU 拡張

任意の制御文字 1 文字を表現するメタキャラクタです。代表的な制御文字には固有のメタキャラクタが用意されていますが、それ以外の制御文字を表現する場合はここに挙げる「\cx」表現か、他のコード値による表現を利用する必要があります。

「x」には個々の制御文字に対応した 1 文字を記述します。「x」にどの文字を指定すればよいかについては付録を参照してください。例えば「ベル」(コードポイント U+0009) に対応する文字は「G」ですので、「\cG」のように記述することになります。

多くの処理系では、「x」として大文字 / 小文字の両方を指定可能です。しかし Java のように大文字しか許可しない処理系もありますので、大文字だけを利用するべきでしょう。

なお、「\cx」はブラケット表現中でも使用可能で、範囲表現の起点 / 終点にも利用できます。

直接利用できない「\cx」

ESC（コードポイント U+001B）を表現するためには「\c[」、IS4（コードポイント U+001C）を表現するためには「\c\」を利用する必要があります。しかし「[」はブラケット表現の開始、「\」はエスケープ用のメタキャラクタであるため、直接「\c[」や「\c\」を利用するとエラーになってしまいます。このような場合は「\cx」をブラケット表現中に格納して、「[\c[]」や「[\c\\]」(sed では「[\c\]」) としてください。

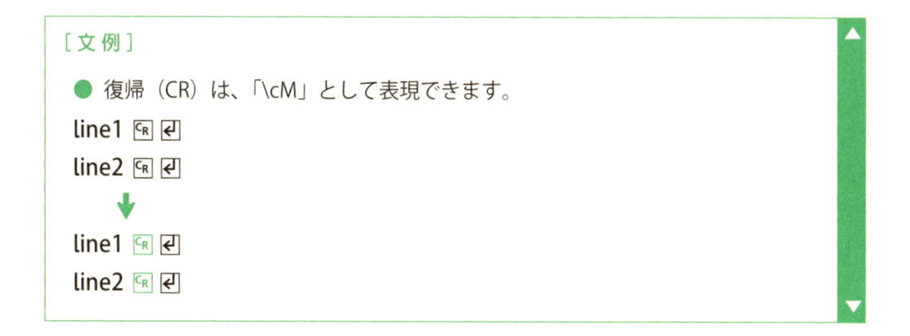

03 \nnn、\onnn nnn に指定した 8 進表現で示される文字にマッチ

対応処理系

JavaScript	Java	Perl	PHP	Python	.NET
sed	grep	egrep	awk	vim	

※ GNU sed では GNU 拡張の「\oxxx」を利用
※ vim では「\%onnn」を利用
※ Perl は「\o{nnn}」もサポート

「\nnn」は「8 進エスケープ」と呼ばれる記法で、任意の文字を 8 進表現で示すために利用されます。GNU sed では独自の拡張記法「\onnn」を、vim では「\%onnn」を利用します。また Perl は \nnn 以外に「\o{nnn}」という記法もサポートしています。

8 進エスケープは、単純に入力できない文字を正規表現中で使用したい場合などに利用されます。個々の文字の 8 進表現については付録を参照してください。

たとえば、「\007」(GNU sed では「\o007」)は BEL 文字に、「\147\162\145\160」は「grep」にマッチします。

8 進エスケープのバリエーション

8 進エスケープにおける以下のような特例をどう扱うかは、処理系に依存します。従って 8 進エスケープで指定する値は、常に「055」のように 3 桁で記述したほうが安全です。

- 「\0」という表記は、NUL 文字にマッチするか
- 1 桁あるいは 2 桁の表記は有効か。その場合、「\05」のように「0」が先行する表記方法は有効か

また、大多数の処理系では 8 進エスケープで表現可能な文字は 8 ビットの範囲(0 ~ 255: 8 進エスケープ表現では 0 ~ 377)に制限されています。従って、377 を超える 8 進エスケープは利用すべきではありません。

後方参照との衝突

8 進エスケープ「\nnn」という表記方法は後方参照の表記方法と同一なので、JavaScript のように 1 桁の 8 進エスケープが有効な処理系では、表現する内容が衝突してしまいます。たとえば「\7」という記法は「8 進表現での BEL 文字の表現」、あるいは「7 番目の部分正規表現に対する後方参照」の両方に解釈が可能です。

このような場合、通常は後方参照が優先されます。「\7」の例では、事前に 7 つ以上の部分正規表現が存在していれば「7 番目の部分正規表現に対する後方参照」として、そうでなければ「8 進表現での制御文字 BEL の表現」として解釈されます。

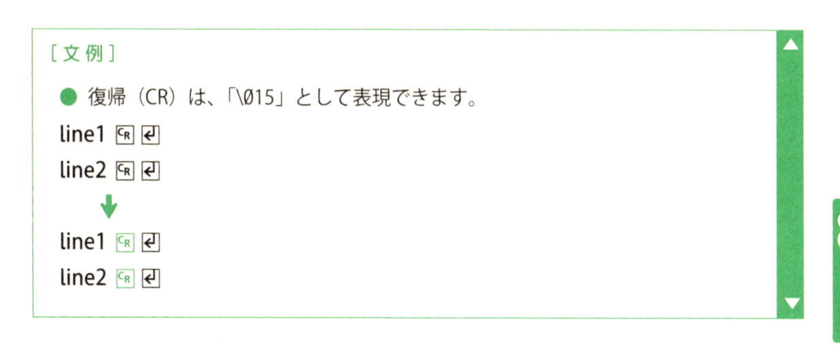

04 \xnn nに指定した16進表現で示される文字にマッチ

対応処理系

JavaScript　Java　Perl　PHP　Python　.NET
sed　grep　egrep　awk　vim

※ GNU sed/awk では GNU 拡張

「\xnn」は「16進エスケープ」と呼ばれる記法で、任意の文字を16進表現で示すために利用されます。たとえば、「\x07」はBEL文字にマッチします。

16進エスケープは8進エスケープ同様、単純に入力できない文字を正規表現中で使用したい場合に利用します。個々の文字の16進表現については付録を参照してください。

通常、「nn」には2桁の値を指定します（一部の処理系では0x0F以下の値に限り「\x7」のように1桁の値を指定することが可能です）。

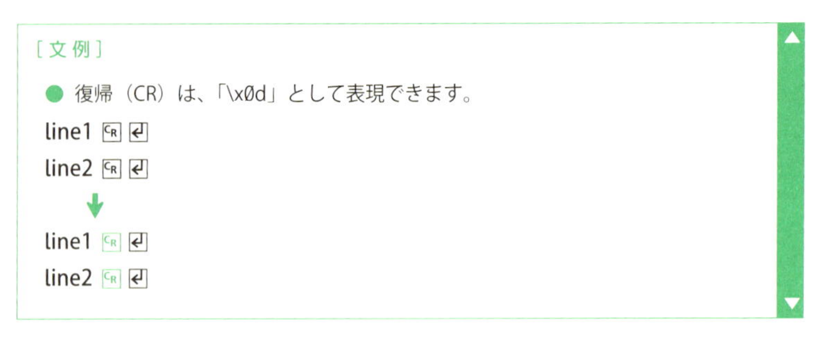

参考

- GNU awk では独自拡張として「\xnn」が利用できますが、オプション「--posix」を指定するとこの記法は無効となります。
- GNU sed では独自拡張として、任意の文字を10進表現で示すための表現「\dnnn」が用意されています。「nnn」には0から255までの任意の値を指定することができます。
- vim では16進エスケープに「\%xnn」という記法を利用します。

05 \unnnn、\x{n} nに指定したコードポイントで表現される文字にマッチ

対応処理系

● ¥unnnn

JavaScript　Java　Perl　PHP　Python　.NET
sed　grep　egrep　awk　vim

※ vim では「\%unnnn」

● ¥x{n}

JavaScript　Java　Perl　PHP　Python　.NET
sed　grep　egrep　awk　vim

※詳細については本文参照

「nnnn」に Unicode のコードポイントを 4 桁の 16 進表現で指定することによって、Unicode の 1 文字を示します。たとえば、「\u6B63\u898F\u8868\u73FE」は「正規表現」にマッチします。なお、vim では独自の「\%unnnn」という記法を利用します。

当初の Unicode は世界中の全ての文字を 16 ビットで表現する予定だったため、コードポイントの範囲は 4 桁の 16 進数値（0000 から FFFF）に限定されていました。しかし 16 ビットでは世界中からの文字の追加要求に応えられなかったため、Unicode 3.1.0 からはコードポイントの範囲が U+10FFFF まで拡大されています。U+10000 以降の文字を示す方法は、処理系ごとに異なります。

- Perl / PHP / Java は「\unnnn」とは別に、任意の桁数を指定可能な「\x{n}」という記法を導入しました。例えば「\x{1D11E}」は音楽のト音記号（U+1D11E）にマッチします。なお、PHP で「\x{n}」を使うには u 修飾子の指定が必要です。
- JavaScript では「\u{n}」で任意桁数の指定を可能としています。「\u{n}」は ECMAScript 6 から導入された表現ですので、ECMAScript 5 ベースの Web ブラウザ（Internet Explorer 11 など）では利用できません。また「\u{n}」を使うには u 修飾子の指定が必要です。
- Python では「\Unnnnnnnn」が利用できます。n には常に 8 桁の指定が必要なので、ト音記号にマッチする表現は「\U0001D11E」となります。
- vim では「\%Un」で任意の桁数を指定可能です。

06 \p{...}、\P{...} Unicode プロパティに基づく条件に合致する文字にマッチ

対応処理系

JavaScript / **Java** / **Perl** / **PHP** / Python / **.NET**
sed / grep / egrep / awk / vim

Unicode プロパティを使って表現された条件に合致する文字にマッチします。「\P{...}」は「\p{...}」の否定形で、指定された条件に合致しない文字にマッチします。

旧来の「\p{...}」はごく単純で、Unicode プロパティのうち一般カテゴリ / ブロック / スクリプトを指定することしかできませんでした。しかし近年の処理系では以下のように、様々な Unicode プロパティによる文字の選択が可能です。特に Perl では「\p{age=1.1}」(その文字が導入された Unicode のバージョンが 1.1 である文字を選択)のように、任意のプロパティに対する値を値を条件として指定可能となっています。

▼ Unicode プロパティの指定方法（主要なもの）

プロパティの種類	Java	Perl(*1)	PHP	.NET	例
一般カテゴリ	一般カテゴリ名 gc= 一般カテゴリ名	一般カテゴリ名 (*2) gc= 一般カテゴリ名	一般カテゴリ名 (*2)	一般カテゴリ名	\p{Lc} \p{gc=Zs}
ブロック	In + ブロック名 blk= ブロック名	In + ブロック名 blk= ブロック名	-	Is + ブロック名	\p{InHiragana} \p{blk=Thai}
スクリプト	Is + スクリプト名 sc= スクリプト名	Is + スクリプト名 sc= スクリプト名	スクリプト名	-	\p{IsKatakana} \p{sc=Greek}
スクリプト拡張	-	scx= スクリプト名	-	-	\p{scx=Katakana}
Binary 型プロパティ	Is + プロパティ名	Is + プロパティ名	-	-	\p{IsHex_Digit}
その他のプロパティ	-	プロパティ名 = 値	-	-	\p{age=1.1}

(*1)Perl のプロパティ指定方法は極めて多彩であるため、ここで挙げたのは一例。
(*2)Perl/PHP では「\pLu」のように括弧を省略可能

プロパティ値に空白が含まれる場合の対応

Unicode のブロック名やスクリプト名には「Basic Latin」のように、その途中に空白が含まれているものがあります。大多数の処理系では空白を単純に省略する（例：BasicLatin)、あるいは空白をアンダースコアに置き換える（例：Basic_Latin）といった方法で、これらのブロック / スクリプトを表現します。

.NET でのサポート範囲

現時点での .NET でサポートされるブロックは Unicode 4.0 ベースであり、かつその範囲は BMP（基本多言語面：U+0000 から U+FFFF まで）に限定されています。

［文例］

● 「\p{Lu}」は、Unicode 一般カテゴリ Lu（大文字）にマッチします。一般カテゴリ Lu には「A」や「E」のようなラテン文字の大文字だけでなく、ギリシア語の「Γ」（U+0393）や、いわゆる「全角」の「Ｇ」（U+FF27）なども含まれます。

ABCabc
ＡＢΓαβγ
ＡＢＣａｂｃ

ABCabc
ＡＢΓαβγ
ＡＢＣａｂｃ

● 「\p{InHiragana}」は Unicode の Hiragana ブロック（U+3040 ～ U+309F）の文字にマッチします。

にほんご
日本語

にほんご
日本語

07 \N{...} 正式な Unicode 文字名で表現される文字にマッチ

対応処理系

JavaScript	**Java**	**Perl**	PHP	**Python**	.NET
sed	grep	egrep	awk	vim	

指定された Unicode 文字名で示される文字にマッチします。

Unicode の各文字には、それぞれ一意な文字名が規定されています。たとえば、「A」には「LATIN CAPITAL LETTER A」、「$」には「DOLLAR SIGN」という名前があります。「\N{...}」を利用すれば、特定の文字が入力できないような環境でも、任意の文字にマッチ可能な正規表現を作成することができます。

「\N{...}」を使うと正規表現文字列が長くなってしまいますが、一方でコードポイントより「どの文字なのか」が分かりやすくなるというメリットもあります。x 修飾子を使って正規表現文字列中に改行を入れられる処理系であれば、積極的に利用するのもよいでしょう。例えば、絵文字の「徳利と盃」はコードポイントを使うと「\x{1F376}」となりますが、それよりも「\N{SAKE BOTTLE AND CUP}」のほうが分かりやすいのではないでしょうか。

なお、Unicode 文字名は Java では Character.getName(コードポイント)、Perl では charnames::viacode(コードポイント) で取得できます。

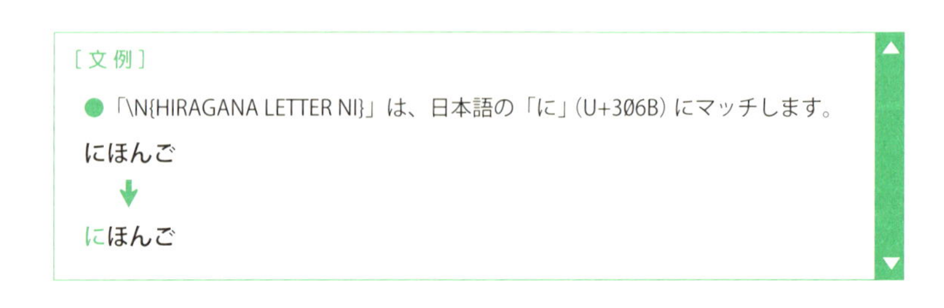

08 \X Unicodeの書記素クラスタにマッチ

対応処理系					
JavaScript	**Java**	**Perl**	**PHP**	Python	.NET
sed	grep	egrep	awk	vim	

単一のコードポイントに加え、書記素クラスタ全体にマッチするメタキャラクタです。

Unicodeが定義する多数の文字の中には結合用のアクセント記号のように、他の文字との結合を意識して用意されているものがあります。また絵文字では様々な絵文字を表現するため、特定の文字への修飾文字の追加や、複数の文字の組み合わせにより新しい文字を構成するといったことも行われます。このように、Unicodeではユーザが文字として認識するものは、実は複数のコードポイントの組み合わせから構成されていることがあります。

ユーザが1文字として認識する単位は書記素（grapheme）と呼ばれますが、書記素を複数のコードポイントから構成する場合、それらのコードポイント群は「書記素クラスタ」（grapheme cluster）と呼ばれます。例えば、フランス語の「école」（学校）における先頭の「é」はU+00E9(LATIN SMALL LETTER E WITH ACUTE）という1文字としても、「e」に「´」（U+00B4: COMBINING ACUTE ACCENT）を組み合わせた書記素クラスタとしても表現できます。

後者の場合、「.」は「e」か「´」のいずれかにしかマッチしません。しかし「\X」であれば、「e」に「´」を組み合わせた単一の書記素クラスタにマッチします。

「\X」の注意点

- 「\X」は「.」とは異なり、改行にもマッチします。
- 「\X」は複数の文字を表現するメタキャラクタであるため、ブラケット表現の内部に入れることはできません。Perlは「\」と「X」の2文字とみなしますし、Javaではコンパイルエラーとなります。

01 *?、\{-} 直前の正規表現と 0 回以上一致（最短一致）

対応処理系

JavaScript	Java	Perl	PHP	Python	.NET
sed	grep	egrep	awk	vim	

※ vim では \{-}

直前の正規表現を 0 回以上繰り返したパターンを表現するためのメタキャラクタである「*」と同じですが、マッチを「無欲」に行う点が異なります。

「無欲」というのは「できる限り短くマッチさせる」という意味で、「最短一致」とも呼びます。これに対して、「*」は常に「できる限り長くマッチさせる」（最長一致）ように振舞います。

「aabbaabb」という文字列に対して「.*bb」というパターンを適用した場合、「.*」部分にマッチするのは「aabbaa」となります。一見、先頭にある「aa」だけが「.*」にマッチするように思えますが、そうではありません。なぜなら、「.」は a にも b にもマッチするメタキャラクタであり、「*」は常にできる限り長くマッチしようとするからです。

この例の場合、「.*」はまず、「aabbaabb」全体にマッチすることを考えます。しかしそうすると「.*bb」の最後の「bb」にマッチするものがなくなってしまうため、「.*」は「bb」にマッチすることは諦め、「aabbaa」だけをマッチ対象とするわけです。

一方、「.*?bb」を適用した場合、「.*?」部分にマッチするのは先頭にある「aa」だけとなります。「.*?」は自分がマッチする範囲を可能な限り短くしようと振舞うため、最初に「bb」が見つかった段階でそれ以上のマッチを諦めてしまうからです。

なお、vim では「*?」ではなく、「\{-}」という表記を利用します。

「.*?」は空文字列にマッチすることが多い

「*?」は空文字列にもマッチするという点に注意してください。先ほどの「.*?bb」を「bbaabbaa」という文字列に適用した場合、「.*?」は「bbaa」にマッチするのではなく、「bbaabbaa」の先頭にある空文字列にマッチします。

［文例］

- 「".*"」というパターンは「"」で括られた文字列にマッチしますが、往々にしてマッチし過ぎてしまいます。「.」は「"」という文字にもマッチするからです。

"Windows" and "Linux"
<input type="submit" value="Go!"/>

"Windows" and "Linux"
<input type="submit" value="Go!"/>

● 「".*?"」であれば、「"」の後で最初に次の「"」を発見した時点で、マッチをやめます。

"Windows" and "Linux"
<input type="submit" value="Go!"/>

"Windows" and "Linux"
<input type="submit" value="Go!"/>

02 {min,max}?、\{-min,max} 直前の正規表現と指定回数一致（最短一致）

対応処理系

JavaScript / Java / Perl / PHP / Python / .NET / vim

※ vim では「\{-min,max}」

直前の正規表現を指定回数だけ繰り返したパターンを表現するためのメタキャラクタである「{max,min}」と同じですが、マッチを「無欲」に行う点が異なります。

「.{2,4}1」というパターンを「aa111」という文字列にマッチさせた場合、「aa111」全体にマッチします。これに対して「.{2,4}?1」を適用した場合、先頭の「aa1」という部分にしかマッチしません。「.{2,4}?1」は「任意の文字の 2 ～ 4 個の最小の連続に 1 が続く」であるため、「.」にマッチする文字が 2 文字存在し、続いて「1」が 1 文字あれば、それで責任を果たしたことになるからです。

もっとも、最小の連続にマッチしただけでは正規表現全体のマッチに失敗してしまう場合は、最短一致よりも正規表現全体のマッチが優先されます。たとえば、先の「.{2,4}?1」の末尾に「$」がついた「.{2,4}?1」というパターンを「aa111」に適用した場合、「aa111」全体にマッチします。先頭の「aa1」にしかマッチしないのであれば、正規表現の最後につけられた「$」（文字列の末尾にマッチ）が持つ責任を果たせないからです。

「{min,max}?」のバリエーション

「{min,max}」同様、「{min,max}?」でも以下の 3 つのパターンが利用できます。

- {min,max}? … min 回以上、max 回以下の繰り返し（最短一致）
- {count}? … count 回の繰り返し（最短一致）
- {min,}? … min 回以上の繰り返し（最短一致）

「{count}」と「{count}?」の実質的な差はありません。繰り返しの回数が固定されているため、最長 / 最短の区別がつけられないからです。

vim での記法

vim では、上記のバリエーションを以下のように記述します。

- {min,max}? … \{-min,max}
- {count}? … \{-count}

・{min,}? … \{-min,}

更に、「\{-,max}」（0回以上max回までの最短一致）という記法を利用することもできます。

［文例］

● 「\d{2,5}.*$」は数値が2回から5回繰り返し、行末まで任意の文字が連続するパターンを示します。正規表現「\d{2,5}」がマッチする範囲は次のようになります。

1234567890
abcdef1234
abcd1234ef

1234567890　←「.*$」は「67890」にマッチ
abcdef1234　←「.*$」は末尾の空文字列にマッチ
abcd1234ef　←「.*$」は「ef」にマッチ

● 同様の文字列に対して、「\d{2,5}?.*$」を適用した結果を比較してみてください。

1234567890　←「.*$」は「34567890」にマッチ
abcdef1234　←「.*$」は「34」にマッチ
abcd1234ef　←「.*$」は「34ef」にマッチ

03 +? 直前の正規表現と 1 回以上一致（最短一致）

対応処理系

JavaScript　Java　Perl　PHP　Python　.NET
sed　grep　egrep　awk　vim

直前の正規表現を 1 回以上繰り返したパターンを表現するためのメタキャラクタである「+」と同じですが、マッチを「無欲」に行う点が異なります。

「aaaaaa」という文字列に対して「a+?」というパターンを適用する場合について考えてみます。「a+」であれば「aaaaaa」全体にマッチしますが、「a+?」の場合は最初の「a」1 文字だけにしかマッチしません。文字列先頭にある「a」にマッチしさえすれば、「a+?」はその責任を果たしたことになるためです。

なお、vim に「+?」はありませんが、「\{-1,}」で代用できます。

［文例］

● 「.+?\d」は、次のようにマッチします。最初に「\d」にマッチするものが見つかれば、「.+?」の役割は終わりです。

ab12cd34ef56

ab12cd34ef56

● 「.+?\de」なら、次のようにマッチします。「.+?」の責任範囲が、最初に「\de」が見つかる場所までとなるからです。

ab12cd34ef56

ab12cd34ef56

04 ?? 直前の正規表現と 0 回または 1 回一致（最短一致）

対応処理系

JavaScript	Java	Perl	PHP	Python	.NET
sed	grep	egrep	awk	vim	

直前の正規表現の 0 回あるいは 1 回の繰り返しを表現するためのメタキャラクタである「?」と同じですが、マッチを「無欲」に行う点が異なります。つまり、「?」は「直前の正規表現がなくてもよい」と解釈されますが、「??」は「直前の正規表現があってもよい」と解釈されます。

「1234」という文字列に対して「123?」というパターンを適用した場合、「123」全体がマッチします。これに対し、「123??」では「12」にしかマッチしません。「?」の場合は「問題がないのであれば、マッチするほうを選ぶ」という考え方に従うため、「3?」は文字列中の「3」にマッチします。一方、「??」は「問題がないのであれば、マッチしないほうを選ぶ」なので、「3??」は「3」にはマッチさせないほうを選んでしまいます。

ところが、「1234」という文字列に対して「^123?4$」及び「^123??4$」を適用すると、どちらも「1234」全体にマッチします。「3??」を文字列中の「3」にマッチさせない場合、「4$」によって示される「文字列の末尾に 4 が存在する」という条件を満たせません。そのため「3??」はそのような問題の発生よりも、「3」にマッチさせるほうを選ぶわけです。

なお、vim に「??」はありませんが、「\{-0,1}」で代用できます。

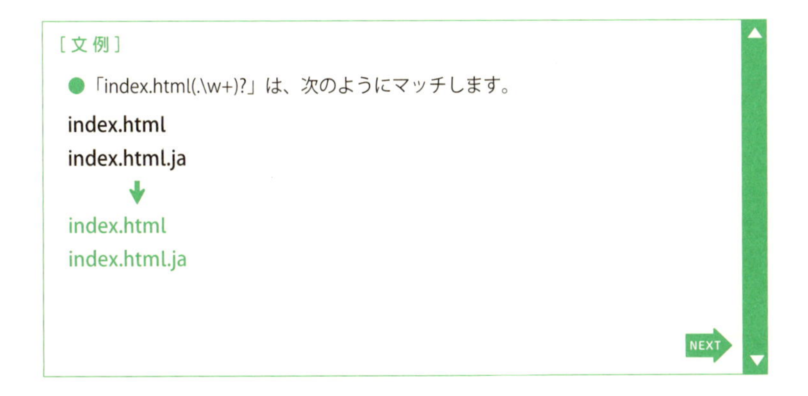

● 「index.html(.\w+)??」なら、次のようにマッチします。

index.html
index.html.ja

● 「index.html(.\w+)??$」なら、次のようにマッチします。

index.html
index.html.ja ←「(.w+)??」が「.ja」にマッチしないと「$」の制約を充足できない

05 *+ 直前の正規表現と 0 回以上一致（強欲）

対応処理系

sed	grep	vim	awk	egrep	Perl	秀丸

PHP（preg）	PHP5（mb）	PHP4（mb）	Java	ECMA Script

直前の正規表現を 0 回以上繰り返したパターンを表現するためのメタキャラクタである「*」と同じですが、マッチを「強欲」に行う点が異なります。

「強欲」というのは、「いったんマッチしたら、マッチした範囲のステートをすべて破棄する」という意味です。これによって「いったんマッチしたら、仮に正規表現全体のマッチに失敗するとしても、自分がマッチした部分を譲り渡さない」という挙動が生まれます。対して「*」は、「いったんマッチした後で、正規表現全体のマッチに失敗したなら、自分がマッチした部分を譲り渡す」ように振舞います。

「強欲」が有効な局面

「\d」と「[:@]」、「[^x]」と「x」といった正規表現の間には、「後者がマッチする文字は、前者では決してマッチしない」という関係があります。この関係を一般化すれば、「2 つの文字集合 A、B があり、B に含まれる文字は A に含まれない」となります。このとき、「A*B」という正規表現を「A*+B」にすれば、失敗時の無駄なバックトラックを避けることができるため、結果として処理速度が上がります。

「A*」がマッチした部分文字列中には、B に含まれる文字でマッチするものは決して存在しません。バックトラックが発生したとしても、既に「A*」にマッチした部分文字列中で、B に含まれる文字がマッチすることはあり得ません。そのため、「A*」を「A*+」としてバックトラックが起こりえなくしておけば、マッチ失敗時に無駄なバックトラックが発生することはなくなります。

「\d*\D」を「123456」に適用する場合を考えてみましょう。「\d*」は「123456」全体にマッチし、続いて「\D」にマッチする文字を探そうとしますが、既に文字列の末尾に達しているため、「\D」にマッチする文字はありません。では、「123456」の中に「\D」にマッチするものが存在するかと言えば、それもありません。正規表現のエンジンはこのような場合でもバックトラックによって「ある位置から先を \D に譲り渡せば、\D にマッチするものがあるのではないか」と探索作業を続けますが、それが無駄に終わることは明らかです。

「*+」はこのようなケースで有効です。「\d*\D」ではなく「\d*+\D」を利用すれば、無駄なバックトラックをさせないようにできます。

06 {min,max}+ 直前の正規表現と指定回数一致（強欲）

対応処理系

JavaScript	**Java**	**Perl**	**PHP**	Python	.NET
sed	grep	egrep	awk	vim	

直前の正規表現を指定回数だけ繰り返したパターンを表現するためのメタキャラクタである「{max,min}」と同じですが、マッチを「強欲」に行う点が異なります。

「{min,max}+」のバリエーション

「{min,max}」同様、「{min,max}+」でも以下の 3 つのパターンが利用できます。

- {min,max}+ … min 回以上、max 回以下の繰り返し（強欲）
- {count}+ … count 回の繰り返し（強欲）
- {min,}+ … min 回以上の繰り返し（強欲）

07 ++ 直前の正規表現と1回以上一致(強欲)

対応処理系

JavaScript	Java	Perl	PHP	Python	.NET
sed	grep	egrep	awk	vim	

直前の正規表現を1回以上繰り返したパターンを表現するためのメタキャラクタである「+」と同じですが、マッチを「強欲」に行う点が異なります。

08 ?+ 直前の正規表現と0回または1回一致（強欲）

対応処理系

JavaScript	**Java**	**Perl**	**PHP**	Python	.NET
sed	grep	egrep	awk	vim	

直前の正規表現の0回あるいは1回の繰り返しを表現するためのメタキャラクタである「?」と同じですが、マッチを「強欲」に行う点が異なります。

01 \b、\B 単語の境界にマッチ / 単語の境界以外にマッチ

対応処理系

JavaScript	Java	Perl	PHP	Python	.NET
sed	grep	egrep	awk	vim	

※ GNU awk では \y
※ GNU sed / GNU grep / GNU awk では GNU 拡張

単語の境界を示すメタキャラクタです。

このメタキャラクタは文字ではなく、位置にマッチするものです。「単語の境界」というのは分かりにくい概念ですが、一般的には「単語を構成する文字」と「それ以外の文字」の境界に存在する空文字列として定義されます。つまり、一般的には「\w」にマッチする文字と「\W」にマッチする文字の境界に相当します。

正規表現エンジンは、辞書を基にして単語かそうでないかの判断を行うわけではありませんし、構文解析をして単語を抽出しているわけでもありません。単純に「単語を構成する文字と単語を構成する以外の文字の境界」を「単語境界」としてみなしているだけです。従って、誤った単語（例 :「exproler」）や、意味のない数字の羅列（「例 :「4649」）なども単語として認識しますし、「国会議事堂」のような複合単語も 1 つの単語として認識されてしまいます。

「\B」は「単語の境界以外」を示すメタキャラクタです。「\b」同様、「\B」は文字ではなく、位置を示すメタキャラクタである点に注意してください。具体的には、「単語を構成する文字」と「それ以外の文字」の境界以外にマッチします。

GNU awk における「\y」と「\B」

GNU awk は単語境界を示す「\b」と、バックスペースを示す「\b」の衝突を避けるため、単語境界を「\y」として定義しています。ただし、単語境界以外にマッチするメタキャラクタには「\Y」ではなく、「\B」を利用します。

Java における「\b」

Java の「\b」は U 修飾子（Pattern.UNICODE_CHARACTER_CLASS フラグ）を指定した場合こそ「\w」と「\W」の境界となりますが、そうでなければ Unicode 一般カテゴリ L、Nd、Mn の各文字及び「_」とそれ以外の文字の境界と解釈されるようです。従って数字と漢字が混在した「A 地点」という文字列において、「A」と「地点」の間に「\b」はマッチしません。

［文例］

● 「national\b」は、「national」に続いて単語境界が存在するという部分にマッチします。

national
international
internationalization

national
international ←「national」の前の単語境界の有無は問われていない
internationalization ←「national」の後ろに単語境界がないため、マッチしない

● 「\bJapan\B」は、「Japan」の前に単語境界があり、後ろに単語境界が続かないという部分にマッチします。

Japan
Japanese

Japan ←「Japan」の後ろに単語境界があるため、マッチしない
Japanese ←「Japan」の後ろに単語境界がないため、マッチする

02 \<、\> 単語の先頭にマッチ / 単語の末尾にマッチ

対応処理系

JavaScript	Java	Perl	PHP	Python	.NET
sed	grep	egrep	awk	vim	

※ GNU sed / GNU awk / GNU grep / GNU egrep では GNU 拡張

「\<」は単語の先頭を、「\>」は単語の末尾を示すメタキャラクタです。

このメタキャラクタは文字ではなく、位置にマッチするものです。「単語の先頭」とは直前に単語を構成する文字以外の文字があり、直後に単語を構成する文字があるという位置に、「単語の末尾」とは直前に単語を構成する文字があり、直後に単語を構成する文字以外の文字があるという位置を指しています。

「\<」「\>」の役割は単語境界を示す「\b」と類似していますが、「\b」が単語の先頭/末尾を問わず単語境界にマッチするのに対し、「\<」及び「\>」はそれぞれ「単語の先頭」及び「単語の末尾」と役割が分かれている点が異なります。ただ、「this\<」や「\>this」といった記法にはほとんど意味がないため、「\b」しか利用できない処理系でも困ることはまずないでしょう。

03 \A 文字列の先頭にマッチ

対応処理系

JavaScript	**Java**	**Perl**	**PHP**	**Python**	**.NET**
sed	grep	egrep	awk	vim	

文字列の先頭を示すメタキャラクタです。

「^」と似ていますが、「^」と大きく異なるのは「文字列の先頭にのみマッチする」という点です。マルチラインモード（m 修飾子）での「^」は文字列中の行終端子の直後にもマッチしますが、「\A」はこの場合でも常に文字列の先頭にのみマッチします。

「line_1 ↵ line_2」という文字列に対して、正規表現「\Aline_1」は文字列先頭にある「line_1」にマッチします。しかし「\A」は文字列中の行終端子の直後にはマッチしないため、「\Aline_2」がこの文字列中の「line_2」にマッチすることはありません。

［文例］

● マルチラインモードでは、「^Th」は行終端子の直後にある「Th」にもマッチします。

This is a pen. ↵
That is a pencil.

This is a pen. ↵
That is a pencil.

● これに対して、「\ATh」は文字列先頭にある「Th」だけにマッチします。

This is a pen. ↵
That is a pencil.

04 \Z 文字列の末尾、あるいは文字列の末尾の行終端子の直前にマッチ

対応処理系

JavaScript	Java	Perl	PHP	Python	.NET
sed	grep	egrep	awk	vim	

※ Python の \Z は他処理系での「\z」と同じ意味

文字列の末尾を示すメタキャラクタです。

「$」と似ていますが、「$」と大きく異なるのは「文字列の末尾にのみマッチする」という点です。マルチラインモード（m 修飾子）での「$」は文字列中の行終端子の直前にもマッチしますが、「\Z」はこの場合でも常に文字列の末尾にのみマッチします。

「line_1 ↵ line_2」という文字列に対して、正規表現「line_\d\Z」は文字列末尾にある「line_2」にマッチします。しかし「\Z」は文字列中の行終端子の直前にはマッチしないため、「line_\d\Z」がこの文字列中の「line_1」にマッチすることはありません。

文字列末尾の行終端子の扱い

「\Z」を利用する上で注意が必要なのは、文字列の最後が行終端子で終わっている場合、「\Z」は文字列最後の行終端子の直前にマッチするという点です。正規表現「line_\d\Z」は、「line_2」という文字列はもちろん、「line_2 ↵」のように最後の文字が改行となっている文字列にもマッチします。

しかし、「line_2 ↵ ↵」という文字列に対して「line_\d\Z」はマッチしません。文字列の末尾直前にある改行の直前にはもう 1 つの改行がありますが、「line_\d\Z」という正規表現中では、その改行の存在が示されていないからです（「line_\d\n\Z」であればマッチします）。

これは一見ややこしいルールに見えますが、実際に「\Z」を利用すると、このルールによって使い勝手が大幅に上がっているということを認識できるでしょう。このルールが存在しなければ、常に文字列末尾の行終端子を取り去ってからマッチを試さなければならないからです。

Python における「\Z」

Python の「\Z」は、常に文字列の末尾にしかマッチしません。実質的な挙動は次に述べる「\z」と同じということになります。

「\Z」が認識する行終端子

通常、「\Z」が文字列末尾の行終端子として認識するのは改行（LF: U+000A）だけです。しかし Java は 03-01-03 の表「Java / JavaScript が行終端子とみなす文字」に示すように様々な文字を行終端子として認識するので、注意してください。

［文例］

- マルチラインモードでは、「\d+$」は行終端子の直前にある数字の連続にもマッチします。

1234 abcd 5678 ↵
7890 efgh 3456

1234 abcd **5678** ↵
7890 efgh **3456**

- これに対して、「\d+\Z」は文字列の末尾にある数字の連続だけにマッチします。

1234 abcd 5678 ↵
7890 efgh **3456**

- 「line_\d\Z」を「XX」に置換する例です。文字列末尾の改行の扱いに注意してください。

line_1 ↵
line_2　←文字列の末尾に改行がない場合

line_1 ↵
XX　←文字列の末尾にマッチ

line_1 ↵
line_2 ↵　←文字列の末尾に改行がある場合

line_1 ↵
XX ↵　←文字列末尾の改行の直前にマッチするので、最後の改行は残る

05 \z 文字列の末尾にマッチ

対応処理系

JavaScript　**Java**　**Perl**　**PHP**　Python　**.NET**
sed　grep　egrep　awk　vim

※ Python では「\Z」

文字列の末尾を示すメタキャラクタです。同様のメタキャラクタとして「\Z」がありますが、「\z」は行終端子の存在とは無関係に、常に文字列の末尾にのみマッチします。

「line_2 ↵」という文字列に対して「line_2\Z」はマッチしますが、「line_2\z」はマッチしません。マッチさせたければ明示的に改行の存在を指示して、「line_2\n\z」と記述する必要があります。

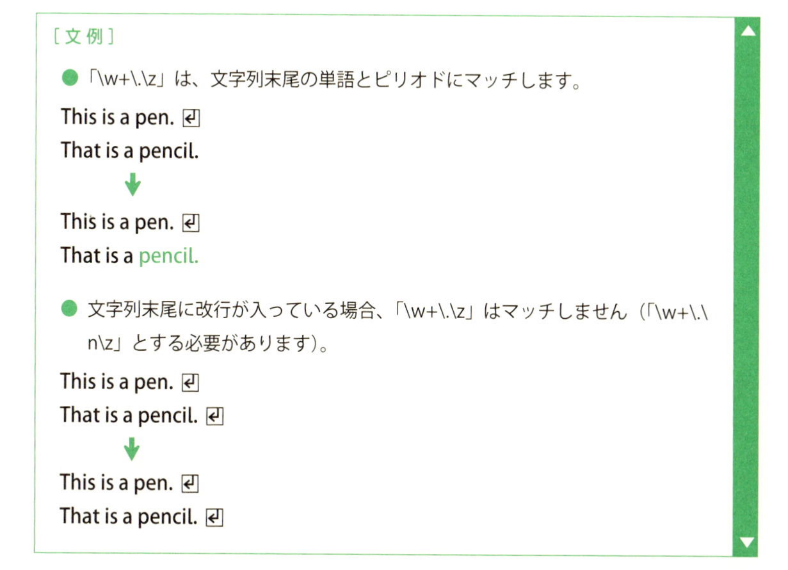

［文例］

● 「\w+\.\z」は、文字列末尾の単語とピリオドにマッチします。

This is a pen. ↵
That is a pencil.

↓

This is a pen. ↵
That is a **pencil.**

● 文字列末尾に改行が入っている場合、「\w+\.\z」はマッチしません（「\w+\.\n\z」とする必要があります）。

This is a pen. ↵
That is a pencil. ↵

↓

This is a pen. ↵
That is a pencil. ↵

注意

「\+ アルファベット 1 文字」というメタキャラクタでは、大文字 / 小文字の違いで肯定と否定を使い分けるのが一般的です。しかし「\Z」は「\z」の否定ではありませんので注意してください。

06 \G 前回のマッチの末尾にマッチ

対応処理系

JavaScript **Java** **Perl** **PHP** Python **.NET**
sed grep egrep awk vim

g修飾子による繰り返しマッチを行う際、前回のマッチが終了した位置にマッチします。最初のマッチの時点では前回のマッチ位置が存在しないため、文字列の先頭（「\A」がマッチする位置）にマッチします。

「\G」は正規表現の先頭に置かれなければ機能しません。また、繰り返しマッチを行う際に利用されるメタキャラクタなので、必ずg修飾子と共に利用する必要があります。

「前回のマッチが終了した位置」を具体的に示すと、以下のようになります。これは、「1234567」に「/\G\d{2}/g」を適用した例です。「\G」がマッチする位置は「△」で示しています。

［文例］

- 最初のマッチの時点では、「\G」は文字列の先頭にマッチします。

△1234567

- 1回目のマッチが終了した時点では、「\G」は2と3の間の空文字列にマッチします。

12△34567

- 2回目のマッチが終了した時点では、「\G」は4と5の間の空文字列にマッチします。

1234△567

- 3回目のマッチが終了した時点では、「\G」は6と7の間の空文字列にマッチします。

123456△7

マッチに失敗した場合、「\G」がマッチする位置は文字列の先頭へと戻されます。しかし、処理系によってはマッチ失敗時にマッチ位置を文字列の先頭へと戻さず、最後にマッチした位置の末尾に残したままにするモードを用意しているものもあります。たとえばPerlでは、c修飾子を利用することでこのようなモードを利用することができます。

参考

Perlの場合、「\G」がマッチする位置は現在のマッチ位置を取得するための関数pos()によって制御できます（pos()はマッチ位置の取得だけでなく、マッチ位置の変更にも利用可能です）。詳細については以下のサンプルを参照してください。

［文例］

● 「\G」はc修飾子と共に、ループで利用するのが一般的です。以下の例では単語を「<em>」「</em>」で括り、スペースは「 」に変換しています。

```
$target = "sample string data";
while (not $target =~ /\G$/gc) {        ←文字列末尾にマッチするまで
  if ($target =~ /\G(\w+)/gc) {         ←マッチ位置に単語があれば
    print "<em>$1</em>";                ←「<em>」「</em>」で括る
  } elsif ($target =~ /\G(\s+)/gc) {    ←マッチ位置に空白があれば
    print " ";                     ←「 」に変換する
  }
}
print "\n";
```

○ 実行結果

```
<em>sample</em> <em>string</em> <em>data</em>
```

● pos()によって「\G」がマッチする位置を制御します。

```
$target = "This is a line.";
pos($target) = 5;      ←5文字目を「\G」のマッチ位置に設定
$target =~ s/\G\w+/---/g;
print "$target\n";
```

○ 実行結果

```
This --- a line.       ←5文字目からの「\w+」が「---」に置換された
```

07 \b{X} Unicode の書記素クラスタ / 単語 / 文の境界にマッチ

対応処理系

● \b{g}

JavaScript	**Java**	**Perl**	PHP	Python	.NET
sed	grep	egrep	awk	vim	

● \b{wb}

JavaScript	Java	**Perl**	PHP	Python	.NET
sed	grep	egrep	awk	vim	

● \b{sb}

JavaScript	Java	**Perl**	PHP	Python	.NET
sed	grep	egrep	awk	vim	

● \b{lb}

JavaScript	Java	**Perl**	PHP	Python	.NET
sed	grep	egrep	awk	vim	

「\b{X}」は Unicode が規定する各種の概念の境界にマッチするメタキャラクタで、「X」には g、wb、sb、lb のいずれかを指定します。それぞれの意味は以下の通りです。

▼「\b{X}」で表現されるメタキャラクタの一覧

メタキャラクタ	意味
\b{g}	Unicodeの書記素クラスタの境界。「\X」(Unicodeの書記素クラスタにマッチ)の前後に相当する
\b{wb}	Unicodeテキスト分割アルゴリズム(*1)に基づく単語境界にマッチ。「\b」に似ているが、個々の文字の意味を意識して境界を識別する
\b{sb}	Unicodeテキスト分割アルゴリズムに基づく文の境界にマッチ
\b{lb}	Unicode改行アルゴリズム(*2)に基づく、改行が可能な位置にマッチ

(*1) 定義についてはUnicode® Standard Annex #29: Unicode Text Segmentation (http://www.unicode.org/reports/tr29/) を参照。
(*2) 定義についてはUnicode® Standard Annex #14: Unicode Line Breaking Algorithm (http://www.unicode.org/reports/tr14/) を参照。

これらのメタキャラクタを利用すると、より自然な形で単語や文の分解が可能となります。

The quick ('brown') fox can't jump 32.3 feet, right?

という文字列を「\b」「\b{wb}」「\b{lb}」で分割した結果を示します(それぞれのメタキャラクタにマッチした部分に「|」を挿入しています)。

▼単語及び文の分割例

<table>
<tr><th>メタキャラクタ</th><th>結果</th><th>ポイント</th></tr>
<tr><td>\b</td><td>|The| |quick| ('|brown|') |fox| |can|'|t| |jump| |32|.|3| |feet|, |right|?</td><td>「32.3」や「can't」が分割されてしまっている</td></tr>
<tr><td>\b{wb}</td><td>|The| |quick| |(|'|brown|'|)| |fox| |can't| |jump| |32.3| |feet|,| |right|?|</td><td>「32.3」や「can't」が独立した単語として扱われている</td></tr>
<tr><td>\b{lb}</td><td>The |quick |('brown') |fox |can't |jump |32.3 |feet, |right?|</td><td>括弧の直前/直後で改行が行われないようになっている</td></tr>
</table>

01 (?:pattern) 部分正規表現のグルーピング（キャプチャなし）

対応処理系

JavaScript	Java	Perl	PHP	Python	.NET
sed	grep	egrep	awk	vim	

※ vimでは「\%(pattern\)」

「(」と「)」同様、内部に囲まれた正規表現をひとまとまりにして、部分正規表現を定義します。ただし「(」と「)」とは異なり、「(?:」と「)」で囲まれた部分は後方参照可能なようにキャプチャされません。正規表現中で括弧が多くなってしまった場合、グルーピングだけが必要な箇所では「(?:」「)」を用いると、後方参照で参照可能となる部分がわかりやすくなるでしょう。

「(」と「)」の代わりに「(?:」と「)」を利用すると、効率上のメリットも生まれます。「(?:」と「)」で囲まれた部分正規表現は後方参照に備えてキャプチャしておく必要がないため、正規表現のエンジンで行うべき処理が少なくなるからです。

vimのキャプチャなしグループ

vimではキャプチャなしグループの表現に「\%(pattern\)」という記法を利用します。

「(?:」と「)」によって後方参照の番号をスマートにする

キャプチャする必要がない部分にまで「(」と「)」を利用してグルーピングを行うと、後方参照の番号が不連続になってしまうことがあります。これは、「グルーピング」と「後方参照用のキャプチャ」の両方の意味で「(」「)」が利用されているためです。グルーピングだけが必要な部分には「(?:」「)」を利用すれば、「(」と「)」を「後方参照用のキャプチャ」という用途に専念させることが可能となります。

エラーログを解析するための正規表現として、「(error|warn)(\s+|:)(.*)$」を利用するとします。必要な情報はエラーレベルを示す「(error|warn)」とエラーメッセージを示す「(.*)」だけで、区切りとなる「(\s+|:)」の部分は不要としましょう。

この場合、後方参照として利用するのは「\1」と「\3」です。しかし、後方参照用の番号が不連続なのは多少不恰好ですし、誤って不要な「\2」を利用してしまうといった、潜在的なバグの温床ともなりかねません。「(error|warn)(?:\s+|:)(.*)$」と変更すれば、後方参照で利用する番号は「\1」と「\2」となりますので、この問題を回避することができます。

03-07 グループ化構成体

［文例］

● 「^(To|From): (.*)$」の場合、「\1」と「\2」はそれぞれ次のように展開されます。

To: postmaster@example.com

From: root@example.com

\1	\2
To	postmaster@example.com
From	root@example.com

● 「^(?:To|From): (.*)$」の場合、「\1」は次のように展開されます（「\2」で参照可能なものはありません）。

To: postmaster@example.com

From: root@example.com

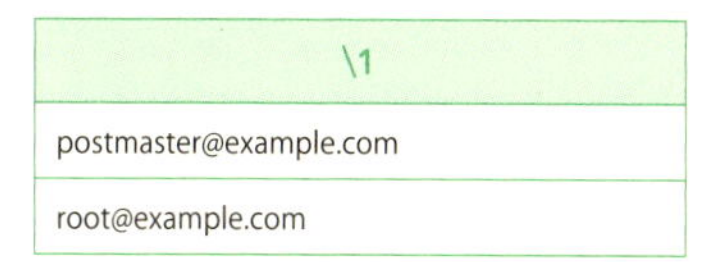

\1
postmaster@example.com
root@example.com

02 (?=pattern) patternがこの位置の右に存在する場合にマッチ（肯定先読み）

対応処理系

JavaScript	Java	Perl	PHP	Python	.NET
sed	grep	egrep	awk	vim	

※ vimでは「\%(pattern\)\@=」

文字列内の特定の位置において、patternに指定した正規表現が右側に存在する場合にマッチするメタキャラクタです。このように、ある位置から見て右側に指定した正規表現があるかどうかを調べる処理を「先読み」と呼びます。「(?=pattern)」は「指定した正規表現が右側に存在すればマッチ」という肯定の意味を持っているため、「肯定の先読み」と呼ばれます。

「(?=pattern)」は「$」や「\b」などと同様、文字ではなく位置にマッチするメタキャラクタです。先読みがマッチした部分は処理済みとはみなされないので、これ以降の処理は「(?=pattern)」がマッチした位置のすぐ後ろから始まります。

たとえば、「Microsoft␣(?=Word|Excel)」という正規表現は、右側に「Word」か「Excel」が存在する「Microsoft␣」にマッチします。従って、「Microsoft␣Word」や「Microsoft␣Excel」の「Microsoft␣」にはマッチしますが、「Microsoft␣PowerPoint」の「Microsoft␣」にはマッチしません。

この正規表現は「Microsoft Word」や「Microsoft Excel」という文字列全体にマッチするわけではないという点に注意してください。「(?=Word|Excel)」がマッチするのはあくまでも「Microsoft␣」という文字列と、「Word」「Excel」という文字列の間にある空文字列です。

なお、「(?=pattern)」には後方参照用に部分正規表現をキャプチャする機能はありません。

「Microsoft␣(?=Word)Excel」は何にマッチするか

「Microsoft␣(?=Word)Excel」という正規表現は、どのような文字列にも決してマッチしません。以下、その理由を考えてみましょう。

「Microsoft␣(?=Word)」は、直後に「Word」という文字列が続く「Microsoft␣」にマッチします。ここで、「(?=Word)」は「Microsoft␣」と「Word」の間の空文字列にマッチしています。

しかし「Microsoft␣(?=Word)Excel」は、「Microsoft␣」の直後に「Excel」が続くこともまた要請しています。「Microsoft␣(?=Word)」は「Microsoft␣」に「Word」が続

く前でマッチしているため、「Microsoft␣」の後ろに「Excel」が続くことはあり得ません。従って、この正規表現は決してマッチしないということになります。

この正規表現を「Microsoft␣(?=.*Word)Excel」とした場合はどうなるでしょうか。まず、「Microsoft␣(?=.*Word)」は「Microsoft␣」の後ろのどこかで「Word」という文字列が登場しさえすれば「Microsoft␣」にマッチします。また、「Excel」は「Microsoft␣」の直後に置かれていなければなりません。従って、この正規表現は「Microsoft Excel and Word」といった文字列にはマッチしますが、「Windows Word and Excel」にはマッチしません。後者では「Excel」が「Microsoft␣」の直後に存在しないからです。

「(?=pattern1)pattern2」という記法

「pattern1(?=pattern2)」という記法は、「直後に pattern2 が存在する pattern1」と解釈できます。これに対して「(?=pattern1)pattern2」は、「pattern1 が右側に存在するという位置」の直後に pattern2 が続くことを要請しているので、「pattern1 の先頭に存在する pattern2」と解釈できます。

たとえば、「(?=Microsoft Word)Microsoft」は、「Microsoft Word」が右側に存在する位置の直後に「Microsoft」が続くことを要請しています。つまり、「『Microsoft Word』という文字列の先頭にある『Microsoft』」にマッチすることとなります。

vim の肯定先読み

vim では肯定先読みの記法として「\%(pattern\)\@=」を使います。従って「Microsoft␣(?=Word|Excel)」は「Microsoft␣\%(Word\|Excel\)\@=」のようになります。

［文例］

- ファイル名に対して「sample(\.doc|\.txt|\.log)」を適用した場合、ファイル名全体にマッチします。

sample.doc
sample.txt
sample.log

sample.doc
sample.txt
sample.log

- 「sample(?=\.doc|\.txt|\.log)」の場合、拡張子を除く「sample」だけにマッチします。このとき、「(?=\.doc|\.txt|\.log)」は「『sample』の直後」という位置にマッチしています。

sample.doc
sample.txt
sample.log

sample.doc
sample.txt
sample.log

03 (?!pattern) patternがこの位置の右に存在しない場合にマッチ（否定先読み）

対応処理系

JavaScript	Java	Perl	PHP	Python	.NET
sed	grep	egrep	awk	vim	

※ vimでは「\%(pattern\)\@!」

文字列内の特定の位置において、patternに指定した正規表現が右側に存在しない場合にマッチするメタキャラクタです。「(?!pattern)」は「指定した正規表現が右側に存在しなければマッチ」という否定の意味を持っているため、「否定の先読み」と呼ばれます。「肯定の先読み」である「(?=pattern)」の否定形となっている点に注意してください。

「Microsoft␣(?!Word|Excel)」という正規表現は、右側に「Word」「Excel」が存在しない「Microsoft␣」にマッチします。従って、「Microsoft␣PowerPoint」や「Microsoft␣Office」の「Microsoft␣」にはマッチしますが、「Microsoft␣Word」の「Microsoft␣」にはマッチしません。

また、「(?!pattern1)pattern2」は、「pattern1が右側に存在しないという位置」の直後にpattern2が続くことを要請しているので、「pattern1がマッチしない位置に存在するpattern2」と解釈できます。

たとえば、「(?!Microsoft Word)Microsoft」は、「Microsoft Word」が右側に存在しないという位置の直後に「Microsoft」が続くことを要請しています。つまり、「『Microsoft Word』という文脈以外に存在する『Microsoft』」にマッチすることとなります。「Microsoft Excel」や「Microsoft Office」の「Microsoft」にはマッチしますが、「Microsoft Word」の「Microsoft」にはマッチしません。

「(?=pattern)」同様、「(?!pattern)」には後方参照用に部分正規表現をキャプチャする機能はありません。

vimの否定先読み

vimでは否定先読みの記法として「\%(pattern\)\@!」を使います。従って「Microsoft␣(?!Word|Excel)」は「Microsoft␣\%(Word\|Excel\)\@!」のようになります。

［文例］

「sample(?!\.doc|\.txt|\.log)」は、拡張子「.doc」「.txt」「.log」を持たない「sample」にマッチします。このとき、「(?!\.doc|\.txt|\.log)」は「『sample』の直後」という位置にマッチしています。

sample.doc
sample.txt
sample.bat

↓

sample.doc
sample.txt
sample.bat

04 (?<=pattern) patternがこの位置の左に存在する場合にマッチ（肯定戻り読み）

対応処理系

JavaScript	Java	Perl	PHP	Python	.NET
sed	grep	egrep	awk	vim	

※ vim では「\%(pattern\)\@<=」

文字列内の特定の位置において、patternとして指定した正規表現が左側に存在する場合にマッチするメタキャラクタです。このように、ある位置から見て左側に指定した正規表現があるかどうかを調べる処理を「戻り読み」と呼びます。「(?<=pattern)」は「指定した正規表現が左側に存在すればマッチ」という肯定の意味を持っているため、「肯定の戻り読み」と呼ばれます。

たとえば、「(?<=Microsoft␣)[Ww]ord」という正規表現は、「Microsoft␣」が左側に存在する「Word」や「word」にマッチします。従って、「Microsoft␣Word」の「Word」にはマッチしますが、「reword」の「word」にはマッチしません。

この正規表現は「Microsoft Word」という文字列全体にマッチするわけではないという点に注意してください。「(?<=Microsoft␣)」がマッチするのはあくまでも「Microsoft␣」という文字列と、「Word」の間にある空文字列です。

先読みや戻り読みは、「\b」や「$」のような位置にマッチするメタキャラクタの汎用的な表現方法だと考えればよいでしょう。「\b」は「単語を構成する文字と単語を構成しない文字の間にある空文字列」と定義できますが、先読みと戻り読みの両方を利用すれば、「\b」は「(?<!\w)(?=\w)」（単語を構成する文字が右側になく、単語を構成する文字が左側にある位置）などとして定義できます。

「(?=pattern)」同様、「(?<=pattern)」には後方参照用に部分正規表現をキャプチャする機能はありません。

「pattern1(?<=pattern2)」という記法

「(?<=pattern1)pattern2」という記法は、「直前にpattern1が存在するpattern2」と解釈できます。これに対して「pattern1(?<=pattern2)」は、「pattern2が左側に存在するという位置」の直前にpattern1が存在することを要請しているので、「pattern2の最後に存在するpattern1」と解釈できます。

たとえば、「Word(?<=Microsoft Word)」は、「Microsoft Word」が左側に存在する位置の直前に「Word」が存在することを要請しています。つまり、「『Microsoft Word』という文字列の最後にある『Word』」にマッチすることとなります。

vim の肯定戻り読み

vim の肯定戻り読みは「\%(pattern\)\@<=」で表します。従って「(?<=Microsoft␣)[Ww]ord」は「\%(Microsoft␣\)\@<=[Ww]ord」のようになります。

戻り読みにおける制限

戻り読み内で利用可能な正規表現では、一般的に長さが固定された文字列しか利用することができません。長さが変わるような文字列にマッチ可能な正規表現が戻り読み内で利用できてしまうと、処理効率が極端に落ちることがあるためです。

▼各処理系における戻り読みの制限

処理系	制限
Perl / Python	・マッチ結果の長さが変わるような正規表現は一切利用不可。従って、量指定子 (*、+ など) は利用できない ・選択肢の長さが全て同じであれば、選択が利用できる。「(?<=aa|bb)」は選択肢の長さが共に 2 文字なので利用可能だが、「(?<=a|bcd)」は選択肢の長さが異なるため利用できない
PHP	・最上位でのみ、選択肢の長さが異なる選択が利用可能。「(?<=a|bcd)」や「(?<=iOS (?:10|11))」は利用可能だが、「(?<=iOS (?:9|10))」は利用できない (「(?<=iOS 9|iOS 10)」なら利用可能) ・それ以外でマッチ結果の長さが変わるような正規表現は利用不可。従って、量指定子 (*、+ など) は利用できない
Java	・有限であれば、マッチ結果の長さが変わってもよい。「a|bcd」のように選択肢の長さが異なる選択や、長さが有限の量指定子である「?」は利用可能 ・マッチ結果が無限の長さになり得る正規表現は利用不可。たとえば、「\d+」は無限の数字の連続にマッチし得るので利用できない
.NET / vim	・制限なし

［文例］

● 「(?<=\b20)\d{2}\b」は、2000 年代の西暦下 2 桁にマッチします。

2017
2045
1940

↓

2017
2045
1940

05 (?<!pattern) patternがこの位置の左に存在しない場合にマッチ（否定戻り読み）

対応処理系

JavaScript	Java	Perl	PHP	Python	.NET
sed	grep	egrep	awk	vim	

※ vimでは「\%(pattern\)\@<!」

文字列内の特定の位置において、patternとして指定した正規表現が左側に存在しない場合にマッチするメタキャラクタです。「(?<!pattern)」は「指定した正規表現が左側に存在しなければマッチ」という否定の意味を持っているため、「否定の戻り読み」と呼ばれます。「肯定の戻り読み」である「(?<=pattern)」の否定形となっている点に注意してください。

「(?<!iOS␣)11」という正規表現は、左側に「iOS␣」が存在しない「11」にマッチします。従って、「2011」の「11」にはマッチしますが、「iOS␣11」の「11」にはマッチしません。

また、「pattern1(?<!pattern2)」は「pattern2が左側に存在しないという位置」の直前にpattern1が存在することを要請しているので、「pattern2がマッチしない位置に存在するpattern1」と解釈できます。

たとえば、「11(?<!iOS 11)」は、「iOS 11」が左側に存在しないという位置の直前に「11」が存在することを要請しています。つまり、「『iOS 11』という文脈以外に存在する『11』」にマッチすることとなります。「2011」の「11」にはマッチしますが、「iOS 11」の「11」にはマッチしません。

「(?=pattern)」同様、「(?<!pattern)」には後方参照用に部分正規表現をキャプチャする機能はありません。

vimの否定戻り読み

vimの否定戻り読みは「\%(pattern\)\@<!」で表します。従って「(?<!iOS␣)11」は「\%(iOS␣\)\@<!11」のようになります。

［文例］

● 「(?<![SD])RAM」は、「S」あるいは「D」が先行しない「RAM」にマッチします。

SRAM
NVRAM
SCRAM

SRAM
NVRAM
SCRAM

06 (?>pattern) マッチ文字列に対するバックトラックを禁止する

対応処理系

JavaScript	**Java**	**Perl**	**PHP**	Python	**.NET**
sed	grep	egrep	awk	**vim**	

※ vim では「\%(pattern\)\@>」

指定されたパターンがマッチすると、仮に正規表現全体のマッチに失敗するとしても、自分がマッチした部分を譲り渡しません。いったんマッチした内容は後続のマッチの結果によって縮められることがなくなるため、最初にマッチした内容は決して変更されなくなります。マッチが完了したなら、マッチした内容は決して変わらないという性質から、「(?>pattern)」は「アトミックなグループ」と呼ばれます。

アトミックなグループでは、いったん指定されたパターンにマッチしたなら、パターン内のステートはすべて破棄されます。「自分がマッチした部分を譲り渡さない」というのは、「ステートが破棄されたため、グループ内部へのバックトラックができなくなる」ということを意味しています。

アトミックなグループには、後方参照用に部分正規表現をキャプチャする機能はありません。

アトミックなグループと強欲な量指定子

強欲な量指定子「x*+」は、アトミックなグループを利用すれば「(?>x*)」と記述することができます。どちらも、最長一致の原則に従って一致した範囲に対するバックトラックを禁止しています。

vim のバックトラック禁止

vim では「\%(pattern\)\@>」とすることで、指定したパターンに対するバックトラックを禁止できます。

07 (?(condition)yes-pattern) conditionが成立した場合、yes-patternにマッチするかどうかを試す

対応処理系

JavaScript	Java	**Perl**	**PHP**	**Python**	**.NET**
sed	grep	egrep	awk	vim	

正規表現内部で条件式を利用するためのパターンです。conditionに記述された条件が成立すれば、yes-patternに指定された正規表現によるマッチが試されます。この記法は「条件構文」とも呼ばれます。

条件構文の別形式として、「(?(condition)yes-pattern|no-pattern)」というものもあります。これはconditionに記述された条件が成立すればyes-patternが、成立しなければno-patternが利用されるというものです。

conditionに記述可能な条件は、以下のようになっています。

▼条件構文に指定可能な条件

条件	説明
後方参照用の番号	番号に対応する部分正規表現がキャプチャされていた場合、条件が成立する。「(^id,)?(?(1)\d+)」は、行の先頭に「id,」という文字列があった場合に限り、それ以降に数字の連続(「\d+」)があるかどうかを調べる。
名前付きキャプチャの名前	前述の例で「id,」部分を「id」という名前でキャプチャする場合、「(?<id>^id,)?(?(id)\d+)」という表現になる(ただしPerlでは条件として名前を使う場合、「<id>」あるいは「'id'」のように名前を括る必要がある)。
先読み或いは戻り読み(Pythonは未対応)	指定された先読み或いは戻り読みがマッチした場合、条件が成立する。「(?(?<=[MTSH])\d\d|\d{4})」は「M」「T」「S」「H」の直後であれば2桁の数字(和暦を意味する)に、そうでなければ4桁の数字(西暦を意味する)にマッチするかどうかを調べる。
埋め込みコード構文(Perlのみ)	任意のPerlコードを実行し、その結果を条件として利用する。

条件構文には、後方参照用に部分正規表現をキャプチャする機能はありません。

［文例］

「^\d{2}:\d{2}(:)?(?(1)\d{2})$」は、「数字2桁：数字2桁」に「:」が続く場合のみ、更に数字2桁が続くかどうかを調べます。この正規表現では、条件部分は「『:』にマッチしたかどうか」、利用されるパターンは「\d{2}」となっています。

12:34
12:34:56
12:34:ab

↓

12:34
12:34:56
12:34:ab

「(?(?=.*JST$)0[123]|1[678]):\d{2}:\d{2}」は、文字列の末尾に「JST」があれば01、02、03に「:数字2桁：数字2桁」が続くパターンに、そうでなければ16、17、18に「:数字2桁：数字2桁」が続くパターンにマッチします。この正規表現では、条件部分は「『.*JST$』が文字列の末尾に存在するか（先読み）」、利用されるパターンは条件成立時に「0[123]」、非成立時に「1[678]」となります。

01:21:57 JST
16:31:21 GMT
15:04:10 GMT

↓

01:21:57 JST
16:31:21 GMT
15:04:10 GMT

08 (?P<name>pattern)、(?<name>pattern) 名前付きキャプチャ

対応処理系

JavaScript / **Java** / **Perl** / **PHP** / **Python** / **.NET** / sed / grep / egrep / awk / vim

patternにマッチした文字列を、nameという名前で後方参照できるようにキャプチャします。

通常、後方参照には「\1」という記法を利用しますが、名前付きキャプチャを利用すれば、より分かりやすい名前で後方参照を利用できます。また、正規表現に変更が入っても、後方参照の番号を付け直す必要がないというメリットもあります。名前付きキャプチャは、入れ子にして利用することも可能です。

名前付きキャプチャの記法

名前付きキャプチャの記法は処理系によって異なります。以下に、処理系ごとに利用可能な記法を示しました。「参照」は置換文字列内部ではなく、マッチング文字列内部で既にマッチした部分正規表現を参照する記法である点に注意してください。

▼名前付きキャプチャとキャプチャ結果の参照に利用可能な記法

記法		Perl	PHP	Python	Java	.NET
キャプチャ	(?P< 名前 > パターン +)	○	○	○	×	×
	(?< 名前 > パターン +)	○	○	×	○	○
	(?' 名前 ' パターン +)	○	○	×	×	○
参照	(?P= 名前)	○	○	×	×	×
	\k< 名前 >	○	○	×	○	○
	\k{ 名前 }	×	○	×	×	×
	\g< 名前 >	○	○	○	×	×
	\g{ 名前 }	○	○	×	×	×
	\k< 参照番号 >	×	×	×	×	○
	\g< 参照番号 >	×	○	○	×	×
	\g{ 参照番号 }	○	○	×	×	×

置換文字列内部での名前付きキャプチャの参照

置換文字列内部で名前付きキャプチャを参照する方法も、処理系ごとに異なります。

- .NET / Java: ${name}
- Perl: $+{name}
- Python: \g<name>
- PHP: 未サポート（\n 記法を利用する）

同じ名前を複数回利用する

Perl と .NET では、同じ名前を持つ名前付きキャプチャを単一の正規表現内部で利用できます。「a\db」と「c\dd」という 2 つの正規表現のいずれかにマッチした部分をキャプチャする場合、両処理系では「(?<p>a\db)|(?<p>c\dd)」という正規表現を利用できます。名前付きキャプチャ「p」が 2 箇所で利用されている点に注意してください。

もっとも、他の処理系でもこれは「(?<p>(a\db|c\dd))」のように、選択肢全体をキャプチャすることで実現可能です。

［文例］

● 以下の PHP の例では、文字列先頭の数字の連続を「number」という名前でキャプチャし、それをパターンの最後で参照しています。「1234abcd1234」のように、同じ数字の連続で囲まれた部分にマッチします。

```
if (preg_match( '/(?<number>\d+).*(?\k<number>)/' ,
     '1234abcd1234' , $result)) {
     print "$result[0]\n" ;
}
```

○ 実行結果

```
1234abcd1234
```

● 以下の Perl の例では、名前付きキャプチャでキャプチャした内容を「$+{number}」によって置換文字列内で参照しています。

```
$str = "1234abcd" ;
$str =~ s/(?<number>\d+).*$/num: $+{number}/;
print "$str\n" ;
```

○ 実行結果

```
num: 1234
```

01 i修飾子 大文字/小文字の違いを無視する

対応処理系

JavaScript　Java　Perl　PHP　Python　.NET
sed　grep　egrep　awk　vim

※ GNU sed では GNU 拡張
※ GNU awk では GNU 拡張の変数「IGNORECASE」を利用

大文字/小文字の違いを無視してマッチ処理を行わせるための修飾子です。たとえば、「regular」が「regular」にも「REGULAR」にも「reGuLAr」にもマッチするようになります。指定方法は処理系ごとに異なります。

▼大文字/小文字の違いを無視させる指定

処理系	指定方法
grep / egrep	オプション「-i」を指定
Java:	Pattern.CASE_INSENSITIVE フラグを指定
.NET	RegexOptions.IgnoreCase オプションを指定
Python	re.I (re.IGNORECASE) フラグを指定
vim	set ignorecase（無効にするには「set noignorecase」）
GNU awk	組み込み変数 IGNORECASE に 0 以外の値を設定することで、sub/gsub/gensub/match の各関数とパターン指定において大文字/小文字の違いが無視される（GNU 拡張）

i修飾子と置換文字列

i修飾子は置換文字列には何の影響も及ぼしません。Perlの「s/regular expression/RegExp/i」は大文字/小文字の違いを無視して「regular expression」を「RegExp」に置換しますが、「RegExp」は常に「RegExp」として利用されます。置換対象文字列である「regular expression」という文字列が大文字の「REGULAR EXPRESSION」と記述されていたからといって、「RegExp」が「REGEXP」として利用されるということはありません。

i修飾子と後方参照

「(aa)\1」のように後方参照が含まれている正規表現に対してi修飾子を適用した場合、大多数の処理系では後方参照によって参照される結果も大文字/小文字の無視の対象とします。従って「(aa)\1」は「aaAA」や「aaAa」「AAaa」などにマッチします。

また、置換文字列内で後方参照を利用した場合、マッチした部分の内容は大文字 / 小文字の違いを保持したままで利用されます。「s/([a-c]+)/[\1]/i」では、「\1」は「[a-c]+」に「ABC」がマッチした場合は「ABC」として、「aBa」がマッチした場合は「aBa」として展開されます。「abc」や「aba」として展開されるわけではありません。

文字クラスと i 修飾子

「[[:upper:]]」や「[[:lower:]]」に対して i 修飾子を適用した場合、多くの処理系は大文字 / 小文字の違いを無視してマッチさせます。つまり、「[[:upper:]]」は小文字にも、「[[:lower:]]」は大文字にもマッチします。この例外は Java で、Pattern.CASE_INSENSITIVE を指定しても「\p{Upper}」は大文字、「\p{Lower}」は小文字にのみマッチします。

一方、Unicode プロパティの一般カテゴリ Lu（大文字）、Ll（小文字）に対する i 修飾子の適用結果は処理系によって異なります。Perl/.NET は大文字 / 小文字の違いを無視しますが、Java/PHP では Lu は大文字のみ、Ll は小文字にのみマッチします。

大文字 / 小文字の対応が複数に渡るケース

大文字 / 小文字の対応は常に一対一とは限りません。ギリシア語の「Σ」(U+Ø3A3) の小文字には、「σ」(U+Ø3C3: 語中で使う形) と「ς」(U+Ø3C2: 語末で使う形) の 2 種類があります。またラテンアルファベットの「S」にも、19 世紀頃までは「ſ」(U+Ø17F: 語中で使う形) と「s」(語末で使う形) の 2 種類の小文字がありました。

Unicode はこのようなケースについても大文字 / 小文字の対応付けを明確に定義していますが、正規表現エンジンがこれらを意識するかどうかは実装に依存します。

いわゆる「全角文字」における大文字 / 小文字

Unicode に対応した処理系で文字列を Unicode として処理している場合、i 修飾子はいわゆる「全角文字」での大文字 / 小文字の違いも無視します。ただし Java では明示的に u 修飾子 (Pattern.UNICODE_CASE フラグ) を指定する必要があります。

03-08 修飾子

［文例］

●「/mac/i」は大文字 / 小文字を無視して「mac」にマッチします。

MacBook
MAC address
machine

Mac Book
MAC address
machine

02 c 修飾子 マッチに失敗しても、前回のマッチ位置をリセットしない

対応処理系

JavaScript	Java	**Perl**	PHP	Python	.NET
sed	grep	egrep	awk	vim	

マッチ失敗時の「\G」のマッチ位置を、前回のマッチ位置に残したままにします。この修飾子は、g 修飾子及び「\G」を利用している場合のみ意味を持ちます。

g 修飾子を利用して繰り返しマッチを行う場合、「\G」を利用して前回マッチした位置の末尾を参照することができます。このような処理を行っている最中にマッチの失敗が発生すると、「\G」がマッチする位置は文字列の先頭へと戻されます。しかし c 修飾子を指定した場合、マッチ失敗時にマッチ位置は文字列の先頭へと戻されず、最後にマッチした位置の末尾に残ったままとなります。

［文例］

● c 修飾子の有無による動作の違いを調べます。

```
$target = "This is a line.";
$target =~ /\G(\w+)\s+/g;   ←ここで「This」にマッチ
$target =~ /\G(\d+)\s+/g;   ←マッチは失敗
$target =~ /\G(\w+)\s+/g;   ←「\G」が先頭に戻るので、再度「This」にマッチ
print "pattern1: $1\n";

$target = "This is a line.";
$target =~ /\G(\w+)\s+/gc; ←ここで「This」にマッチ
$target =~ /\G(\d+)\s+/gc; ←マッチは失敗
$target =~ /\G(\w+)\s+/gc; ←「\G」は先頭に戻らないので、「is」にマッチ
print "pattern2: $1\n";
```

○ 実行結果

```
pattern1: This

pattern2: is
```

03 d 修飾子 UNIXラインモードにする

対応処理系

JavaScript **Java** Perl PHP Python .NET
sed grep egrep awk vim

「.」「^」及び「$」が改行（LF: U+000A）だけを行終端子として認識するようになります。このような処理モードを「UNIXラインモード」と呼びます。

Javaは LF以外にも、いくつかの文字を行終端子とみなします。しかしd修飾子を指定すれば LF以外の文字は行終端子としてみなされなくなるため、「.」が「LINE SEPARATOR」（U+2028）や「PARAGRAPH SEPARATOR」（U+2029）にもマッチするようになります。

Pattern.UNIX_LINESフラグを指定することによって、d修飾子と同じ処理を行わせることもできます。

［文例］

● 通常、「$」は「NEXT LINE」（U+0085）を行終端子とみなします。

```
String target = "The quick brown fox \u0085jumps over the lazy
  \ndog.";
Pattern p = Pattern.compile("$", Pattern.MULTILINE);
Matcher m = p.matcher(target);
System.out.println(m.replaceAll("-"));
```

○ 実行結果

```
The quick brown fox - ■ jumps over the lazy -
dog.-
```

↑「■ (NEXT LINE)」と文字列末尾の直前に、「-」が挿入されている

● Pattern.UNIX_LINESが指定されている場合、「$」は「NEXT LINE」を行終端子だとみなしません。

```
String target = "The quick brown fox \u0085jumps over the lazy
  \ndog.";
Pattern p = Pattern.compile(
```

```
    "$", Pattern.UNIX_LINES | Pattern.MULTILINE);
Matcher m = p.matcher(target);
System.out.println(m.replaceAll("-"));
```

○ 実行結果

```
The quick brown fox ■ jumps over the lazy -
dog.-
```

↑「■ (NEXT LINE)」の直前には、「-」は挿入されていない

04 e 修飾子 置換文字列を Perl コードとして評価し、その結果を利用する

対応処理系

JavaScript　Java　**Perl**　PHP　Python　.NET
sed　grep　egrep　awk　vim

文字列の置換を行う際、置換文字列として指定された内容を Perl のプログラムとして評価し、評価の結果を実際の置換文字列として利用します。

「s/--me--/getlogin()/e」は「--me--」という文字列を「getlogin()」で置換するのではなく、現在のログインユーザ名に置換します。「getlogin()」は Perl の関数で、現在のログインユーザ名を返します。e 修飾子によって getlogin() が実行され、結果として現在のログインユーザ名が返されるため、「--me--」は現在のログインユーザ名に置換されるというわけです。

なお、置換文字列内では「$ 数字」形式の後方参照を利用することにより、後方参照で取り出された結果を評価対象文字列内部で使うことができます。

e 修飾子を複数回指定する

他の修飾子とは異なり、e 修飾子は複数回指定することができます。この場合、指定された回数だけ置換文字列が Perl プログラムとして評価され、その結果が実際の置換文字列として利用されます。

「s/--me--/"get" . "login" . "()"/ee」という正規表現でこの例について考えてみましょう。まず、「"get" . "login" . "()"」が Perl のプログラムとして評価され、「get」「login」「()」の 3 つの文字列を結合した結果である「getlogin()」という文字列が返されます。この文字列は再度 Perl プログラムとして評価され、現在のログインユーザ名が返されます。ここで返された現在のログインユーザ名が、最終的な置換文字列として利用されることになります。

PHP の e 修飾子

PHP はかつて e 修飾子をサポートしていましたが、現在はセキュリティ上の理由からサポートしていません。代替としてマッチした内容を受け取り、任意の処理を行うための関数 preg_replace_callback() が用意されています。

[文例]

● 「s/(\d+)\s+(\d+)/$1+$2/e」は、空白で区切られた2つの数値を計算した結果でマッチした部分全体を置換します。ファイル「data.txt」に以下の内容が含まれていた場合について考えてみます。

```
line1: 1 3
line2: 7 9
line3: 10 34
```

○ 実行結果

```
$ perl -pe 's/(\d+)\s+(\d+)/$1+$2/e' data.txt
line1: 4
line2: 16
line3: 44
```

05 g修飾子 繰り返しマッチを行う

対応処理系

JavaScript	Java	Perl	PHP	Python	.NET
sed	grep	egrep	awk	vim	

指定した正規表現によるマッチが完了した後も、残りの文字列に対して繰り返しマッチを実施させます。繰り返しマッチは、常に前回のマッチ位置の直後から行われます。

通常の正規表現によるマッチでは、最初にマッチ対象文字列が見つかった時点で処理を終了します。「1a2a」という文字列に対して「\d」という正規表現を適用した場合、最初にマッチするのは先頭にある「1」です。いったんマッチすれば、正規表現のエンジンはそれ以上マッチ処理を行おうとはしません。

しかし置換の場合は、指定した正規表現にマッチする部分をすべて置換したいということがあります。このような場合はg修飾子を利用し、いったんマッチした後も継続してマッチする文字列が存在しないかどうかを探させるようにします。

先ほどの「1a2a」という文字列の場合、「s/\d/-/」では最初の「1」だけしか置換されないので、結果は「-a2a」となります。しかし「s/\d/-/g」ならいったんマッチした後も継続してマッチ処理が実行されるので、結果は「-a-a」となります。

g修飾子とキャプチャ結果の取り出し

「(」「)」が含まれる正規表現に対してg修飾子を適用した場合、キャプチャされた内容は次のように取り出されます。

- 正規表現の処理中は、直前のマッチ結果が取り出される
- 正規表現の処理後は、最後のマッチ結果が取り出される

たとえば、「1a2a」に対して「s/(\d)/[\1]/g」を適用すると「[1]a[2]a」という結果が返されます。この処理を具体的に調べてみましょう。

1. 「(\d)」はまず「1」にマッチします。この時点でキャプチャされたのは「1」なので、置換文字列は「[1]」となります。
2. 次のマッチは「1」がマッチした直後、すなわち「a」の直前から始まるため、次にマッチするのは「2」となります。キャプチャされたのは「2」なので、置換文字列は「[2]」となります。

3. これ以降に「(\d)」にマッチするものはないため、ここでマッチ処理は終了します。

処理が完了した時点で、Perlの「$1」などによってマッチ結果を取り出すと、取り出される結果は「2」となります。つまり、最後に「(\d)」にマッチした結果が取り出されているわけです。

［文例］

 Perlで「s/\d/*/g」を実行すると、すべての数字が「*」に置換されます。

03-1234-5678
06-999-8877
↓
-**-****
-*-****

 「s/([[:alpha:]]+)(\d+)/[\1-\2]/g」は、「アルファベット＋数字」からなる文字列のアルファベットと数字をブラケットで囲み、アルファベットと数字の間に「-」を入れます。

abc57 franc45 some1345
↓
[abc-57] [franc-45] [some-1345]

次のマッチの開始位置の記録

g修飾子の動作は、処理系が前回のマッチの完了位置を内部的に記録することで実現されています。

JavaScriptではRegExpオブジェクトのlastIndexプロパティにこの値が記録されているため、lastIndexプロパティの値を変更することで、任意の位置から検索を開始させることができます。

Perlでは検索対象文字列自身が前回のマッチ完了位置を保持しており、その値は関数pos()に検索対象文字列を指定することで取得／変更できます。このため、Perlでは同一の文字列に対する複数の正規表現が、前回のマッチ完了位置を共用することになります。

06 m 修飾子 マルチラインモードにする

対応処理系

JavaScript Java Perl PHP Python .NET

sed grep egrep awk vim

※ GNU sed では GNU 拡張

「^」及び「$」が行終端子の直前及び直後にマッチするようになります。このような処理モードのことを、「マルチラインモード（複数行モード）」と呼びます。マルチラインモードとは、文字列の内容が複数の行から構成されることからつけられた名称です。

通常、「^」や「$」が文字列中の行終端子の直前 / 直後にマッチすることはありません。「line_1 ⏎ line_2」（「⏎」は改行）という文字列に対して、「^line_1」という正規表現は文字列先頭にある「line_1」にマッチしますが、「^line_2」は文字列中のどの部分にもマッチしません。しかしマルチラインモードでは、「^line_2」という正規表現が「line_1 ⏎ line_2」という部分にもマッチするようになります。

マルチラインモードでは、文字列の先頭と最後を示すために「^」及び「$」を利用することはできません。「^」は文字列の先頭、「$」は文字列の最後にもマッチしますが、文字列中の行終端子の前後にもマッチしてしまうからです。従って本当に文字列の先頭を示したい場合は「\A」、文字列の最後を示したい場合は「\Z」あるいは「\z」を利用する必要があります。

Java では Pattern.MULTILINE フラグ、.NET では RegexOptions.Multiline オプション、Python では re.M(re.MULTILINE) フラグを指定することで、m 修飾子と同じ処理を行わせることができます。

［文例］

● 各行の先頭の単語を大文字に変換します。m 修飾子を利用して、「^」が文字列中の行終端子（この例では「\n」）の直後にマッチするようにしています。

```
$target = "The quick brown fox \njumps over the lazy dog.";
$target =~ s/^(\w+)/\U$1\E/gm;
print "$target\n";
```

○ 実行結果

```
THE quick brown fox
JUMPS over the lazy dog.
```

07 o 修飾子 正規表現を１回だけコンパイルする

対応処理系

JavaScript	Java	**Perl**	PHP	Python	.NET
sed	grep	egrep	awk	vim	

Perl において、正規表現リテラルの解析及びコンパイルを１回だけ行うように指示するための修飾子です。

Perl では、正規表現リテラルは利用前に内部表現へとコンパイルされます。通常の正規表現リテラルはプログラムの実行期間を通して変更されることはないため、コンパイルされた結果はプログラムの処理期間を通じて利用されます。一方、正規表現リテラル中に変数が含まれている場合、変数の値が変化すると正規表現そのものが変化することになります。このような事態に備えて、Perl は変数が含まれている正規表現リテラルについては、利用するたびにコンパイルします。

しかし、仮に正規表現リテラル中の変数が変更されないということが事前にわかっているなら、変化しない正規表現を毎回コンパイルするのは無駄と言えるでしょう。プログラマが明示的に「この正規表現は毎回コンパイルする必要はない」ということを指示できれば、正規表現のコンパイルの回数を減らすことができるため、プログラム全体の処理効率が高まります。o 修飾子はこの目的で用意されているものです。

従って、o 修飾子は変数が含まれている正規表現リテラルに対してのみ効果を持ちます。

［文例］

● 以下の例中の変数 username は変更されないため、o 修飾子を利用して効率を上げることができます。仮に username の値が変更されたとしても、「/^$username/o」は最初にコンパイルされた時点での username の値を利用し続けます。

```
$username = getlogin();  ←現在のユーザ名を取得
while (<>) {
  if (/^$username/o) {   ←読み込んだ行の先頭に現在のユーザ名があればマッチ

   ... 何らかの処理 ...
  }
```

08 s 修飾子 シングルラインモードにする

対応処理系

JavaScript	Java	Perl	PHP	Python	.NET
sed	grep	egrep	awk	vim	

「.」が行終端子にもマッチするようになります。このような処理モードのことを、「シングルラインモード（単一行モード）」あるいは「ドット全文字モード」と呼びます。「シングルラインモード」は文字列の中にあたかも行終端子が存在しないかのように「.」が振舞うところから、「ドット全文字モード」は「.」が行終端子を含む全ての文字にマッチするところからつけられた名称です。

通常、「.」は行終端子にはマッチしません。HTML の em 要素の内容を取り出すために「<em>(.*?)</em>」としても、「<em>」と「</em>」の間に行終端子が入っていると、内容を取り出すことはできません。このような場合はシングルラインモードを利用することで、期待通りに動作させることができます。

Java では Pattern.DOTALL フラグ、.NET では RegexOptions.Singleline オプション、Python では re.S(re.DOTALL) フラグを指定することで、s 修飾子と同じ処理を行わせることができます。

［文例］

● s 修飾子を利用すると、「.」が行終端子（この例では「\n」）にもマッチするようになります。

```
$target = "The quick brown fox \njumps over the lazy dog.";
$target =~ s/fox.*jumps/--/;     ←s 修飾子なしの置換
print "$target\n";               ←結果を出力
$target =~ s/fox.*jumps/--/s;    ←s 修飾子ありの置換
print "$target\n";               ←結果を出力
```

○ 実行結果

```
The quick brown fox   ←s 修飾子なしの場合、「.*」は改行にはマッチしない
jumps over the lazy dog.
The quick brown -- over the lazy dog.   ←s 修飾子ありの場合、「.*」は改行にもマッチする
```

09 u 修飾子 Unicode サポートの強化

対応処理系

JavaScript	Java	Perl	PHP	Python	.NET
sed	grep	egrep	awk	vim	

この修飾子は、Java、Perl/PHP、JavaScript それぞれで異なる意味が与えられています。

Java での u 修飾子

Java の u 修飾子は、Unicode に準拠した形式で大文字と小文字を無視したマッチングを有効にするものです。単体では意味を成しませんので、必ず i 修飾子と共に指定します。

Java では、i 修飾子による大文字 / 小文字の無視は ASCII の範囲に限定されています。それ以外の文字セットに含まれる文字については、大文字 / 小文字を無視したマッチは正しく動作しません。たとえば、フランス語では「ô」や「É」のような各種のダイアクリティカルマーク付きの文字が使われますが、i 修飾子はこのような文字を正しく扱うことができません。

u 修飾子は Unicode で定義されている文字の大文字 / 小文字の情報を元にして、大文字 / 小文字を無視したマッチングを行います。Pattern.UNICODE_CASE フラグを指定することによっても、u 修飾子と同じ処理を行わせることができます。

［文例］

● 「côte」に対する大文字 / 小文字を無視したマッチは、CASE_INSENSITIVE だけでは成功しません。

```
String regex = "c\u00F4te";     ← 「côte」の Unicode エスケープ表記
String target = "C\u00D4TE";    ← 「CÔTE」の Unicode エスケープ表記
Pattern p = Pattern.compile(regex, Pattern.CASE_INSENSITIVE);
System.out.println(p.matcher(target).matches());   ← 結果は「false」となる
```

● UNICODE_CASE を併用すると、期待通りの動作をします。

```
String regex = "c\u00f4te";
String target = "C\u00d4TE";
```

NEXT

```
Pattern p = Pattern.compile(regex,
    Pattern.UNICODE_CASE | Pattern.CASE_INSENSITIVE);
System.out.println(p.matcher(target).matches());  ←結果は「true」となる
```

Perl/PHP での u 修飾子

Perl/PHP の u 修飾子は、それぞれ Unicode サポートの強化を意味します。

u 修飾子を指定すると、各種の文字クラスが示す文字の範囲は Unicode のプロパティに基いて決定されます。たとえば、数字を表す \d や空白を表す \s は ASCII の範囲だけでなく、Unicode の一般カテゴリで「数字（一般カテゴリ Nd）」や「空白（一般カテゴリ Zs）」と定義されている文字にもマッチするようになります。もっとも、現在の Perl では処理対象が Unicode 文字列であれば自動的に u 修飾子指定相当の動作になります（これを拒否したければ、明示的に a 修飾子を指定してください）。

PHP では u 修飾子を指定すると、以下 2 点の挙動も有効となります。

- 「\x{n}」記法を使ったコードポイント指定が可能となる
- マッチングの単位がバイトではなく文字になる（詳細な挙動については後述の文例を参照）。従って日本語の文字のように UTF-8 では複数バイトで構成される文字を扱う場合、u 修飾子は必須と言える

JavaScript での u 修飾子

JavaScript で u 修飾子を指定すると、以下 2 点の挙動が有効となります。

- 「\u{n}」記法を使ったコードポイント指定が可能となる
- Unicode の追加面の文字（U+FFFF より大きなコードポイントを持つ文字）が 1 文字として認識され、「.」にマッチする。u 修飾子がない場合、追加面の文字はサロゲートペアの並び（2 つのコードポイント）として解釈されるため、「.」ではサロゲートペアの片方にしかマッチしない

［文例］

● PHP で u 修飾子を指定した場合と、指定しない場合との違いを示します。

```
$string = ' にほんご ';
$regexp = '...';
preg_match("/$regexp/", $string, $matches);  ← u 修飾子を指定しない場合
print "$matches[0]\n";
preg_match("/$regexp/u", $string, $matches);  ← u 修飾子を指定した場合
print "$matches[0]\n";
preg_match("/\x{306B}\x{307B}\x{3093}\x{3054}/u", $string, $matches);
    ↑ \x{n} 記法で文字を表現
print "$matches[0]\n";
```

○ 実行結果

```
に       ←「...」は 3 バイトにマッチ（UTF-8 の「に」は 3 バイト）
にほん   ←「...」が Unicode の 3 文字にマッチ
にほんご ← \x{n} 表現での「にほんご」にマッチ
```

10 x修飾子 パターン内で空白とコメントが利用可能となる

対応処理系

JavaScript	**Java**	**Perl**	**PHP**	**Python**	**.NET**
sed	grep	egrep	awk	vim	

正規表現のパターン内に空白やコメントを含められるようにします。これによって、複雑な正規表現を読みやすく記述できます。

x修飾子を利用すると、ブラケット表現内を除くすべての空白とタブ、及び「#」から行末の間の文字が無視されます。従って、「#」から行末までの間をコメントとして利用できるようになります。

「空白が無視される」と書きましたが、メタキャラクタを構成する文字の間の空白はメタキャラクタを破壊するため、注意しなければなりません。たとえば、「\1␣23」は8進エスケープの「\123」ではなく、後方参照「\1」と文字列「23」が連続したものとして解釈されることになります。

JavaではPattern.COMMENTSフラグ、.NETではRegexOptions.IgnorePatternWhitespaceオプション、Pythonではre.X(re.VERBOSE)フラグを指定することで、x修飾子と同じ処理を行わせることができます。Javaはブラケット表現内の空白も無視するため、ブラケット表現内で空白を利用したい場合は「\␣」のように記述しなければなりません。

［文例］

● x修飾子を利用すれば、複雑な正規表現も次のように記述できます。

```
([0-2]?[0-9]|30|31)   # 日付にマッチ
\s+                   # 1文字以上の空白
(\w{3})               # 3文字の単語構成文字
\s+                   # 1文字以上の空白
(\d{4})               # 4桁の数字
\s+                   # 1文字以上の空白の連続
(\d{2}:\d{2}:\d{2})   # 「hh:mm:ss」形式
```

11 A 修飾子 強制的に文字列先頭にマッチさせる

対応処理系

JavaScript	Java	Perl	**PHP**	Python	.NET
sed	grep	egrep	awk	vim	

A 修飾子が付与された場合、パターンの先頭に「^」が付与されたのと同じ状態になります。従って、指定されたパターンは検索対象となる文字列の先頭にのみマッチします。

PHP ではこのような状態のことを「anchored」と呼んでいます。

[文例]

● 「A 修飾子を利用すると、パターンは常に文字列の先頭にのみマッチします。

```
if (preg_match('/\d+/', 'abcd1234', $result)) {
  print "$result[0]\n";
} else {
  print "fail\n";
}
if (preg_match('/\d+/A', 'abcd1234', $result)) {
  print "$result[0]\n";
} else {
  print "fail\n";
}
```

○ 実行結果

```
1234
fail
```

12 D 修飾子 「$」を文字列の末尾にのみマッチさせる

対応処理系

JavaScript	Java	Perl	**PHP**	Python	.NET
sed	grep	egrep	awk	vim	

通常、「$」は文字列の末尾と、文字列末尾の直前にある行終端子の直前にマッチします。「$」が文字列末尾にしかマッチしないと、文字列の最後が行終端子で終わっている場合は「$」が文字列の最後にマッチしなくなってしまい、使い勝手が低下するためです。

D 修飾子を指定すると、「$」は文字列の末尾にのみマッチするようになります。D 修飾子が指定された場合の「$」の動作の変化は、「\Z」と「\z」の違いと同等です。

D 修飾子は、m 修飾子が指定された場合は無視されます。

[文例]

● D 修飾子を利用すると、「$」は文字列の末尾にのみマッチします。

```
if (preg_match('/\d+$/D', "abcd1234\n", $result)) {
  print "$result[0]\n";
} else {
  print "fail\n";
}

if (preg_match('/\d+\n$/D', "abcd1234\n", $result)) {
  print "$result[0]\n";
} else {
  print "fail\n";
}
```

○実行結果

```
fail
1234
```

13 U 修飾子 「欲張り」と「無欲」の役割を反転させる（PHP）文字クラスのマッチ対象を Unicode ベースにする（Java）

対応処理系

JavaScript	**Java**	Perl	**PHP**	Python	.NET
sed	grep	egrep	awk	vim	

この修飾子は、PHP と Java で異なる意味を持ちます。

PHP の U 修飾子は、「*」「+」のような「欲張りな量指定子」と、「*?」「+?」のような「無欲な量指定子」の役割を反転させます。U 修飾子が付与されると、「*」「+」は最短一致の原則に、「*?」「+?」は最長一致の原則に従って動作するようになります。この修飾子は、無欲な量指定子を頻繁に利用しなければならない場合に、正規表現そのものを簡潔に記述するために利用できます。

Java で U 修飾子（Pattern.UNICODE_CHARACTER_CLASS フラグ）を指定すると、各種の文字クラスが示す文字の範囲は Unicode のプロパティに基いて決定されるようになります。これは Perl/PHP の u 修飾子の挙動に相当するものであり、数字を表す \d や空白を表す \s は ASCII の範囲だけでなく、Unicode の一般カテゴリで「数字」や「空白」と定義されている文字にもマッチするようになります。

［文例］

● PHP の U 修飾子を利用すると、「*」や「+」が無欲に振舞います。

```
preg_match_all('/"(.*)"/U', '"data1" "data2"', $result);
print $result[1][0] . " / " . $result[1][1] . "\n";
preg_match_all('/"(.*?)"/U', '"data1" "data2"', $result);
print $result[1][0] . "\n";
```

○実行結果

```
data1 / data2      ←「"」で括られた中身がそれぞれ取り出された
data1" "data2      ←最初の「"」と最後の「"」の間が取り出された
```

14 X修飾子 PCREの付加機能を有効にする

対応処理系

JavaScript　Java　Perl　**PHP**　Python　.NET
sed　grep　egrep　awk　vim

Perlとは互換性のないPCRE（PHPが利用している正規表現ライブラリ）の機能を有効にします。現時点でのX修飾子の効果は、「\＋1文字」という表記の中で特別な意味を持たないものをエラーにするというものです。

「\s」や「\Z」はメタキャラクタとしての意味を持っていますが、「\q」はメタキャラクタとしての意味を持っていません。通常はPerl、PCREとも、このような文字はただ単に「q」として扱います。しかしX修飾子を付与すると、「\q」という表記はエラーとなります。

このような一見意味がないような機能が用意されているのは、現在は利用されていない「\＋1文字」を現時点から予約しておくためです。X修飾子が有効になっている正規表現であれば、仮に将来PCREが新しい「\＋1文字」というメタキャラクタを採用したとしても、正規表現そのものが本来の意図とは異なって解釈されることを防ぐことができます。

［文例］

● X修飾子を利用すると、「\q」などはエラーとなります。

```
if (preg_match('/\q+/', "question", $result)) {
  print "$result[0]\n";
}
if (preg_match('/\q+/X', "question", $result)) {
  print "$result[0]\n";
}
```

○ 実行結果

```
q
PHP Warning:  preg_match(): Compilation failed: ...
```

15 CANON_EQ フラグ 等価とみなされる文字を同じ文字としてマッチ

対応処理系

JavaScript **Java** Perl PHP Python .NET
sed grep egrep awk vim

Unicode 文字のマッチ処理において、標準等価（canonical equivalence）を有効にします。

Unicode では、ダイアクリティカルマーク付きの文字などを複数の方法で表現することが可能です。たとえば、「ô」は U+00F4 にマッピングされていますが、「U+006F U+0302」の 2 文字の組み合わせでも表現できます。「U+006F」は「o」、「U+0302」は「COMBINING CIRCUMFLEX ACCENT」（「^」のようなダイアクリティカルマークで、他の文字と組み合わせて使う）であり、組み合わせれば「ô」となるからです。

通常のマッチ処理では、「U+00F4」と「U+006F U+0302」が同一であるとはみなされません。しかし CANON_EQ を指定すると、このように「同じであるとみなされる」複数の形式を、同一の正規表現でマッチさせることが可能となります。このようなマッチ処理を、Java では「標準等価」と呼んでいます。

なお、このフラグに対応する修飾子表現はありません。

［文 例］

● 通常のマッチでは、「U+00F4」と「U+006F U+0302」は異なると判断されます。

```
String regex = "c\u00F4te";            ← 「ô」として U+00F4 を利用
String target = "c\u006F\u0302te";     ← 「ô」として「U+006F
                                          U+0302」の組み合わせを利用
Pattern p = Pattern.compile(regex);
System.out.println(p.matcher(target).matches());  ← 結果は「false」となる
```

● CANON_EQ を利用すると、同一だとみなされます。

```
String regex = "c\u00F4te";
String target = "c\u006F\u0302te";
Pattern p = Pattern.compile(regex, Pattern.CANON_EQ);
System.out.println(p.matcher(target).matches()); ← 結果は「true」となる
```

16 (?modifier)、(?-modifier) これ以降、指定した処理モードを利用する

対応処理系

JavaScript Java Perl PHP Python .NET
sed grep egrep awk vim

※ Python は「(?modifier)」のみサポート

正規表現の一部分の処理について、一時的に処理モードを変更するために利用する書式です。modifier にはモード修飾子を指定します。指定するモード修飾子は 1 つでも、複数でも構いません。

「(?modifier)」は、指定した処理モードを有効にした状態でこれ以降の処理を行わせます。対して「(?-modifier)」は、指定した処理モードを無効にした状態でこれ以降の処理を行わせます。

「<a (?i)href\s*=\s*(?-i)"#TOP"」では、「href」から「(?-i)」が登場するまでの範囲についてのみ大文字 / 小文字の区別が無視されます。ここでは「(?i)」で i 修飾子が一時的に有効、「(?-i)」で i 修飾子が無効となります。

「(?modifier)」と「(?-modifier)」は、必ずしも対で利用する必要はありません。「^id,(?i)test(?d),A.*$」は、「(?i)」以降の処理を大文字 / 小文字を無視するモードで、「:」以降はそれに加えて UNIX ラインモードで処理するように指定しています。

「(?modifier)」に指定可能な修飾子

「(?modifier)」に指定可能な修飾子は、処理系ごとに以下のようになっています。

▼「(?modifier)」に指定可能な修飾子

処理系	修飾子
Perl	i、m、s、x、a、u
Java	i、d、m、s、u、x、U
PHP	i、m、s、x、U、X
.NET	i、m、n、s、x

括弧内部での「(?modifier)」の利用

括弧(「(」「)」あるいは「(?:」「)」)内に記述された「(?modifier)」及び「(?-modifier)」の有効範囲は、その括弧内に限定されます。従って「(?:(?i)<a href\s*=\s*)"#TOP"」では、

「(?:」と「)」で括られた「<a href\s*=\s*」のみで大文字 / 小文字の違いが無視されます。

「(?modifier)」の有効範囲

一部の処理系では、括弧（「(」「)」あるいは「(?:」「)」）の外部に「(?modifier)」が置かれた場合、モード修飾子の効果が正規表現全体に適用されます。このような処理系では「(?i)」が括弧外部のどの位置に置かれたとしても、あたかも先頭に「(?i)」が置かれたかのように扱われます。

［文例］

● 「^id,(?i)test(?-i),」は、「id,test,」や「id,Test,」で始まる行にマッチします。

id,test,A3456,12345
id,TEST,B1223,487
ID,Test,C234,1389

id,test,A3456,12345
id,TEST,B1223,487
ID,Test,C234,1389

17 (?modifier:pattern)、(?-modifier:pattern) 指定した処理モードを部分正規表現に適用する（クロイスタ）

対応処理系

JavaScript / Java / Perl / PHP / Python / .NET / sed / grep / egrep / awk / vim

正規表現の一部分の処理について、一時的に処理モードを変更するための書式です。この書式は「クロイスタ（cloister)」と呼ばれています。クロイスタには後方参照用に部分正規表現をキャプチャする機能はありません。

modifier には、クロイスタの内部で有効にしたいモード修飾子を指定します。指定するモード修飾子は1つでも、複数でも構いません。また、「(?-i:pattern)」のように修飾子の前に「-」を付与した場合、クロイスタ内部では指定されたモードが無効となります。

「(?modifier:pattern)」という書式は、先に説明した「(?:(?modifier)pattern)」の略記法と考えられます。すなわち「(?:(?i)test)Case」は、「(?i:test)Case」と簡単に書き換えることができます。

ただし、「((?i)test)Case」のように「(」と「)」を使っているものを「(?i:test)Case」のように書き換えることはできません。「((?i)test)Case」では「((?i)test)」にマッチした内容が後方参照用にキャプチャされますが、「(?i:test)Case」の「(?i:test)」はキャプチャされないからです。

［文例］

● 「^id,(?i:test),」は、「id:test:」や「id:Test:」で始まる行にマッチします。

```
id,test,A3456,12345
id,TEST,B1223,487
ID,Test,C234,1389
```

↓

```
id,test,A3456,12345
id,TEST,B1223,487
ID,Test,C234,1389
```

18 y 修飾子 前回のマッチ位置の直後にしかマッチさせない

対応処理系

JavaScript / Java / Perl / PHP / Python / .NET / sed / grep / egrep / awk / vim

g 修飾子と似ていますが、正規表現は前回のマッチ位置の直後にしかマッチしません。ちょうど、正規表現文字列の先頭に Perl や Java の「\G」が付与されたのと同じように動作します。g 修飾子同様、y 修飾子は RegExp オブジェクトの lastIndex プロパティを使って前回のマッチ位置を把握します。

g 修飾子の場合、前回のマッチ位置以降にマッチする文字列があればマッチに成功します。一方 y 修飾子の場合、前回のマッチ位置の直後（「\A」に相当する位置）にマッチする文字列がなければ、マッチに失敗します。以下の例も参考にしてください。

［文例］

- カンマ区切りの文字列から、「英字から始まる語 (([a-zA-Z]\w+)」か「数字だけの語 (\d+)」のみを有効な項目として取り出すことを考えます。g 修飾子を利用した場合、条件に合わない項目「12a」を無視して次の項目「abc」にマッチします。

```
var target = "a123,456,12a,abc";
var re = /([a-zA-Z]\w+|\d+)\b,?/g;
while ((result = re.exec(target)) != null) {
  // マッチした内容と次のマッチ開始位置を出力
  console.log(result[1] + ": " + re.lastIndex);
}
```

↓

```
a123: 5
456: 9
abc: 16
```

- g 修飾子の代わりに y 修飾子を使うと、条件に合わない「12a」から開始する部分文字列に対するマッチを試すタイミングで、マッチに失敗します。

NEXT

```
var target= "a123,456,12a,abc";
var re = /([a-zA-Z]\w+|\d+)\b,?/y;
while ((result = re.exec(target)) != null) {
  console.log(result[1] + ": " + re.lastIndex);
}
```

↓

```
a123: 5
456: 9
```

19 a修飾子 ASCII文字のみのマッチングを行う

対応処理系

JavaScript	Java	**Perl**	PHP	**Python**	**.NET**
sed	grep	egrep	awk	vim	

POSIX文字クラス表現や\w、\s、\dといったメタキャラクタのマッチ範囲が、ASCIIの文字に限定されるようになります。我々が一般的に認識する「半角英数字」や「半角スペース」といった範囲にマッチ範囲を限定したい場合、この修飾子を利用してください。Pythonではre.A(re.ASCII)フラグがこれに対応します。

.NETではRegexOptions.ECMAScriptオプションを使うことでa修飾子相当の処理を行えます。このオプションは正規表現エンジンの挙動をECMAScript準拠にするためのものですが、これによって\w、\s、\dがASCIIの範囲に限定されるようになります。しかしこのオプションを指定した場合、ECMAScriptの正規表現にないメタキャラクタ(Unicodeプロパティの参照を行う「\p{}」など)は使えなくなる点に注意してください。

［文例］

● Unicode文字列を処理対象としている場合、Perlの「\d」はいわゆる「全角」の数字にもマッチします。

```
$target = "１２３４1234";
$target =~ s/\d+/--/;
print "$target\n";
```

↓

```
--
```

● a修飾子を付与すると、「\d」はASCIIの数字にのみマッチします。

```
$target = "１２３４1234";
$target =~ s/\d+/--/a;
print "$target\n";
```

↓

```
１２３４--
```

20 n 修飾子 名前付きキャプチャのみをキャプチャする

対応処理系

JavaScript	Java	Perl	PHP	Python	**.NET**
sed	grep	egrep	awk	vim	

名前付きキャプチャ（「(?< 名前 > パターン)」という形式）のみをキャプチャし、通常の「(」及び「)」を利用したパターンはキャプチャしません。RegexOptions.ExplicitCapture オプションによっても指定できます。

キャプチャを行わないグループ構成体としては「(?: パターン)」という記法がありますが、単純な「(」及び「)」に比べて書きやすさ / 分かりやすさは劣ります。この修飾子を指定すれば、キャプチャされることを意識せず「(」及び「)」をグルーピングの目的で利用できます。

［文例］

● ExplicitCapture フラグを指定しない場合、名前の有無にかかわらずキャプチャが行われます。

```
Regex regex = new Regex(@"(?<num>\d+)\s(\w+)");
string target = "123 abc";
Console.WriteLine(regex.Replace(target, "${num}:$1"));
```

```
123:abc
```

● ExplicitCapture フラグを指定すると、名前付きキャプチャのみがキャプチャされます。

```
Regex regex = new Regex(@"(?<num>\d+)\s(\w+)", RegexOptions.
    ExplicitCapture);
string target = "123 abc";
Console.WriteLine(regex.Replace(target, "${num}:$1"));
```

```
123:123
```
←「(\w+)」はキャプチャされない

01 \l、\u 次の文字を小文字／大文字として扱う

対応処理系

JavaScript　Java　**Perl**　PHP　Python　.NET
sed　grep　egrep　awk　vim

※ GNU sed では GNU 拡張

「\l」は次に現れる 1 文字を小文字として、「\u」は次に現れる 1 文字を大文字として解釈するように指示します。たとえば、「\lTest」は「test」に、「\utest」は「Test」にマッチします。

一般的に、「\l」及び「\u」は正規表現中の変数展開において変数の内容を一時的に変更するために利用します。変数 $str に「test」という文字列が格納されている場合、「\u$str」によって「Test」と解釈させるといったことができます。

置換文字列中での「\l」「\u」

「\l」及び「\u」は置換文字列中でも利用できます。置換文字列中では変数や置換対象文字列に加えて、後方参照に対しても適用可能です。

変数 $str に「test」という文字列が格納されている場合、「s/^/\u$str: /」は置換対象文字列の先頭を「Test: 」という文字列で置換します。また、「\1」が「test」と展開される場合、「\u\1」は「Test」に展開されます。

後方参照に対して「\l」「\u」が適用できるのは置換文字列中だけであり、マッチングパターン中では利用できない点に注意してください。「testTest」という文字列に「(test)\u\1」はマッチしません。

［文例］

● 変数 $property に「companyId」が格納されている場合、「\u$property」は「CompanyId」と解釈されます。

```
$property = "companyId";
$getter = "getCompanyId";
print "match.\n" if $getter =~ /get\u$property/;
```

○ 実行結果

```
match.
```

02 \Q ～ \E 範囲内のすべての文字をエスケープする

対応処理系

JavaScript	**Java**	**Perl**	**PHP**	Python	.NET
sed	grep	egrep	awk	vim	

「\Q」と「\E」で囲まれた範囲に含まれるすべてのメタキャラクタをエスケープします。イメージとしては、範囲内のすべてのメタキャラクタの前に自動的に「\」が付与されると考えればよいでしょう。

たとえば、「^\d+\Q.*\E\s*$」は「数字の連続に文字『.』及び『*』が続き、行末まで空白が続く」というパターンにマッチします。仮に「\Q」及び「\E」を利用しなかった場合は、「^\d+\.*\s*$」のように書かれることになります。

「範囲内のすべての文字をエスケープする」という機能は「\Q」が持っている機能であり、「\E」は単に「『\Q』やそれに類するメタキャラクタの有効範囲を終了させる」という意味を持っているだけです。従って「\Q」と「\E」は必ずしも対で利用する必要はなく、「\Q」単体で利用しても構いません。「\Q」を単体で利用した場合、「\Q」の有効範囲はパターンの最後までとなります。

「\Q」と変数展開

「\Q」と「\E」で囲まれた範囲で変数展開が行われる場合、変数展開のほうが優先されます。変数 $str に「\s*」という文字列が格納されている場合、「\Q$str\E」は「\$str」ではなく「\\s*」と解釈されます。つまり、「\Q」がエスケープする対象となるのは「$str」という文字列ではなく、変数 $str に格納されている文字列ということになります。

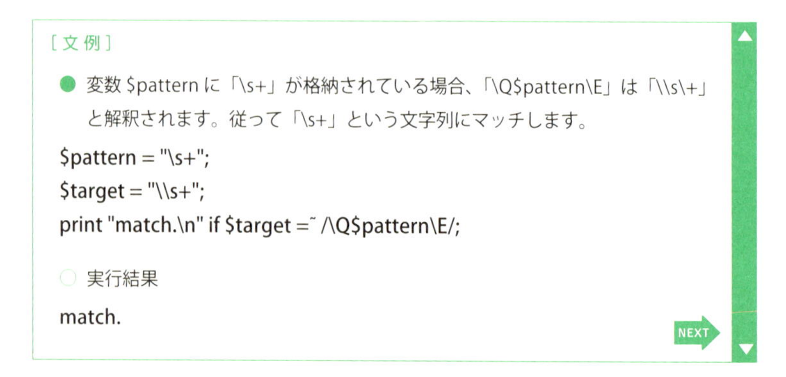
［文例］

● 変数 $pattern に「\s+」が格納されている場合、「\Q$pattern\E」は「\\s\+」と解釈されます。従って「\s+」という文字列にマッチします。

```
$pattern = "\s+";
$target = "\\s+";
print "match.\n" if $target =~ /\Q$pattern\E/;
```

○ 実行結果

```
match.
```

NEXT

03-09 変換とエスケープ

● 「$」は変数展開に利用されるため、「\Q」によるエスケープの対象とはなりません。

```
$target = '$withdoller';
print "fail.\n" unless $target =~ /\Q$withdoller\E/;
print "match.\n" if $target =~ /\$withdoller/;
```

○ 実行結果

```
fail.
match.
```

03 \L ～ \E、\U ～ \E 範囲内のすべての文字を小文字 / 大文字として扱う

対応処理系

JavaScript	Java	**Perl**	PHP	Python	.NET
sed※	grep	egrep	awk	vim	

※ GNU sed では GNU 拡張

「\L」はこれ以降のすべての文字を小文字として、「\U」は大文字として解釈するように指示します。

「\Q」～「\E」と同様、「範囲内のすべての文字を小文字として扱う」は「\L」が、「範囲内のすべての文字を大文字として扱う」は「\U」が持っている機能であり、「\E」には「『\L』や『\U』の有効範囲を終了させる」という意味しかありません。従って「\L」や「\U」を単独で利用した場合の有効範囲は、パターンの最後までとなります。

「\l」「\u」同様、「\L」「\U」の真価は変数展開において発揮されます。変数 $str に「Test」という文字列が格納されている場合、「\U$str\L」は「TEST」として、「\L$str\E」は「test」として解釈されます。

置換文字列中での「\L」「\U」

「\l」「\u」と同様、「\L」及び「\U」は置換文字列中でも利用できます。置換文字列中では変数や文字列に加えて、後方参照に対しても適用可能です。

変数 $str に「test」という文字列が格納されている場合、「s/^/\U$str: /」は置換対象文字列の先頭を「TEST: 」という文字列で置換します。また、「\1」が「TEST」と展開される場合、「\L\1」は「test」に展開されます。

後方参照に対して「\L」「\U」が適用できるのは置換文字列中だけであり、マッチングパターン中では利用できない点に注意してください。

[文例]

● 変数 $str の値が「TB_」の場合、「\L$str\E」は「tb_」と解釈されます。

```
$str = "TB_";
$target = "tb_employee";
print "match.\n" if $target =~ /\L$str\Eemployee/;
```

○ 実行結果

```
match.
```

01 (?# comment) 正規表現中のコメント

対応処理系

JavaScript / Java / **Perl** / **PHP** / **Python** / .NET
sed / grep / egrep / awk / vim

「埋め込みコメント構文」と呼ばれる記法であり、「(?#」と「)」で括られた範囲をコメントとして無視します。たとえば「[\s\d]+(?# コメント):\w*」は「[\s\d]+:\w*」と同一の正規表現です。

「(?# comment)」をサポートする処理系の大多数はx修飾子もサポートしていますので、正規表現中にコメントを埋め込む場合はx修飾子を利用することが普通です。しかし、複雑な正規表現の一部分だけを一時的に無効にしたいといったケースでは、「(?# comment)」記法を利用するほうが手軽かもしれません。

[文例]

● 正規表現中にコメントを入れる例です。

```
\d{4}(?# 年にマッチ )\s+\d{1,2}(?# 月にマッチ )
```

↑「\d{4}+\s+\d{1,2}」と同じ正規表現

注意

「(?# comment)」を入れ子にして利用することはできません。

02 (?{code}) 埋め込まれたコードを実行する

対応処理系

JavaScript Java **Perl** PHP Python .NET
sed grep egrep awk vim

code部分に記述された内容を、Perlスクリプトの断片として実行します。このように正規表現中に埋め込まれたスクリプトの断片を「埋め込みコード」と呼ぶため、「(?{code})」は「埋め込みコード構文」と呼ばれることがあります。

埋め込みコードは正規表現のデバッグや検証の際に重宝します。特に、「$&」などの特殊変数を出力するようにすると、正規表現の処理がどのように進んでいるかを目で見ることができるため、複雑な正規表現の検証には役立つでしょう。

埋め込みコードでよく利用される特殊変数としては、以下のようなものがあります。

▼埋め込みコードでよく利用される特殊変数

特殊変数	意味
$`	マッチした文字列の直前の文字列
$&	マッチした文字列
$'	マッチした文字列の直後の文字列

[文例]

● 文字列「12ab34cd56ef78gh」に対して「s/\d+/-/g」を適用した場合の経過を出力します。マッチに成功する都度「$`」「$&」「$'」を出力して、マッチ部分を明示するようにしています。

```
$str = '12ab34cd56ef78gh';
$str =~ s/\d+(?{print "$` : $& : $'\n";})/-/g;
```

○ 実行結果

```
 : 12 : ab34cd56ef78gh
12ab : 34 : cd56ef78gh
12ab34cd : 56 : ef78gh
12ab34cd56ef : 78 : gh
```

参考

後述する「(??{code})」とは異なり、埋め込みコード構文の返却値が正規表現内部で利用されることはありません。ただし条件構文（「(?(condition)yes-pattern)」）の条件式として埋め込みコード構文を利用した場合は、埋め込みコード構文が返す結果がtrue/falseのいずれかとして解釈され、その解釈に基づいて条件分岐が行われます。

なお、埋め込みコード構文の結果は特殊変数「$^R」によって参照することが可能です。

03 (??{code}) 埋め込まれたコードを実行し、その結果を正規表現として使用

対応処理系

JavaScript	Java	**Perl**	PHP	Python	.NET
sed	grep	egrep	awk	vim	

code 部分に記述された内容を Perl スクリプトの断片として実行し、その結果を正規表現の一部分として利用します。このように「正規表現の処理中に正規表現を生成し、それを即座に適用する」という方法を「動的正規表現」と呼ぶため、「(??{code})」は「動的正規表現構文」と呼ばれることがあります。

動的正規表現構文は、正規表現単体では不可能な処理を実現するための最終的な手段として利用されることがあります。

［文例］

● 「^(.)\s+(??{ord($1)})」は、先頭の 1 文字と、当該文字の ASCII 値が空白で区切られたパターンにマッチします。「ord()」は、指定された文字の ASCII 値を返す Perl の関数です。

```
a␣97    ← 文字「a」の ASCII 値は「97」
Q␣81    ← 文字「Q」の ASCII 値は「81」
:␣55    ← 文字「:」の ASCII 値は「58」（この行は誤り）
```

```
a␣97
Q␣81
:␣55
```

04 [a-z&&[bc]] ブラケット表現内での集合演算

対応処理系

JavaScript **Java** Perl PHP Python .NET
sed grep egrep awk vim

Javaのブラケット表現では、ブラケット表現の入れ子が可能です。また、ブラケット表現内部でのみ利用可能なメタキャラクタとして、「&&」が用意されました。この2つの手段を利用すると、以下のような集合演算が利用できます。

結合 (union)

2つの文字集合の和を取る演算で、「[集合1[集合2]]」として定義します。「[a-d[m-p]]」は「aからd」と「mからp」を結合したもので、その意味は「a-d及びm-p」となります。もっとも、通常の処理系でもこれは単に「[a-dm-p]」と記述できます。

減算 (subtraction)

2つの文字集合の差を取る演算で、「[元の集合&&[^差し引く集合]]」として定義します。「[a-f&&[^bc]]」は「aからf」の文字集合から、bとcの2つの文字を除く文字集合となります。従って結果は「[adef]」と同等です。

交差 (intersection)

2つの文字集合の共通部分を取り出す演算で、「[集合1&&[集合2]]」として定義します。「[a-p&&[n-z]]」は文字集合「aからp」と文字集合「nからz」の両方に含まれる文字となります。従って結果は「[nop]」と同等です。

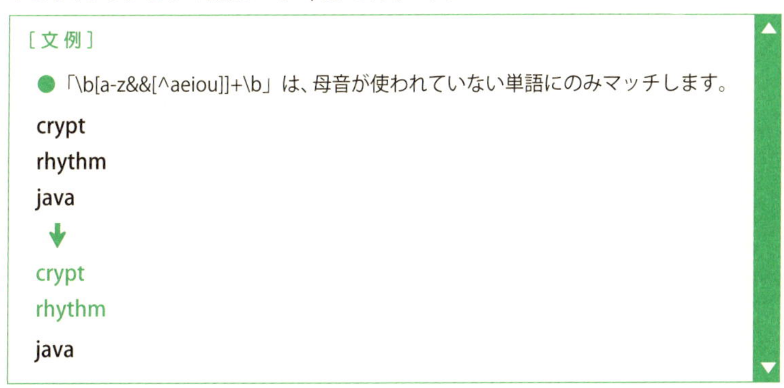

05 vim 独自の文字クラス

対応処理系

- [:return:]

JavaScript Java Perl PHP Python .NET sed grep egrep awk **vim**

- [:tab:]

JavaScript Java Perl PHP Python .NET sed grep egrep awk **vim**

- [:escape:]

JavaScript Java Perl PHP Python .NET sed grep egrep awk **vim**

- [:backspace:]

JavaScript Java Perl PHP Python .NET sed grep egrep awk **vim**

vim には他の処理系にはない、さまざまな独自の文字クラスが定義されています。これらは POSIX 文字クラス表現と同様に利用することができます。

▼ vim 独自の文字クラス

文字クラス	処理系	意味	等価な表現
[:return:]	vim	復帰（CR）文字にマッチ	\r
[:tab:]	vim	タブ（HT）文字にマッチ	\t
[:escape:]	vim	エスケープ（ESC）文字にマッチ	\e
[:backspace:]	vim	バックスペース（BS）文字にマッチ	\b

06 vim独自の文字クラスエスケープ

対応処理系

JavaScript Java Perl PHP Python .NET sed grep egrep awk **vim**

vimでは、以下のようなさまざまな文字クラスエスケープが利用できます。これらの文字クラスエスケープは、ブラケット表現内では利用できません。

▼ vim独自の文字クラスエスケープ

文字クラスエスケープ	意味
\i	識別子に使える文字（オプションisidentの設定値）
\I	\iから数字を除いたもの
\k	キーワードとなる文字（オプションiskeywordの設定値）
\K	\kから数字を除いたもの
\f	ファイル名に使える文字（オプションisfnameの設定値）
\F	\fから数字を除いたもの
\p	印字可能な文字（オプションisprintの設定値）
\P	\pから数字を除いたもの
\x	16進表現に利用可能な文字（[0-9A-Fa-f]）
\X	\x以外の文字（[^0-9A-Fa-f]）
\o	8進表現に利用可能な文字（[0-7]）
\O	\o以外の文字（[^0-7]）
\h	単語の先頭として利用可能な文字（[A-Za-z_]）
\H	\h以外の文字（[^A-Za-z_]）
\a	アルファベット（[A-Za-z]）
\A	\a以外の文字（[^A-Za-z]）
\l	アルファベットの小文字（[a-z]）
\L	\l以外の文字（[^a-z]）
\u	アルファベットの大文字（[A-Z]）
\U	\u以外の文字（[^A-Z]）

07 \& 両方の選択肢にマッチした場合のみマッチ

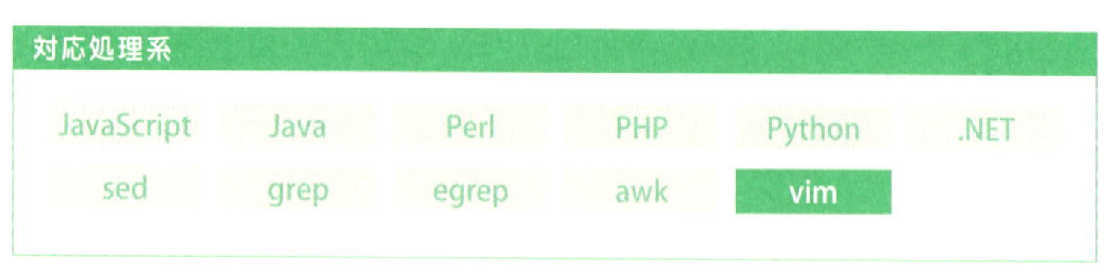

「&」を選択肢の区切りとみて、選択肢の両方にマッチした場合にマッチしたとみなします。

「forever\&...」は「forever」の「for」にはマッチしますが、「fortune」の「for」にはマッチしません。左側では「forever」が指定されていますが、「fortune」は「forever」にはマッチしないからです。

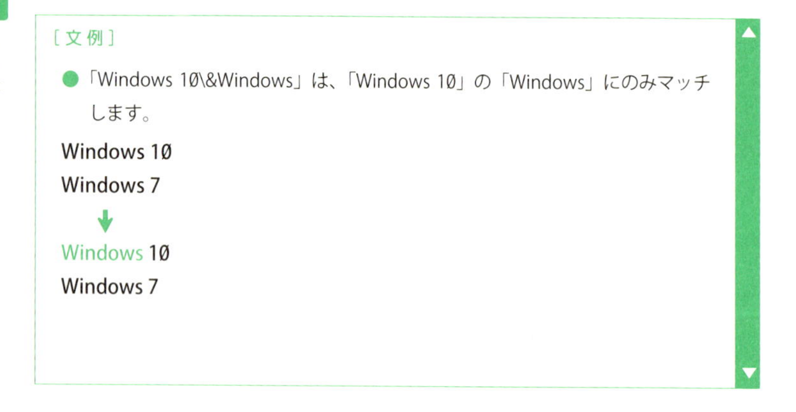

08 & マッチした内容に対する後方参照

対応処理系

JavaScript	Java	Perl	PHP	Python	.NET
sed	grep	egrep	**awk**	**vim**	

正規表現がマッチした内容全体に展開されます。通常の「\1」のような後方参照とは異なり、置換文字列内でのみ利用可能です。

awk での利用範囲について

awk では、「&」は各種置換関数（sub/gsub/gensub）の内部でのみ利用できます。

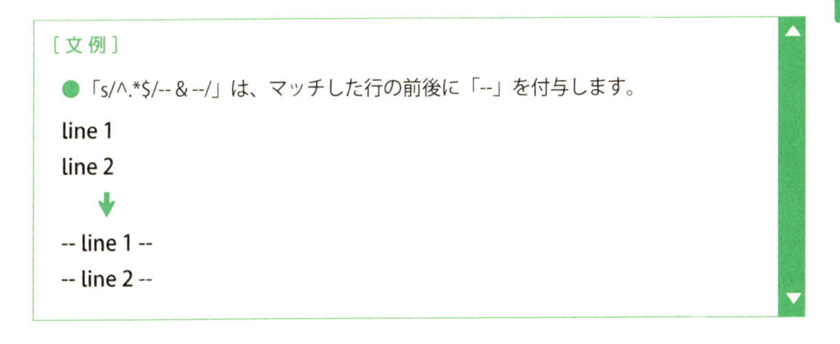

09 \R、\N 各種の改行にマッチ / 改行以外の文字にマッチ

対応処理系

JavaScript	Java	Perl	PHP	Python	.NET
sed	grep	egrep	awk	vim	

※ Java は「\R」のみサポート

「\R」は各種の改行（「\v」に相当）に加えて、復帰と改行の連続（「\r\n」）にもマッチするメタキャラクタです。

「\R」は単一の文字ではなく、「\r\n」という 2 文字にマッチする可能性がある特別な表現である点に注意してください。従って「\R」はブラケット表現の内部では利用できません。ブラケット表現の内部で利用できるのは 1 文字を示すメタキャラクタ、あるいは特定の文字そのものだけだからです。

「\N」は「\n」の否定で、改行（LF）以外の全ての文字にマッチします。Perl では「\N」が Unicode 文字名の表現にも利用されるため、ブラケット表現内部では利用できません。

10　vim 独自のメタキャラクタ

対応処理系

JavaScript	Java	Perl	PHP	Python	.NET
sed	grep	egrep	awk	**vim**	

vim には他の処理系にはない、独自のメタキャラクタがいくつか用意されています。

\%[...] … 任意にマッチするアトム列

「\%[...]」内の文字列に対する最長一致を行います。たとえば、「r\%[ead]」は「r」「re」「rea」「read」にマッチします。Perl で記述すると「r(e(ad?)?)?」に相当します。

\zs … 肯定の戻り読み

「\zs」の直前に置かれたパターンが左側に存在する場合にマッチします。一般的な処理系での「(?<=Microsoft␣)\zsWord」は、\ze を使うと「Microsoft␣\zsWord」とシンプルに書けます。

\ze … 肯定の先読み

「\ze」に続くパターンが右側に存在する場合にマッチします。一般的な処理系での「Microsoft␣(?=Word)」は、\ze を使うと「Microsoft␣\zeWord」とシンプルに書けます。

04
逆引きリファレンス
基本編

01 文字「a」が連続している部分にマッチさせたい

1 a* …… すべての処理系（0 回以上の連続）
2 a+ …… sed/grep/vim 以外（1 回以上の連続）
3 a\+ …… GNU sed/GNU grep/vim（1 回以上の連続）

特定の文字やパターンが連続していることを示すには、「量指定子」と呼ばれるメタキャラクタを利用します。もっとも基本的な量指定子は「*」で、直前の文字あるいはパターンの 0 回以上の連続を示します。

「*」について初心者がよく犯す間違いは、「*」がそれ単体で任意の文字の連続を示すと勘違いしてしまうことです。Windows や UNIX 系 OS のコマンドラインでファイルを指定する際のワイルドカード文字「*」とは異なり、「*」の直前には何らかの文字あるいはパターンが必要です。コマンドラインでの「*.txt」は「何らかの文字が連続し、最後に『.txt』という拡張子を持つファイル」を意味しますが、正規表現での「*.txt」は一般的には誤りです（多くの処理系ではエラーになりますし、一部の処理系では「*」という文字そのものに任意の 1 文字が続き、最後に「txt」という文字列が続くパターンにマッチします）。

もしコマンドラインの「*.txt」と同じ意味を示したければ、「.*\.txt」としなければなりません。「.*」は「任意の文字の連続」（「.」は任意の一文字にマッチするメタキャラクタ）を、「\.」はメタキャラクタである「.」を「\」でエスケープすることによって「.」という文字そのものを表現しています。

「*」は 0 回以上の連続を示すメタキャラクタですので、「a*」は「a」が 1 文字もない場合でもマッチします。1 文字でも「a」が存在することを保証したければ「aa*」と記述するか、「1 回以上の連続」を示すメタキャラクタ「+」を使って「a+」と記述する必要があります。

「+」は基本正規表現には含まれていないため、基本正規表現を利用する sed/grep/vi では利用できません。ただし、GNU sed/GNU grep/vim では独自拡張記法である「\+」を利用して、「+」と同じ概念を示すことができます。

参照

* 直前の正規表現と 0 回以上一致→ P.120
+、\+ 直前の正規表現と 1 回以上一致→ P.135

02 「a」が5回続いた文字列にマッチさせたい

1 a{5} ………… sed/grep/vim/GNU awk 以外
2 a\{5\} ………… sed/grep/GNU awk
3 a\{5} ………… vim

特定の文字やパターンが連続する回数を明示的に指定したい場合は、「{n}」という記法を利用します。「{n}」は「*」や「+」と同じ「量指定子」と呼ばれるメタキャラクタで、n に指定した数字と同じ数だけの連続を意味します。「a{5}」は「a」が 5 回連続した文字列、つまり「aaaaa」にマッチする正規表現です。

連続の回数が特定の範囲を持っている場合は、「m 回以上 n 回以下の連続」という意味の「{m,n}」を利用します。「a{3,5}」は「a」の 3 回から 5 回の連続なので、「aaa」「aaaa」「aaaaa」にマッチします。

「{m,}」のように終了範囲を明示しなかった場合は、「m 回以上の連続」という意味になります。「a{5,}」は「a」の 5 回以上（無制限）の連続を意味します。この記法を利用すれば、「*」は「{0,}」、「+」は「{1,}」と表現することができます。

表記上の注意

- 「{m,n}」は sed/grep では「\{m,n\}」のように、vim では「\{m,n}」のように記述される
- 「{m,n}」は拡張正規表現には含まれていないため、egrep 及び awk では利用できない。ただし、GNU egrep では独自の拡張により、「{m,n}」記法が利用可能。また、GNU awk では独自のオプション「--re-interval」を指定すると、「\{m,n\}」という記法が利用可能になる

参照

{min,max}?、\{-min,max\}　直前の正規表現と指定回数一致→ P.160

03 「Java SE」あるいは「JavaSE」にマッチさせたい

1 Java␣?SE ………… sed/grep/vim 以外
2 Java␣\?SE ………… GNU sed/GNU grep/vim
3 Java␣\=SE ………… vim

「Java SE」と「JavaSE」のように、特定の文字（ここでは空白）やパターンがあってもなくてもよいことを示すには、メタキャラクタ「?」を利用します。「?」は「直前の文字の0回あるいは1回の繰り返し」を示すメタキャラクタであり、「{m,n}」記法では「{0,1}」に相当します。

この例での「Java ?SE」は、「Java」と「SE」の間に空白があってもなくてもよいことを示しています。従って「Java ?SE」は「Java SE」にも「JavaSE」にもマッチします。

「?」は各種の表記のゆらぎに対応するためによく利用されます。「book」と「books」のように、英単語の単数形と複数形を同一視するような場合には「books?」のようにします。また「コンピュータ」と「コンピューター」や、「color」と「colour」のような場合は、それぞれ「コンピューター?」や「colou?r」のようにすれば対応できます。

「?」は基本正規表現には含まれていないため、基本正規表現を利用するsed/grep/viでは利用することはできません。ただし、GNU sed/GNU grepでは独自拡張記法である「\?」を利用して、「?」と同じ概念を示すことができます。また、vimでは「\?」に加えて、同様の意味を持つ「?=」というメタキャラクタを利用することもできます。

参照

?、\?、\=　直前の正規表現と0回または1回一致→ P.137

04 「boy」あるいは「girl」にマッチさせたい

1	boy|girl	sed/grep/vim 以外
2	boy\\\|girl	GNU sed/GNU grep/vim

「複数の文字列のいずれか 1 つにマッチする」というパターンを表現するには、メタキャラクタ「|」を利用します。ここで挙げた「boy|girl」は、「boy」あるいは「girl」のいずれかにマッチする正規表現です。

文字列が 2 つ以上あるときは、マッチの候補となる文字列を「|」で区切って列挙します。「Windows」「macOS」「Linux」のいずれかを表現したければ、「Windows|macOS|Linux」と記述することになります。

「|」を利用する際は「空白も文字である」点に注意してください。「Windows 7|10」というパターンを見た際、我々は直感的に「『Windows』に続いて『7』か『10』が続くパターン」を連想しますが、実際には「Windows 7」か「10」を示しています。

先のパターン中の空白を「_」という文字に変えた「Windows_7|10」というパターンであれば、素直に「Windows_7」か「10」と判断することができるでしょう。空白も「|」の選択肢を構成する文字であることに気がつけば、このような誤解は簡単に解消できるはずです。

「|」は基本正規表現には含まれていないため、sed/grep/vi では利用できません。しかし GNU sed/GNU grep/vim では、独自拡張の記法である「\|」を利用して、「|」と同じ概念を示すことができます。

表記上の注意

x|y、x\|y　正規表現 x または y にマッチ→ P.133

05 「.」そのものにマッチさせたい

1 \. ……………… すべての処理系
2 \Q.\E ……………… Perl/Java/PHP

「.」や「^」のようにメタキャラクタとして扱われる文字そのものにマッチさせたい場合は、そのメタキャラクタの前に「\」を付与します。「\」を付与すると後続のメタキャラクタはメタキャラクタとしての意味を失いますが、これは「メタキャラクタのエスケープ」と呼ばれます。

「\d」のように 2 文字からなるメタキャラクタは、「\\d」のように記述します。また、「\」そのものをエスケープしたい場合は「\\」とする必要があります。

「\」はどのような処理系でも利用可能な汎用のエスケープ方法ですが、パターン中に含まれる複数のメタキャラクタをすべてエスケープしたい場合、「\」だけでは多少大変です。Perl/Java/PHP が用意している「\Q ～ \E」という記法を利用すれば、「\Q」から「\E」まで（「\E」がない場合はパターンの最後まで）の間に含まれるメタキャラクタを、すべてエスケープすることができます。

また、grep ファミリーの 1 つである fgrep は、正規表現を一切解釈しません。fgrep では、すべてのメタキャラクタはメタキャラクタではなく、通常の文字として扱われます。

［文例］

● 「B.C.」の場合

BACH B.C. ←「B.C.」は「BACH」にも「B.C.」にもマッチする

● 「B\.C\.」の場合

BACH B.C. ←「\.」とすると、「.」は「.」自身にしかマッチしない

● 「\QB.C.\E」の場合

BACH B.C.

表記上の注意

\ メタキャラクタの持つ特別な意味を失わせる → P.109

\Q ～ \E 範囲内のすべての文字をエスケープする → P.226

06　ある文字列から始まる行にマッチさせたい

^abc.*$ ……… すべての処理系

指定したパターンが、検索対象行の行頭に存在する場合にのみマッチするということを示したければ、そのパターンの先頭に「^」を付与します。

「^」は「^」という文字そのものではなく、行の先頭を示すメタキャラクタです。「行の先頭」とは「行の先頭に存在する空文字列」という意味ですので、文字が1文字も含まれていない行（長さ0の行）にも「行の先頭」は存在します。

このサンプルでは正規表現を行全体にマッチさせるため、「.*$」というパターンを末尾に付与しています。「$」は行の末尾を意味するメタキャラクタ、「.*」は「任意の文字の0文字以上の連続」を意味する定型句であり、これによって「^abc.*$」は「文字列abcに続いて、行の末尾まで任意の文字が連続する文字列」、つまり「文字列abcから始まる行全体」を意味することになります。もし「.*$」というパターンがなければ、行頭の「abc」にマッチした時点でマッチ処理は終了してしまいます。

参考

複数の行を単一の文字列として処理する場合など、文字列の内部に改行に代表される「行終端子」が含まれるケースもあります。このような場合、文字列中の行終端子の直後が「行頭」として解釈されるかどうかは、処理のモードに依存します。

「マルチラインモード」と呼ばれるモードを指定すると、「^」が文字列中の行終端子の直後にもマッチするようになります。マルチラインモードで処理を行うには、PerlやJavaScriptではm修飾子を、JavaではPattern.MULTILINEフラグを指定します。

［文例］

● マルチラインモードでは、「^P」は次のような場所にマッチします。

Perl ⏎ PHP ⏎ Java ⏎ sed ⏎ awk ⏎ grep

参照

$　文字列の末尾、または行終端子の直前にマッチ→ P.124
^　文字列の先頭、または行終端子の直後にマッチ→ P.125
m修飾子　マルチラインモードにする→ P.206

07 ある文字列で終わる行にマッチさせたい

^.*abc$ ……………………………………………… すべての処理系

指定したパターンが、検索対象行の末尾に存在する場合にのみマッチするということを示したければ、そのパターンの末尾に「$」を付与します。

「$」は「$」という文字そのものではなく、行の末尾を示すメタキャラクタです。「行の末尾」とは「行の末尾に存在する空文字列」という意味ですので、文字が1文字も含まれていない行（長さ0の行）にも「行の末尾」は存在します。

このサンプルは「ある文字列から始まる行にマッチ」と同様、行全体にマッチさせるために「^.*」というパターンを先頭に付与しています。もし「^.*」がなければ、「abc$」は行末にある「abc」という部分にしかマッチしません。

参考

行末という概念を考える際、行の最後に改行に代表される「行終端子」があるかないかによって、「$」の挙動が異なるのではと心配される方もおられるかもしれません。しかし「$」は行末に行終端子があろうがなかろうが、行の末尾にマッチします。「abc ↵」という文字列には、「^abc\n$」も「^abc$」も同じようにマッチします。

また、マルチラインモードでは「^」同様、「$」は文字列中の行終端子の直前にもマッチします。

［文例］

● マルチラインモードでは、「[xX]$」は次のような場所にマッチします。

Linux ↵ AIX ↵ Ultrix ↵ IRIX

08 文字列の先頭/末尾にマッチさせたい

1 \A ……………… Perl/PHP/Java/.NET/Python(文字列の先頭)
2 \Z ……………… Perl/PHP/Java/.NET(文字列の末尾)
3 \z ……………… Perl/PHP/Java/.NET/Python(\Z)(文字列の末尾)

マルチラインモードの場合、「^」及び「$」は文字列中の行終端子の前後にもマッチしてしまいます。マルチラインモードでも文字列の先頭あるいは末尾にのみマッチさせたい場合は、「^」の代わりに「\A」、「$」の代わりに「\Z」を利用します。

「\A」は、文字列の先頭にはマッチしますが、行終端子の直後にはマッチしないというメタキャラクタです。マルチラインモードの場合の「^P」と「\AP」の違いについては、以下の例を参照してください。

[文例]

● 「^P」の場合

Perl ↵ PHP ↵ Java ↵ sed ↵ awk ↵ grep

● 「\AP」の場合

Perl ↵ PHP ↵ Java ↵ sed ↵ awk ↵ grep

「\Z」は、文字列の末尾にはマッチしますが、行終端子の直前にはマッチしないというメタキャラクタです。マルチラインモードの場合の「[xX]$」と「[xX]\Z」の違いについては、以下の例を参照してください。

[文例]

● 「[xX]$」の場合

Linux ↵ AIX ↵ Ultrix ↵ IRIX

● 「[xX]\Z」の場合

Linux ↵ AIX ↵ Ultrix ↵ IRIX

「\Z」は「$」同様、文字列の最後に行終端子が存在した場合でも、文字列の末尾を認識します。これに対して「\z」は、文字列の末尾に行終端子が存在した場合、それを文字列の末尾とはみなしません。文字列末尾に行終端子がある場合に「[xX]\z」を機能させるには、「[xX]\n\z」のように明示的に行終端子（ここでは改行）の存在を知らせる必要があります。

注意

Python の「\Z」は、他の処理系の「\z」相当の挙動を示します。

参照

\A　文字列の先頭にマッチ→ P.172
\Z　文字列の末尾、あるいは文字列の末尾の行終端子の直前にマッチ→ P.173
\z　文字列の末尾にマッチ→ P.175
m 修飾子　マルチラインモードにする→ P.206

09 英数字にマッチさせたい

1	[A-Za-z0-9]	すべての処理系
2	[[:alnum:]]	Java/JavaScript/Python/.NET 以外
3	\p{Alnum}	Java

「[」と「]」によって表現される「ブラケット表現」は、「複数の文字の中のいずれか1文字」を示します。たとえば、「[abc]」は「a、b、cのいずれかの文字にマッチ」を意味する正規表現となります。

マッチの候補としたい文字が大量にある場合、「[ABCDEFGH…]」のようにすべての文字を列挙するのは大変です。そこでブラケット表現の内部では、「-」を利用した範囲の指定が可能となっています。「[A-Z]」は「AからZまでのすべての文字」を、「[0-9]」は「0から9までのすべての数字」を意味します。これらを組み合わせれば、英数字にマッチする正規表現は「[A-Za-z0-9]」のように記述できます。

大多数の処理系は、「POSIX文字クラス表現」という記法もサポートします。POSIX文字クラス表現とは、特定の文字集合中に含まれる任意の1文字にマッチするメタキャラクタだと考えればよいでしょう。ここで挙げた「英数字」(アルファベット大文字/小文字と数字)には、「[:alnum:]」が対応します。POSIX文字クラス表現はブラケット表現内部で利用する必要があるため、最終的には「[[:alnum:]]」と記述することになります。

JavaはPOSIX文字クラス表現をサポートしていませんが、Unicodeプロパティを表現するための記法「\p{}」を流用して、同様の概念を示すことができます。POSIX文字クラス表現「[:alnum:]」に対応する表現は、「\p{Alnum}」となります。

参考

修飾子やフラグの指定によっては、Perl/PHPのPOSIX文字クラス表現、及びJavaの\p{Alnum}はいわゆる「全角」の英数字にもマッチする可能性がある点に注意してください。本当にASCIIの英数字だけにマッチさせたい場合は、「[A-Za-z0-9]」を使う必要があります。

参照

[xyz] 指定された文字の中のいずれかにマッチ→ P.114
[:...:] POSIX文字クラス表現→ P.128
\p{…}、\P{…} Unicodeプロパティに基づく条件に合致する文字にマッチ→ P.154

10 数字にマッチさせたい

1 [0-9] ……………… すべての処理系
2 \d ……………… sed/awk/grep/egrep/Python/.NET 以外
3 [[:digit:]] ……………… Java/JavaScript/Python/.NET 以外
4 \p{Digit} ……………… Java

ブラケット表現を利用して「[0-9]」と記述すれば、任意の数字1文字にマッチさせることができます。また、Perlなど多くの処理系には「[0-9]」同様の意味を持つ「\d」というメタキャラクタが用意されており、正規表現をより簡潔に記述することが可能です。

「\d」が利用できない処理系では、数字を表すPOSIX文字クラス表現「[:digit:]」を使います。また、Javaにはこれに相当する表現として「\p{Digit}」が定義されています。

参考

通常、「\d」はASCIIの数字だけにマッチします。しかし以下の場合、「\d」はいわゆる「全角」の数字にもマッチします。

- Perl: 処理対象がUnicode文字列で、かつa修飾子（ASCII文字のみのマッチング）を指定しなかった場合
- PHP: u修飾子（UTF-8サポートの有効化）が指定された場合
- Java: Pattern.UNICODE_CHARACTER_CLASS（文字クラスのUnicodeバージョンを利用）が指定された場合
- Python: 処理対象がUnicode文字列の場合
- .NET: RegexOptions.ECMAScriptを指定しなかった場合

これは、これらの処理系の「\d」がUnicodeの一般カテゴリNd（さまざまな言語における0から9の数字を示す）にマッチするように定義されているためです。一般カテゴリNdには全角数字以外にも、世界中の様々な言語（タミル語、チベット語、タイ語など）で数字とみなされる文字が含まれています。

参照

[xyz]　指定された文字の中のいずれかにマッチ→ P.114
[:...:]　POSIX文字クラス表現→ P.128
\d、\D　任意の数字にマッチ／数字以外の任意の1字にマッチ→ P.138

11 空白にマッチさせたい

1 [[:space:]] / [[:blank:]] ………… Java/JavaScript/Python/.NET 以外
2 \p{Space} / \p{Blank} ………… Java
3 [␣\f\n\r\t\v] / [␣\t] ………… すべての処理系（一部例外あり）
4 \s ………… sed/awk/grep/egrep/Python/.NET 以外

コンピュータ上では、「空白」という概念は大きく「ブランク」と「スペース」の２つに分けられます。

ブランクは我々の眼に見える具体的な間隙で、これには「スペース」（U+0020）と「タブ」の２つがあります。一方、スペースにはこれに加えて復帰（CR）、改行（LF）、やフォームフィード（FF）、垂直タブ（VT）も含まれます。

ブランクを表現するには、POSIX 文字クラス表現の「[:blank:]」を利用します。Java では POSIX 文字クラス表現は利用できませんが、これに対応する記法として「\p{Blank}」が用意されています。また、ブラケット表現で記述する場合は「[␣\t]」とします。

スペースの表現には、POSIX 文字クラス表現の「[:space:]」（Java では「\p{Space}」）を利用します。ブラケット表現は「[␣\f\n\r\t\v]」となりますが、一部の処理系では「\v」（U+000B、垂直タブ）や「\f」（U+000C、フォームフィード）は利用できません。このような場合は 16 進エスケープ表記を利用して、「[␣\x0C\n\r\t\x0B]」などと記述します。

Perl をはじめとする多くの処理系では、より簡潔な表現として「\s」が利用できます。「\s」はスペースを表現するメタキャラクタですが、処理系によって含まれる文字が多少異なっています。処理系ごとに「\s」がどのように解釈されるかについては P.149 にまとめてあります。

参考

Perl/PHP/Java ではブランクを簡潔に表現する「\h」が利用できます。

参照

[xyz]　指定された文字の中のいずれかにマッチ→ P.114
[:...:]　POSIX 文字クラス表現→ P.128
\s、\S　任意の空白にマッチ／空白以外の任意の文字にマッチ→ P.140
\h、\H　任意の水平方向の空白にマッチ／水平方向の空白以外の任意の１字にマッチ→ P.145

12 「book」という単語そのものにマッチさせたい

1 \bbook\b ………………………………………… GNU awk/vim 以外
2 \ybook\y ………………………………………… GNU awk
3 \<book\> ………………………………………… GNU sed/GNU grep/GNU egrep/vim

単純に「book」という単語で検索を行うと、「bookstore」や「notebook」など、「book」を含む他の単語にまでマッチしてしまうことがあります。単語「book」にはマッチするが、他の単語に含まれる「book」にはマッチさせたくないという場合は、「book」の前後に単語の区切りが存在することを明示的に指示する必要があります。

単語の前後には空白があるので、「\sbook\s」のようにすればこの問題を解決できると思われるかもしれません。しかしこれでは「book」が行頭や行末に存在する場合はマッチしませんし、前後の空白までもがマッチの対象となってしまいます。

［文例］

● 「\sbook\s」がマッチする範囲

new␣book␣review

この問題を解決するには、「単語の境界」を示すメタキャラクタ「\b」を利用します。「\bbook\b」は前後に単語の境界が存在することを明確に指示しているため、「bookstore」のように他の単語の中に登場する「book」にはマッチしません。

「\b」は sed/awk/grep/egrep では利用できませんが、GNU sed/grep/egrep は独自の拡張によってサポートしています。また、GNU awk では「\b」ではなく「\y」を使って単語の境界を示します。GNU sed や vim では「単語の開始」として「\<」を、「単語の終了」として「\>」を利用することもできますが、一般的には「\b」だけで十分です。

参照

\b、\B　単語の境界にマッチ／単語の境界以外にマッチ→ P.169
\<、\>　単語の先頭にマッチ／単語の末尾にマッチ→ P.171

13　任意の単語にマッチさせたい

1 \b\w+\b ……… GNU awk/vim 以外
2 \<\w\+\> ……… vim

先の「『book』という単語そのものにマッチ」を一般化した正規表現です。単語を構成する文字が連続し、その前後に区切りが存在するパターンを「単語」とみなしています。

正規表現で「単語を構成する文字」といった場合、通常は「アルファベット（大文字/小文字）」「数字」「アンダースコア」（_: U+ØØ5F）がそれに該当します。数字やアンダースコアが含まれているのは、一般的なプログラミング言語では変数や定数の名前を定義するためにこれらの文字が利用されるためだと考えられます。

ブラケット表現を利用すれば「[A-Za-zØ-9_]」などと記述することが可能ですが、大多数の処理系はこれと同じ意味を持つ「\w」を用意しているため、こちらを利用すればよいでしょう。上記例では「単語」を「『\w』にマッチする文字の1文字以上の連続」として表現しており、それに対応する正規表現として「\w+」を利用しています（vim では「+」の代わりに「\+」を使う必要がある点に注意してください）。

参考

p26Ø の「参考」で示した条件に合致した場合、「\w」は日本語の漢字やひらがな、いわゆる「全角」の数字にもマッチします。これは、これらの処理系の「\w」が Unicode の一般カテゴリ Nd（さまざまな言語における Ø から 9 の数字）や Lo（さまざまな言語における大文字／小文字の区別を持たない文字）などにもマッチするように定義されているためです。

参照

[xyz]　指定された文字の中のいずれかにマッチ→ P.114
\w、\W　任意の単語構成文字にマッチ／単語構成文字以外の任意の文字にマッチ→ P.142

14 コード値で文字を指定したい

1 \nnn ……… grep/egrep 以外（1 バイト）
2 \xnn ……… grep/egrep 以外（1 バイト）
3 \unnnn ……… Java/JavaScript/Python/.NET（Unicode: BMP のみ）
4 \x{n} ……… Perl/Java/PHP（Unicode）
5 \N{ 名前 } ……… Java/Perl/.NET（Unicode）

キーボードから直接入力できない文字（制御文字など）や、現在の環境では入力が困難な文字（日本語のシステムにおける他の言語の文字など）に対するマッチを行うには、その文字をコード値で直接指定するという方法を利用します。

「\nnn」記法は 8 進表現で、「\xnn」は 16 進表現でコード値を表現します。多くの処理系では、どちらの表記方法でも表現可能な範囲は 1 バイトに限定されています。

Unicode を利用可能な処理系では、Unicode のコードポイントによって文字を指定できます。コードポイントを利用して文字を指定する方法は上記のように処理系によってさまざまなので注意してください。たとえば、コードポイント「6B63」を持つ文字「正」は .NET では「\u6B63」として、Perl の「\x{n}」記法では「\x{6B63}」と記述されることになります。詳細については p153 を参照してください。

コードポイントで文字を指定する場合、指定可能なコードポイントの範囲についても意識する必要があります。「\u + コードポイント」記法では BMP（基本多言語面 : U+0000 ～ U+FFFF）の範囲しか指定できません。一方、「\x{n}」記法では U+10000 以上のコードポイントも指定可能です。

Java や .NET のように「\N{ 名前 }」をサポートしている処理系では、コードポイントの代わりに文字の名前を使うこともできます。ドイツ語のエスツェット（「s」と「s」あるいは「s」と「z」の組み合わせに由来する合字）の大文字「ẞ」はコードポイント指定では「\u1E9E」ですが、名前を使うなら「\N{LATIN CAPITAL LETTER SHARP S}」と表現できます。

参照

\nnn、\onnn　nnn に指定した 8 進表現で示される文字にマッチ→ P.150
\xnn　n に指定した 16 進表現で示される文字にマッチ→ P.152
\unnnn、\x{n}　n に指定したコードポイントで表現される文字にマッチ→ P.153

15 制御文字にマッチさせたい

1	\cx	Perl/PHP/Java/JavaScript/GNU sed
2	[[:cntrl:]]	Java/JavaScript/Python/.NET 以外
3	\p{Cntrl}	Java

改行やタブなどのよく使われる制御文字には、「\n」や「\t」といった個別の記法が用意されています。それ以外の制御文字を表現したい場合は「コード値で文字を指定したい（P.256）」で紹介した 8 進 /16 進エスケープ表記か、ここで挙げた「\cx」という記法を利用します。

「\cx」記法では、「x」に各制御文字に割り当てられたアルファベット大文字（処理系によっては小文字でもよい）を指定します。バックスペースであれば「\cH」、ラインフィード（LF）であれば「\cJ」のようになります。各制御文字にどのような文字が割り当てられているかについては、付録を参照してください。

あらゆる制御文字にマッチさせたい場合は、POSIX 文字クラス表現の「[[:cntrl:]]」が利用できます。Java は POSIX 文字クラス表現をサポートしていませんが、これに対応する記法として「\p{Cntrl}」が利用できます。

参照

[:...:]　POSIX 文字クラス表現→ P.128
\cx　x で指定した制御文字にマッチ→ P.149

16 大文字と小文字を区別せずにマッチさせたい

1 i 修飾子 ……………………………… すべての処理系
2 (?i:regex) ……………………………… Perl/Java/PHP/Python/.NET
3 [Rr][Ee][Gg][Ee][Xx] ……………………………… すべての処理系

文字列を検索 / 置換する際、大文字と小文字の違いを無視したいことがあります。「regex」という文字列が「Regex」「REGEX」「RegEx」など複数のパターンで記述されているような場合です。

もっとも簡単な解決方法は、i 修飾子を利用することです。i 修飾子を指定すると、大文字 / 小文字の違いを無視してマッチが行われます。Perl の「m/regex/i」といった指定は、「大文字 / 小文字の区別なしに『regex』という文字列にマッチ」という意味になります。

単純に i 修飾子を指定してしまうと、パターン全体で大文字 / 小文字の違いが無視されてしまいます。パターン中の特定の部分でのみ大文字 / 小文字の違いを無視したい場合は、指定された範囲内で特定のモード修飾子を有効にするという記法「(?modifier:pattern)」を利用して、i 修飾子の範囲を限定することができます。modifier に「i」を指定して「(?i:regex)」とすれば、「regex」という部分についてのみ大文字 / 小文字の違いを無視したマッチを行わせることができます。

参考

処理系によっては、修飾子以外の方法で大文字 / 小文字を無視したマッチを指示します。詳細については P.196 を参照してください。

参照

[xyz] 指定された文字の中のいずれかにマッチ→ P.114
i 修飾子 大文字／小文字の違いを無視する→ P.196
(?modifier:pattern)、(?-modifier:pattern) 指定した処理モードを部分正規表現に適用する（クロイスタ）→ P.220

17 「a」以外の1文字にマッチさせたい

[^a] ……………………………… すべての処理系

「特定の文字にはマッチしない」ということを表現するには、否定のブラケット表現を利用して「[^a]」のようにしてください。「[^a]」は「a」以外のすべての文字にマッチします。マッチさせたくない文字が複数存在する場合は、「[^abcd]」のようにマッチさせたくない文字を必要なだけ並べます。

否定のブラケット表現は、ある特定の文字の直前までをマッチ対象とする場合によく利用されます。たとえば、文字列中の最初の空白までの文字をマッチ対象とする正規表現は「^[^␣]+」と記述できます。「最初の空白まで」ということは、言い換えれば「空白以外の文字が連続している間」ということになりますので、「^[^␣]+」を利用すれば目的を果たせるというわけです。

［文例］

● 「^[^␣]+」がマッチする範囲を示します。

<input type="text" ...
Linux kernel 4.15.3

参照

[xyz] 指定された文字の中のいずれかにマッチ→ P.114

18 「c」と「x」を除くアルファベット小文字にマッチさせたい

[a-z&&[^cx]] ………………………………………… Java

「『a』以外の1文字にマッチさせたい（P.267）」では、特定の文字を除く1文字にマッチさせる方法を説明しました。しかしより凝った要求として「特定の文字の集合Aから、特定の文字の集合Bを差し引いた集合にマッチ」というものがあります。ここで挙げた「『c』と『x』を除くアルファベット小文字にマッチ」というのは正にそのような要求で、アルファベット小文字全体という集合から、「c」と「x」という2つの文字を排除した集合、つまり「abdefghijklmnopqrstuvwyz」という集合の中の1文字にマッチ、ということを意味しています。

「[^cx]」では「c」と「x」を除くすべての文字にマッチしてしまいますので、「アルファベット小文字」という要求を満たせません。従来の正規表現ではアルファベットの小文字（[a-z]）から明示的に「c」と「x」を除去した「[abd-wyz]」のようなブラケット表現を作成する必要がありましたが、Javaではよりスマートな方法が提供されています。それは、特定の文字の集合と、その中から排除したい文字の集合の差を取るという方法です。

「[a-z&&[^cx]]」は、「[a-z]」、つまりアルファベット小文字の集合から、「c」と「x」を除いた集合を作成することを意味しています。結果として「[a-z&&[^cx]]」は、「[abd-wyz]」と同じ意味になります。

参照

[a-z&&[bc]]　ブラケット表現内での集合演算→ P.233

19 最初に現れる「/」までにマッチさせたい

1 .*?/ ……… Perl/Java/PHP/JavaScript/Python/.NET
2 .\{-}/ ……… vim
3 [^/]*/ ……… すべての処理系

「some/path」のように「/」で区切られた文字列中で、文字列の先頭から「/」までの範囲にマッチさせたい場合、一般的には「.*/」というパターンを利用します。これにより「some/path」という範囲がマッチ対象となります。

しかし「some/long/path」のように「/」が複数存在した場合、「.*/」は一番最後の「/」までの範囲（「some/long/path」）にマッチします。これは、「*」が可能な限り長い範囲にマッチするメタキャラクタだからです。

最初に登場する「/」までをマッチ対象としたければ、「.*」の代わりに「.*?」を利用します。「*?」は「*」と異なり、可能な限り短い範囲にマッチするように振る舞います。従って複数の「/」が存在した場合、「.*?/」は最初に登場する「/」までにマッチします。

「*?」が利用できない処理系では、代替案として「[^/]*/」というパターンが利用できます。「[^/]」は「『/』以外の文字」、「[^/]*」は「『/』以外の文字の連続」となるため、「[^/]*/」は最初の「/」までにマッチします。

この方法は「/」のように1文字の場合には有効ですが、「 」のように複数の文字からなるパターンには対応できない点に注意してください。「[^]」は「『 』の否定」ではなく、「『&』『n』『b』『s』『p』『;』以外の文字」を示すからです。「.*? 」は「最初に現れる『 』までにマッチ」を意味しますが、「*?」が利用できない処理系では、これと等価のパターンを作成することは困難です。

参照

[xyz] 指定された文字の中のいずれかにマッチ→ P.114
*?、\{-} 直前の正規表現と0回以上一致（最短一致）→ P.158

20 指定したパターンが繰り返し登場するかどうかを調べたい

1 (pattern).*\1 ……… sed/grep/vim/awk 以外
2 \(pattern\).*\1 ……… sed/grep/vim

指定したパターンが文字列中で繰り返し出現するかを調べるには、「部分正規表現のキャプチャ」及び「後方参照」という機能を利用します。

キャプチャとは、「(」と「)」で括ったパターン（これを「部分正規表現」と呼びます）にマッチした文字列を一時的に記録しておくことです。また、後方参照とは特別な記法「\n」（n は 1 以上の数字）を利用して、キャプチャされた文字列を取り出すことです。後方参照で取り出された文字列は、あたかも正規表現中に最初からそう書いてあったかのように利用されます。

この例では、まず部分正規表現「pattern」にマッチした文字列をキャプチャしています。続いて任意の文字列を示す「.*」を置き、最後の「\1」によって部分正規表現「pattern」にマッチした文字列を取り出しています。仮に「pattern」として「\d{3}」を置けば、「\d{3}」にマッチした 3 桁の数字とまったく同じ値が、同じ文字列中で再度登場するかどうかを調べることができます。

［文例］

● 「(\d{3}).*\1」がマッチする範囲を示します。

123456123456 ← キャプチャされた値は「123」
abc876efg876hij ← キャプチャされた値は「876」

ただし、GNU awk では後方参照の利用が置換文字列内に制限されているため、このような処理を行うことはできません。

参照

(pattern)、\(pattern\)　部分正規表現のグルーピング→ P.118
\n　キャプチャ済みの部分正規表現に対する後方参照→ P.126

21 「Japan」にはマッチするが「Japanese」にはマッチしない

Japan(?!ese) ……………………………… Perl/PHP/Java/JavaScript/Python/.NET

あるパターンにはマッチさせたいが、その直後に特定の文字列が存在する場合はマッチさせたくない、というケースに対応するには、「(?!pattern)」という記法によって実現される「否定の先読み」を利用します。

「(?!pattern)」は、「ある位置の直後に pattern に示した文字列が存在しない場合に、その位置にマッチする」という意味を持っています。「(?!a)」であれば「直後に a という文字がない位置にマッチする」ということになります。以下に具体例を示します。

［文例］

● 「abracadabra」という文字列中で、「(?!a)」がマッチする位置を「-」で示します。

a-b-ra-ca-da-b-ra-

「否定の先読み」を利用すれば、「『Japan』にはマッチするが『Japanese』にはマッチしない」というパターンは「Japan(?!ese)」と記述することができます。これは、「直後に『ese』が存在しない位置」の直前に「Japan」という文字列が存在するというパターンを示しています。

「否定の先読み」に対して、「肯定の先読み」というものも存在します。肯定の先読みは「(?=pattern)」で示され、「ある位置の直後に pattern に示した文字列が存在する場合に、その位置にマッチする」という意味を持っています。

参照

(?=pattern) pattern が、この位置の右に存在する場合にマッチ（肯定先読み）
→ P.182

(?!pattern) pattern が、この位置の右に存在しない場合にマッチ（否定先読み）
→ P.185

22 「社長」にはマッチするが「副社長」にはマッチしない

(?<! 副) 社長 .... Perl/PHP/Javat/Python/.NET/vim

あるパターンにはマッチさせたいが、その直前に特定の文字列が存在する場合はマッチさせたくない、というケースに対応するには、「(?<!pattern)」という記法によって実現される「否定の戻り読み」を利用します。

「(?<!pattern)」は、「ある位置の直前に pattern に示した文字列が存在しない場合に、その位置にマッチする」という意味を持っています。「(?<!a)」であれば「直前に a という文字がない位置にマッチする」ということになります。以下に例を示します。

［文例］

● 「abracadabra」という文字列中で、「(?<!a)」がマッチする位置を「-」で示します。

-ab-r-ac-ad-ab-r-a

「否定の戻り読み」を利用すれば、「『社長』にはマッチするが『副社長』にはマッチしない」というパターンは「(?<! 副) 社長」と記述できます。これは、「直前に『副』が存在しない位置」の直後に「社長」という文字列が続くというパターンを示しています。

「否定の戻り読み」に対して、「肯定の戻り読み」というものも存在します。肯定の戻り読みは「(?<=pattern)」で示され、「ある位置の直前に pattern に示した文字列が存在する場合に、その位置にマッチする」という意味を持っています。

参考

戻り読みが利用できない処理系では、「[^ 副] 社長 |^ 社長」という書式で代用します。「[^ 副] 社長」は直前に「副」以外の文字があり、その文字に「社長」が続くというパターンにマッチします。結果として、「副社長」という文字列には決してマッチしなくなります。「[^ 副] 社長」は文字列の先頭にある「社長」にマッチしないため、選択肢として「^ 社長」（文字列の先頭の「社長」にマッチ）も合わせて用意しています。

この正規表現の欠点は、「社長」の直前の 1 文字もマッチの対象となってしまう点、そして直前に存在するパターンが 1 文字でなければ使えないという点にあります。

23 ひらがな/カタカナ/漢字にマッチさせたい

1 [\p{Hiragana}゛゜ー] ………… ひらがな（Unicodeスクリプト版）
2 [\p{Katakana}゛゜ー] ………… カタカナ（Unicodeスクリプト版）
3 [\p{Han}] ………… 漢字（Unicodeスクリプト版）

近年の多くの処理系はUnicodeに対応しているので、Unicodeスクリプトを利用して特定の種類の文字にマッチさせることが可能です。ひらがな/カタカナ/漢字についてはそれぞれUnicodeスクリプト「Hiragana」「Katakana」「Han」があるので、それらを利用することになります。

ただし、Unicodeでは複数のスクリプトで使われうる文字は全て「Common」というスクリプトに収められている点に注意してください。長音符（「ー」）や濁点/半濁点（「゛」「゜」）はひらがな/カタカナで共用されるため、スクリプトHiragana/KatakanaではなくCommonに入っています。そこで、上記の正規表現ではこれらを明示的に追加しています。

またスクリプトKatakanaにはいわゆる「半角カナ」も含まれています。「半角カナ」を除外したければ後述するUnicodeブロックを使ってください。

Unicodeスクリプトが使えない場合

Unicodeスクリプトが使えない処理系では、代替としてUnicodeブロックを使います。大抵の処理系では、Hiraganaブロックは「\p{InHiragana}」、Katakanaブロックは「\p{InKatakana}」として表現できます。これらにも当然ながら長音符などは含まれていないので、上記スクリプト版同様、不足している文字を補う必要があります。

漢字は以下の7ブロックに分かれて格納されているので、ブロックで漢字を表現するには全てを列挙する必要があります。CJK統合漢字拡張B以降は拡張領域に含まれているので、BMP（基本多言語面）にしか対応していない処理系では利用できません。

なお、スクリプトの代わりにブロックを使う場合、ブロック内には文字が割り当てられていないコードポイントが存在し得る点に注意してください。たとえば、Hiraganaブロックの範囲はU+3040～U+309Fですが、この中の3箇所（U+3040、U+3097、U+3098）には文字が割り当てられていません。

▼漢字が収められているブロック

ブロック名	範囲	日本語名
InCjkUnifiedIdeographsExtensionA	U+3400 ～ U+4DBF	CJK 統合漢字拡張 A
InCjkUnifiedIdeographs	U+4E00 ～ U+9FFF	CJK 統合漢字
InCjkUnifiedIdeographsExtensionB	U+20000 ～ U+2A6DF	CJK 統合漢字拡張 B
InCjkUnifiedIdeographsExtensionC	U+2A700 ～ U+2B73F	CJK 統合漢字拡張 C
InCjkUnifiedIdeographsExtensionD	U+2B740 ～ U+2B81F	CJK 統合漢字拡張 D
InCjkUnifiedIdeographsExtensionE	U+2B820 ～ U+2CEAF	CJK 統合漢字拡張 E
InCjkUnifiedIdeographsExtensionF	U+2CEB0 ～ U+2EBEF	CJK 統合漢字拡張 F

※ Unicode のブロック名としては「CJK Unified Ideographs Extension」のように途中に空白が入ります。本表のブロック名には「\p{}」記法で指定する際に利用する「In...」形式を示しています。

Unicode スクリプト拡張の利用

本書執筆時点では Perl だけですが、Unicode スクリプト拡張が使える場合、ひらがな / カタカナ / 漢字はそれぞれ「\p{scx=Hiragana}」「\p{scx=Katakana}」「\p{scx=Hani}」として表現できます。スクリプト拡張 Hiragana/Katakana には長音符や濁点 / 半濁点はもちろん、各種の括弧や「～」なども含まれています。またスクリプト拡張 Hani には漢字の部首に加え、括弧つきの漢数字（「㈠」など）も含まれています。

05

逆引きリファレンス
応用編

00 応用編での正規表現について

応用編ではさまざまなメタキャラクタを組み合わせて構築した、より複雑な正規表現の例を紹介します。しかし、処理系によってサポートされているメタキャラクタは異なりますので、応用編で取り上げる正規表現がすべての処理系でそのまま利用可能というわけではありません。

たとえば、sed では「+」というメタキャラクタは利用できませんので、「A+」は「AA*」と表記する必要があります。また、戻り読みのようにいくつかの処理系でしかサポートされていない機能を利用した正規表現は、戻り読みをサポートしていない処理系では利用できません。

また、処理系によっては正規表現の記述時に、特別なエスケープが必要となることがあります。Java のように正規表現を文字列として記述する処理系では、「\」のように文字列中で特別な意味を持つ文字は常に「\\」のようにエスケープしなければなりません。「\\」のように「\」という文字そのものを表現する場合は、「\\\\」のように記述する必要があるでしょう。

このような注意を正規表現ごとに提示していくと、例が極めて煩雑なものとなってしまいます。そこで応用編では特別な理由がない限り、例として挙げる正規表現はすべて Perl をターゲットとしたものとしました。処理系によって記法が異なる部分については、メタキャラクタリファレンスなどを参考にして変更した上でご利用ください。

メタキャラクタとマッチする文字の範囲について

応用編に挙げた正規表現では、記述を簡潔にするために「\s」「\w」「\d」を利用している部分があります。しかし処理系によっては、「\s」「\w」「\d」などは ASCII の文字以外の文字（いわゆる「全角数字」や「全角空白」など）にマッチする可能性がある点に注意してください。

もし対象を ASCII の範囲に限定するのであれば、適切な修飾子を付与するか、「[0-9]」のように明示的にマッチする対象を ASCII の範囲に制限する必要があるでしょう。詳細については個々のメタキャラクタの解説を参照してください。

01 空白しかない行にマッチさせたい

1 ^\s*$ ……………… 「\s」が Unicode の空白にマッチする場合
2 ^[\s　]*$ ……………… 「\s」が Unicode の空白にマッチしない場合

「空白しかない行」とは、「行の先頭から行の最後まで、空白だけで構成されている行」ということになります。行の先頭は「^」、行の末尾は「$」で表現できます。あとは、「^」と「$」の間に「空白の連続」を指定すれば完成です。

各種の空白を表現するためのメタキャラクタ「\s」が利用可能であれば、空白の連続は「\s*」として表すことができます。従って、「空白しかない行」は「^\s*$」として表現できます。sed や awk などの「\s」が利用できない処理系では「[␣\f\n\r\t\v]」や POSIX 文字クラス表現「[[:space:]]」で「\s」を代用すればよいでしょう。

「全角の空白（U+3000）」も空白として扱いたければ、「空白、あるいは全角の空白の連続」を表現する必要があります。単純に考えれば「[\s　]」のように「\s に加えて全角の空白」という表現を利用することになります。

しかし Unicode に対応した近年の処理系の大部分では、「\s」のマッチ対象は Unicode の一般カテゴリ Zs に所属する文字となっています。Zs には全角の空白も含まれているので、明示的に「[\s　]」といった表現を利用する必要はありません。逆にマッチする空白を ASCII の範囲に限定したければ、明示的に「[␣\f\n\r\t\x0B]」を指定します（垂直タブの表現に「\v」ではなく \x0B を使っているのは、Perl/PHP/Java では「\v」も ASCII の範囲外の文字にマッチするためです）。

02 まったく同じ文字/単語が連続する部分にマッチさせたい

1 (.)\1+ ………… 同じ文字の連続
2 (.)\1{m,}+ ………… 同じ文字が m+1 回以上連続
3 (\w+)(?:\W+\1)+ ………… 同じ単語の連続

同じ文字が連続する部分にマッチさせるには、「(.)\1+」という正規表現を利用します。「(.)」によってマッチした文字をキャプチャしたのち、「\1+」によってキャプチャされた文字が2文字以上連続することを保証しています。単純な連続ではなく、「n文字以上の連続」ということを保証したければ、「(.)\1{m,}」(mはnから1を引いた値)を利用します。

同じ単語が連続している部分にマッチさせたければ、キャプチャの対象を「.」ではなく、「\w+」のようなものにすればよいでしょう。ただし、単語と単語の間には必ず「単語の区切り」と認識されるものが挟まっているはずですので、単純に「(\w+)\1+」とするわけにはいきません。

単語の区切りとしては空白が一般的ですが、そのほかにも各種の句読点なども考えられますので、ここでは「\s」ではなく「\W」を「単語の区切り」として考えます。そして、「単語が繰り返す」という概念を「何らかの単語の区切りの連続に、キャプチャされた単語が続く」というパターンの連続、として表現します。これを正規表現に変換したものが、例に挙げた「(\w+)(?:\W+\1)+」という正規表現です。

参考

「(\w+)\1+」を利用すると、「thethe」や「giogio」というパターンを探し出すことができるように思えるかもしれませんが、これは不可能です。「(\w+)」は「単語を構成する文字の連続」であり、「(\w+)」は「thethe」や「giogio」全体にマッチしてしまうからです。

「(.)\1+」は動作するのに、「(\w+)\1+」が正しく動作しないのは、「(.)」はキャプチャされる文字数が必ず1文字であるのに対して、「(\w+)」ではキャプチャされる文字数が一意に決まらないからです。「thethe」や「giogio」というパターンを本当に探したければ、キャプチャ範囲を3文字に限定して「(\w{3})\1+」のようにするか、「(the|gio)\1+」のようにキャプチャするパターンを明確に示さなければなりません。

03 文字列「abc」から始まらない行にマッチさせたい

1 ^(?!abc).*$ ……… 「abc」から始まらない行
2 ^.*(?<!abc)$ ……… 「abc」で終わらない行
3 ^(?!.*abc$).*$ ……… 「abc」で終わらない行（先読み版）

正規表現で「ある文字列を含まない」という概念を示すためには、否定の先読み / 戻り読みを利用します。否定の先読み / 戻り読みとは、それぞれある位置の右側 / 左側に、指定された文字列が存在しなければマッチするというものです。

「^(?!abc)」は、文字列の先頭（「^」で示しています）の右側に文字列「abc」が存在しなければ、文字列の先頭にマッチすることを示しています。従ってこの正規表現は、文字列「abc」で始まらない行にマッチすることになります。

これと同様の問題として、「指定した文字列で終わらない行にマッチ」というものも考えられます。この場合は否定の戻り読みを利用して、「^.*(?<!abc)$」と記述することになります。「(?<!abc)$」は、文字列の末尾（「$」で示しています）の左側に文字列「abc」が存在しなければ、文字列の末尾にマッチすることを示しています。

戻り読みが利用できない処理系では、例に挙げた「先読み版」を利用することができます。否定の先読み「(?!.*abc$)」によって「任意の文字列が連続した後、行末に『abc』が存在しない」かどうかを調べ、存在しない場合は「.*$」で行末までをマッチの対象にしています。

参考

grep ではオプション「-v」を利用することによって、これを簡単に実現できます。この場合は「grep -v '^abc'」として、文字列「abc」が文字列の先頭にある行以外の行だけを選択します。

参照

(?!pattern)　pattern が、この位置の右に存在しない場合にマッチ（否定先読み）
→ P.185
(?<!pattern)　pattern が、この位置の左に存在しない場合にマッチ（否定戻り読み）
→ P.189

04　文字列「abc」が含まれない行にマッチさせたい

1 ^(?:(?!abc).)*$ ……… 単純版（1文字ずつ調査）
2 ^(?!.*abc).*$ ……… 改良版

「文字列『abc』から始まらない行にマッチ」と同様、否定の先読みを利用して表現します。

「(?:(?!abc).)*」の中の「(?!abc).」という部分は、「abc」という文字列が左側に存在しない場合に、任意の1文字にマッチします。行の先頭（「^」で示しています）から行の末尾（「$」で示しています）までのすべての文字がこのような文字であれば、その文字列は文字列「abc」を含まない、と言い切ることができます。「(?!abc).」を「(?: ..)」でグルーピングしているのは、「(?!abc).」に「*」を適用するためです。

この概念は、後者のように表現することも可能です。後者は「任意の文字の連続に続いて『abc』という文字列が存在する」というパターンが行の先頭になければ、その行全体にマッチする正規表現です。つまり、「abc」という文字列が行中に存在した場合、この正規表現は決してマッチし得ないことになります。行末までのすべての文字に対して先読みを適用する必要がないため、後者のほうがより高速に処理されます。

参考

大多数の処理系では、このように面倒な正規表現を用意する必要はありません。「指定された正規表現にマッチしたかどうか」を返す関数 / メソッド（Java や Python の match() など ）が用意されている処理系では、単純にこれらの関数 / メソッドが偽 (false) を返せば「マッチしない」ことがわかります。Perl であれば「=~」の代わりに「!~」を利用すればよいでしょう。また PHP では preg_grep() の PREG_GREP_INVERT フラグも利用できます。

参照

(?pattern)　pattern が、この位置の右に存在しない場合にマッチ（否定先読み）
→ P.182

05 大文字が3文字以上連続した単語にマッチさせたい

1 \b[A-Z]{3,}\b ……… 通常版
2 (^|\W)([A-Z]{3,})(\W|$) ……… 不完全な代用版

「World Wide Web」→「WWW」、「Frequently Asked Questions」→「FAQ」のように、複数の単語の頭文字から構成された略語のことを「頭字語（acronym)」と呼びます。ここに挙げたように「アルファベット大文字が指定した文字数以上連続している単語」で検索を行えば、文章中から頭字語の大部分を探し出すことができます。

「単語」という概念を示す際によく利用されるのが、例中でも挙げた「\b」です。「\b」は単語の境界（単語を構成する文字と、単語を構成しない文字の境界）を示す概念ですので、あるパターンの前後に「\b」を付与すれば、指定されたパターンからなる単語にマッチさせることができます。

ここでは、マッチさせたい単語の条件が「大文字が 3 文字以上連続している」というものですので、大文字の 3 文字以上の連続を示す「[A-Z]{3,}」の前後に「\b」を付与しています。「大文字」の表現として「A から Z までの全ての文字」を意味する「[A-Z]」を利用しましたが、POSIX 文字クラス表現の「[:upper:]」を利用しても構いません。Unicodeに対応した処理系であれば「（あらゆる言語における）大文字」を意味する「\p{Lu}」を使うこともできます。

「\b」を付与しなかった場合、指定したパターンが他の単語の一部分にもマッチしてしまうかもしれないという点に注意してください。「[A-Z]{3,}」だけでは、「POBox」(post-office-box、私書箱のこと）の「POB」部分にもマッチしてしまいます。

参考

「\b」が利用できない処理系では、不完全ですが (^|\W)([A-Z]{3,})(\W|$) といったパターンを利用できます。「[A-Z]{3,}」の前に「行頭、あるいは単語を構成する文字以外の文字」が、後ろに「行末、あるいは単語を構成する文字以外の文字」が存在するというパターンにマッチさせることによって、「POBox」のようなケースにマッチしないようにしています。また、「[A-Z]{3,}」にマッチした部分だけを取り出すには、「\2」を利用します。

このパターンには、「[A-Z]{3,}」の前後の 1 文字もマッチ範囲に含まれてしまうという大きな欠点があります。従ってこの正規表現を「ISO/ITC」のような文字列に対して適用した場合、「ISO」にはマッチしますが「ITC」にはマッチしません。最初の適用時点で「ISO/ITC」にマッチしてしまうため、次のマッチ開始位置は直前の「[A-Z]{3,}」がマッチした

範囲の 1 文字先、つまり「ISO/ITC」からとなってしまうためです。

［文例］

● 「\b[A-Z]{3,}\b」のマッチ範囲

such as␣FTP␣or HTTP ←次のマッチは「␣」から

● 「(^|\W)([A-Z]{3,})(\W|$)」のマッチ範囲

such as␣FTP␣or HTTP ←次のマッチは「o」から

06 ダブルクォートで括られた文字列にマッチさせたい

1 "[^"]*" ………… 単純形式
2 "[^"\\]*(?:\\"[^"\\]*)*" ………… ループ展開形式

「" 文字列 "」のように「"」で括られた文字列にマッチさせたい場合、「"[^"]*"」という正規表現が利用できます。これは「"」で始まり、「"」以外の文字が連続し、最後に「"」が置かれる、というパターンを表現しています。

しかし、各種のプログラミング言語では「"」で括られた文字列中に「"」という文字そのものを置くため、「\"」というエスケープ記法が許可されています。この記法を利用すれば、「" 文字列中に \" を含む "」という記述が可能となりますが、前述の正規表現ではこのような文字列には対応できません。なぜなら、「" 文字列中に \" を含む "」という部分でマッチが完了してしまうからです。

このようなケースには、「ループ展開」という技法を利用します。これは『詳説 正規表現』（オライリー刊）の著者 J.E.F.Friedl 氏によって広く紹介された方法で、その手順は次のようになります。

1 パターンの開始、あるいは終了が正規表現として表現可能であれば、あらかじめ洗い出す。
「" 文字列中に \" を含む "」の例では、先頭の「"」と最後の「"」が、パターンの開始 / 終了を示すものとなる

2 パターンに含まれる要素（文字、あるいは特定のパターンで表現される文字列）を、特殊なパターンである「特殊要素」と、それ以外のパターンである「一般要素」に分割する。
「" 文字列中に \" を含む "」の例では、「\"」が「特殊要素」、それ以外の通常の文字が「通常要素」となる

3 特殊要素と通常要素にマッチする正規表現をそれぞれ考える。
「" 文字列中に \" を含む "」の例では、特殊要素である「\"」は「\\"」として、通常要素は「[^"]」として表現できる

4 特殊要素がマッチする位置では絶対に通常要素がマッチしないように、通常要素の正規表現を変える。
現在考えている通常要素「[^"]」は特殊要素「\\"」の「\\」部分にマッチしてしまうので、マッチしないように「[^"\\]」と変形する

5 特殊要素は必ず 1 文字以上にマッチすることを保証する。

ここで考えている特殊要素「\\"」は、必ず「\"」という文字列にマッチするので、問題ない

6 特殊要素が表現するパターンには、必ず1回でマッチが完了することを保証する。
ここで考えている特殊要素「\\"」は、「\"」という1つの文字列には1回しかマッチし得ない

7 特殊要素と通常要素を、「通常要素*(特殊要素 通常要素*)*」という形式で並べる。
開始と終了がわかっていれば、「開始 通常要素*(特殊要素 通常要素*)* 終了」となる。この例では「"[^"\\]*(\\"[^"\\]*)*"」となる

「ループ展開」の基本的な考え方は、特殊要素と通常要素が混在するパターンでは、パターンは「通常要素*(特殊要素 通常要素*)*」という形式に帰着するという点にあります。

参考

[xyz]　指定された文字の中のいずれかにマッチ→ P.114

(?:pattern)　部分正規表現のグルーピング（キャプチャなし）→ P.180

07 小数にマッチさせたい

```
[+-]?\d*\.\d+
```

小数を示す正規表現は、それが必要とされる局面によって異なります。というのも、以下のようなさまざまな条件をどのように扱うかによって、利用する正規表現を変えなければならないためです。

- 「3」のように、小数部が存在しない表現を許すかどうか
- 「.25」のように、整数部が存在しない表現を許すかどうか
- 「2.50」のように、小数部の最後に「0」が付与されていてもよいか

ここで挙げた例は「小数部が存在しない表現は許可しない」「整数部が存在しない表現は許可する」「小数部の最後に 0 が付与されていてもよい」という条件に従ったものです。

まず、数値に付与される符号「+」及び「-」はあってもなくてもよいものなので、「[+-]?」としています。整数部は「3.14」形式（整数部が存在する）及び「.25」形式（整数部が存在しない）の両方に対応できるように、「\d*」としています。小数部は「(\.\d+)」としていますが、これは「小数点に続いて、最低でも 1 文字の数字が存在する」ということを示しています。

参考

ここでは小数点として「.」を使いましたが、小数点として利用される文字はロカールによって異なるという事実に注意してください。たとえば、ロマンス語 (フランス語やスペイン語など) 文化圏では小数点として「,」が利用されます。また、これらの言語圏では 1,000 の区切りを示す位取りの区切り文字として「,」の代わりに空白や「.」を利用します。

参照

\d、\D　任意の数字にマッチ／数字以外の任意の 1 字にマッチ→ P.138

08 指数表記の数値にマッチさせたい

```
[+-]?\d\.\d+[Ee][+-]\d{2,}
```

「指数表記」とは各種の科学技術分野で利用される、極端に大きな、あるいは小さな値を表現するための方法です。指数表記では、数値の整数部を1桁、残りを小数として、その値が10の何乗であるかを示します。ここで、整数部と小数部を「仮数部」、10の何乗かを示す値を「乗数部」と呼びます。

指数表記を利用すると、天文単位（太陽･地球間の平均距離）である149597870km は、1.4959787×10^8km と表現できます。ただし、コンピュータによるデータ処理の分野では機種 / 処理系が異なっても間違いなく情報交換ができるよう、指数表記の方法はISO 6093という国際規格によって規定されています。

ISO 6093の規定に従えば､指数表現を利用する場合は指数（exponent）を示す「E」（または「e」）を利用して、「1.4959787E+08」のように記述します。この形式では、Eの前は仮数部、Eの後ろは乗数部であり、乗数部の前には符号がつきます。

仮数部は純粋な小数の表現ですので、正規表現では「\d\.\d+」として表現することができます。小数点を示す「.」はメタキャラクタの「.」と衝突するため、「\.」としなければなりません。また、乗数部は2桁以上の整数値となるので、「\d{2,}」とします。

途中に挟まれた「E」は大文字小文字の両方が利用される可能性があるため、「[Ee]」として表現します。また、符号部には「+」と「-」の両方が利用されるため、「[+-]」とします。これらをすべて繋げたものが、例として挙げた正規表現となります。

ところで、「0.1」のように1以下の値でも、指数表現の仮数部は「1.000000E-01」のように必ず1以上になります。そのため、仮数部の整数部分は「[1-9]」のように「0以外の数字」にすべきと思われるかもしれません。しかし0の指数表現は「0.000000E+00」であり、仮数部の整数部分が0となるため、「0以外の数字」とすることはできません。

参照

?、\?、\=　直前の正規表現と0回または1回一致→ P.137
\d、\D　任意の数字にマッチ／数字以外の任意の1字にマッチ→ P.138

09 3桁区切りの数値にマッチさせたい

1 ^(?:\d{1,2},)?(?:\d{3},)*\d{3}(?:\.\d+)?$ ……… 簡易版
2 ^(?:0|[1-9]\d{0,2}|[1-9]\d{0,2},(?:\d{3},)*\d{3})(?:\.\d+)?$ ……… 改良版

通貨の表記では、3桁ごとにカンマ（,）を入れる形式が広く利用されています。また、ドルなどの通貨では小数点以下の単位が利用されることもあります。この正規表現は、そのような表記にマッチするものです。

3桁区切りの表記では「23,456」のように、最初の部分に限って1桁あるいは2桁が許されます。この部分については「\d{0,2}」としてもよさそうですが、そうすると「,456」といった表記にもマッチしてしまいます。そこでここでは「(?:\d{1,2},)?」を利用し、「1桁あるいは2桁の場合に限り、カンマの存在を許す」ということにします。

3桁区切り部分については、途中を「(?:\d{3},)*」で表現し、最後の部分だけを「\d{3}」としています。途中の部分は「3桁の数値に加えてカンマ」というパターンが0回以上連続する、という意味になっています。これに対して最後の部分は、後ろにカンマがつかないため、単純に「\d{3}」としています。小数部分については「(?:\.\d+)?」を利用します。小数部分は存在しないこともあるので、小数点を含む小数部分全体に対して「?」を適用し、小数部分が存在してもしなくてもよいことを示しています。

ここまでで説明したのが、例に示した「簡易版」です。しかしこれには、先頭桁が「0」である「01,234」などにもマッチするという致命的な問題が残っています。この問題に対応したのが、次に示す「改良版」です。

「0,483」「01,234」「038,198」のように先頭の桁が0であるものにはマッチしないようにするため、最初の3桁区切りの先頭桁は必ず1から9の範囲になければならないようにします。これを正規表現で示すと「[1-9]\d{0,2},」となりますが、簡易版とは異なり、これに「?」を付与した「(?:[1-9]\d{0,2},)?」というパターンは利用できません。「(?:[1-9]\d{0,2},)?(?:\d{3},)*\d{3}」のようにしてしまうと、「038,」はマッチし得ない「[1-9]\d{0,2},」を無視して「(?:\d{3},)*」にマッチしてしまうからです。そこで「[1-9]\d{0,2},(?:\d{3},)*\d{3}」というパターンを利用し、最初の3桁区切りには必ず「[1-9]\d{0,2},」が利用されるようにします。

このままでは、「12」や「35.23」のようにカンマが含まれない数値にはマッチしません。そこで、カンマがない場合にマッチするパターンとして「[1-9]\d{0,2}」も用意し、先の「[1-9]\d{0,2},(?:\d{3},)*\d{3}」と並べることで対応します。

これで問題ないようにも思えますが、これでもまだ「0」にはマッチしません。「0」にマッチする正規表現「0」も選択肢に含めれば、改良版として挙げた正規表現となります。

01 URL にマッチさせたい

```
(https?|ftp)://([^:/]+)(?::(\d+))?(/\S*)?
```

URL の一般的な文法は RFC 3986 に定義されていますが、この内容を真面目に正規表現で表現するのは大変です。そこでここでは実用上の有用性を失わない範囲で、ある程度簡単なものを考えてみることにします。

まず、URL の先頭にはリソースにアクセスするための方法を示す「スキーム」が置かれます。ここでは単純にするため、「(https?|ftp)」によって「http」「https」「ftp」だけをスキームとして認識しています。

スキームに続く「://」の後ろには、当該リソースが置かれているホストの名前がきます。ここでは、ホスト名は単純に「:」と「/」以外の文字が連続している範囲ということで、「[^:/]+」と表現しています。

URL では「www.example.com:8080」のように、ホスト名に続いてポート番号（ここでは 8080）が指定されることもありますので、「(?::(\d+))?」としてポート番号をキャプチャしています。ポート番号は必須ではないので、「(?::(\d+))」の後ろに「?」を付与している点に注意してください。また、キャプチャ用の「()」は「\d+」にのみ適用しており、ポート番号の前に付与される「:」は含めていません。

ホスト名の後ろのパス部分は、「/」に続く空白以外の文字の連続ということで「(/\S*)」と表現しています。パス部分はあってもなくてもよいものなので、先のポート番号と同様、「(/.*)」の後ろに「?」を付与しています。

この正規表現が URL にマッチすると、「\1」でスキーム、「\2」でホスト名、「\3」でポート番号、「\4」でパスを参照できます。

参考

スキームには「数字」「アルファベット」「+」「-」「.」が利用できますので、すべてのスキームを対象としたい場合は「(https?|ftp)」の代わりに「([a-z0-9+.-]+)」を使用します。

参照

(pattern)、\(pattern\)　部分正規表現のグルーピング→ P.118
x|y、x\|y　正規表現 x または y にマッチ→ P.133
\d、\D　任意の数字にマッチ／数字以外の任意の 1 字にマッチ→ P.138

02 HTML内の色指定にマッチさせたい

```
1 #(?:[0-9A-Fa-f]){6}\b ……………………………… (1) 通常版
2 #([0-9A-Fa-f]{2})([0-9A-Fa-f]{2})([0-9A-Fa-f]{2})\b
  ……………………………… (2) 値をキャプチャする場合
3 #(?:(?:[0-9A-Fa-f]){6}|(?:[0-9A-Fa-f]){3})\b …………… (3) 通常版（3桁表記対応）
4 #(?:(?<r>[0-9A-Fa-f]{2})(?<g>[0-9A-Fa-f]{2})(?<b>[0-9A-Fa-f]{2})|(?<r>[0-
  9A-Fa-f])(?<g>[0-9A-Fa-f])(?<b>[0-9A-Fa-f]))\b
  ……………………………… (4) 値をキャプチャしたい場合（3桁表記対応）
```

HTMLでは、色の指定に「#RRGGBB」という形式（sRGBモデル）を利用することがあります。「RR」「GG」「BB」はそれぞれRGBの値を16進表記で示したものです。

色の指定は「#」で始まり、それ以降に6つの「16進表記を構成する文字」が並ぶという形式であると言えます。これを素直に表現すると、通常版として挙げた正規表現になります。16進表記の部分にPOSIX文字クラス表現「[:xdigit:]」を利用した「#([[:xdigit:]]){6}\b」という記述ももちろん有効です。

各色の値を個別にキャプチャしたい場合は、2 を利用してください。この正規表現が色指定にマッチすると、「RR」は「\1」、「GG」は「\2」、「BB」は「\3」として、それぞれ参照することができます。

参考

HTMLは「#RRGGBB」のみをサポートしていますが、CSSでは色指定の方法として「#RGB」という3桁のパターンも利用可能です。この両方に対応する場合は(3)に示したように、6桁/3桁の両方を組み込んだ正規表現を利用する必要があります。

6桁/3桁の両方で値をキャプチャしたい場合は(4)を使ってください。ここでは名前付きキャプチャを使い、R/G/Bそれぞれに対応する値をr/g/bとしてキャプチャしています。これによって6桁/3桁のいずれにマッチしても同じ名前で個々の値を参照可能としていますが、キャプチャされた結果は6桁の場合は2桁、3桁の場合は1桁だけという点に注意してください。

参照

[xyz]　指定された文字の中のいずれかにマッチ→ P.114
{min,max}、\{min,max\}　直前の正規表現と指定回数一致→ P.122
\b、\B　単語の境界にマッチ／単語の境界以外にマッチ→ P.169

03 HTMLのa要素からhref属性の値を抜き出したい

```
<a\s.*?\bhref\s*=\s*(?:([^'"\s]+)|'([^']+)'|"([^"]+)")[^>]*>
```

HTML の a 要素の href 属性には、a 要素が指し示すリソースの URI が設定されます。この正規表現を利用すれば、HTML 文書から各種のリンク先を抜き出すことが可能となります。

この正規表現では、まず「<a\s.*?\b」が「href」直前までの文字列にマッチします。「href\s*=\s*」によって href 属性の実際の値の直前までマッチを進めたら、それに続く href 属性の値を抜き出すことが可能になります。

属性の値は「"」や「'」で括られていることもありますが、まったく括られていない場合もあります。従って、ここでは 3 つのパターンを想定してマッチングを行っています。「([^'"\s]+)」は括られていない場合で、この場合は空白までを値と判断します。また、「'([^']+)'」及び「"([^"]+)"」は、それぞれ値が「"」あるいは「'」で括られたケースを想定しています。いずれのパターンも、href 属性の値をキャプチャするために「(」及び「)」で括られていますが、引用符がキャプチャされないよう、引用符付きのパターンでは引用符の内部だけをキャプチャしている点に注意してください。

これらはそれぞれ個別のキャプチャとなっているので、値がまったく括られていない場合は「\1」として、「'」で括られている場合は「\2」として、「"」で括られている場合は「\3」として参照する必要があります。しかしキャプチャの結果は「\1」「\2」「\3」のいずれかにしか入りませんので、「\1」「\2」「\3」を連結した結果をキャプチャ結果として利用すれば、どれに値が入っているかを意識する必要はありません。

「a」や「href」は大文字で記述されることもあるため、この正規表現を利用する際は i 修飾子を併用する必要があります。

参照

(pattern)、\(pattern\)　部分正規表現のグルーピング→ P.118
\n　キャプチャ済みの部分正規表現に対する後方参照→ P.126
\s、\S　任意の空白文字にマッチ／空白文字以外の任意の文字にマッチ→ P.140
*?、\{-}　直前の正規表現と 0 回以上一致（最短一致）→ P.158
i 修飾子　大文字／小文字の違いを無視する→ P.196

04 HTMLの見出し要素の内容を抜き出したい

```
<[Hh]([1-7])[^>]*>(.*)</[Hh]\1>
```

HTML の見出し要素には「h1」から「h7」までの 7 種類が存在します。この正規表現は、「<h1> タイトル </h1>」のような見出し要素から、内容である「タイトル」だけを抜き出します。

「<[Hh]([1-7])[^>]*>」は見出し要素の開始タグを表現する正規表現です。ここで「([1-7])」のように数字部分だけをキャプチャしているのは、終了タグの要素名内で使われた数字(例：h1 要素における「1」)が開始タグの要素名内で使われた数字に合致することを保証するためです。最後の「[^>]*>」は「『>』以外の文字の連続の後ろに『>』が続くパターン」ということで、開始タグの末尾までにマッチするパターンとなっています。

内容のキャプチャは続く「(.*)」で、終了タグのマッチは「</[Hh]\1>」で行っています。終了タグは先ほどキャプチャした開始タグ中の数字を利用して、「[Hh]\1」のように表現しています。このようにすることで、たとえば「<h2> .. </h3>」のような誤った開始タグ / 終了タグの対にマッチしないようにしています。

この正規表現を利用した場合、見出し要素のレベルは「\1」として、見出し要素の内容は「\2」として取り出すことができます。

注意 •••

ここで利用した「[^>]*>」というパターンは簡易的なものですが、実用上は大きな問題とはなりません。HTML の開始タグにマッチする厳密な正規表現が必要な場合は、「HTML/XML の開始タグにマッチさせたい (P.292)」を参照してください。

05 HTML/XMLの開始タグにマッチさせたい

1 <(?![/!?])(?:[^"'>]|"[^"]*"|'[^']*')*/?> ……… 単純形式
2 <(?![/!?])[^"'>]*(?:(?:"[^"]*"|'[^']*')[^"'>]*)*/?> ……… ループ展開形式

HTML/XML の開始タグは「< 要素名 >」という形式になっていますが、属性が記述された「< 要素名 属性名 =" 属性値 ">」という形式もあり得ます。また、XML では内容がない要素について、終了タグを省略した「< 要素名 />」という記述が許可されています。

「HTML の見出し要素の内容を抜き出したい（P.291）」では、タグにマッチする正規表現として「[^>]*>」を利用していました。しかし、「"」や「'」で括られた属性値の中では「>」も利用できるため「[^>]*>」では完全に対応できません。そこでここでは、属性値内の「>」にも対応する正規表現も合わせて考えてみます。

単純な形式

まず、単純な形式から説明しましょう。先頭に置かれた「<(?![/!?])」は、開始タグの最初の「<」にマッチするものです。ここでは否定の先読みを使い、「<」の次の文字が「/」「!」「?」のいずれでもないことを確認しています。これによって、「</ 要素名 >」のような終了タグ、「<?」で始まる XML 宣言、「<!--」で始まる注釈宣言のいずれでもないことが保証できます。

続く「(?: ..)」は、「[^"'>]」「"[^"]*"」「'[^']*'」の 3 つの選択肢から構成されています。最初の「[^"'>]」は、「"」「'」「>」以外の文字の連続なので、タグ内部の通常の文字にマッチします。次の「"[^"]*"」及び「'[^']*'」は、「" 属性値 "」あるいは「' 属性値 '」のように、「"」あるいは「'」で括られた属性値にマッチします。属性値の内部では「"」「'」以外の文字がすべて利用可能なので、内部に「>」が含まれていてもマッチングには問題ありません。

これらを囲む「(?: ..)」全体には「*」が添えられていますから、「(?: ..)」内の選択肢「[^"'>]」「"[^"]*"」「'[^']*'」にマッチするパターンは、開始タグ内部で何回でも登場することができます。そして、最後に置かれた「/?>」が「/>」（省略タグ形式）あるいは「>」にマッチすれば、開始タグ全体へのマッチが完了します。

ループ展開の利用

属性値内の「>」にも対応できるよう、このパターンをループ展開を使って書き換えたのが後者の例です。「ダブルクォートで括られた文字列にマッチさせたい（P.283）」で説明した手順に従って、ループ展開までの道筋を説明します。

- パターンの開始、あるいは終了が正規表現として表現可能であれば、あらかじめ洗い出す。この例では、開始パターンは「<(?![/!?])」、終了パターンは「/?>」となる
- パターンに含まれる要素（文字、あるいは特定のパターンで表現される文字列）を、特殊なパターンである「特殊要素」と、それ以外のパターンである「一般要素」に分割する。この例では「>」以外の文字にマッチしている間は開始タグの内部だと考えてよいので、通常要素は「[^>]」となる。ただし属性値内部には「>」が登場してもよいので、「"[^"]*"」及び「'[^']*'」を結合した「(?:"[^"]*"|'[^']*')」を特殊要素とする
- 特殊要素がマッチする位置では絶対に通常要素がマッチしないように、通常要素の正規表現を変える。現在考えている通常要素「[^>]」は特殊要素内の「"」や「'」にマッチしてしまうので、マッチしないように「[^"'>]」と変形する
- 特殊要素は必ず 1 文字以上にマッチし、しかも特殊要素が表現するパターンには必ず 1 回でマッチできることを保証する。ここで考えている特殊要素「(?:"[^"]*"|'[^']*')」は少なくとも「""」や「''」という文字列にはマッチするし、1 つの属性値に「(?:"[^"]*"|'[^']*')」が複数回マッチすることも考えられない

最終的に「通常要素 * (特殊要素 通常要素 *)*」の形式にしたものが、「ループ展開形式」の例となります。

参照 • • •

?、\?、\=　直前の正規表現と 0 回または 1 回一致→ P.137

(?!pattern)　pattern が、この位置の右に存在しない場合にマッチ（否定先読み）→ P.185

06 type属性がhidden以外のinput要素にマッチさせたい

```
<input\s+(?>type\s*=\s*['"]?)(?!hidden)[^>]*>
```

HTML の input 要素では、type 属性の指定によってコントロールの形式を変えることができます。たとえば、「text」を指定するとテキスト入力コントロールとして、「radio」を指定するとラジオボタンコントロールとしてレンダリングが行われます。

input 要素で実現可能なコントロールの形式には、「hidden」で示される「隠れコントロール」というものもあります。隠れコントロールは「レンダリングはされないが、設定された値はフォームからサブミットされる」というもので、複数ページ間で保持しておきたい情報を維持するといった目的で利用されます。

この正規表現は、type 属性に「hidden」が設定されていない input 要素だけにマッチします。ポイントは「(?>type\s*=\s*['"]?)(?!hidden)」で、先読みによって「type=」に続いて「hidden」という文字列が存在しない場合にのみマッチするようになっています。また、属性値が「"」や「'」で括られていなくともマッチが可能となるよう、「['"]」には「?」を付与しています。

ここでわかりにくいのが、「type\s*=\s*['"]?」を囲っている「(?> ..)」です。「(?> ..)」はアトミックなグループを定義するための記法で、「(?> ..)」で括られた部分ではバックトラックが無効となります。ここでアトミックなグループが必要となるのは、「type\s*=\s*」に続いて置かれている「['"]?」が、否定の先読みに影響を及ぼすからです。

正規表現エンジンは、可能な限り文字列がマッチするよう最大限の努力をします。もし上記の正規表現でアトミックなグループを使っていなかった場合、どのような挙動になるかについて考えてみましょう。「type="hidden"」に対して「type\s*=\s*['"]?」をマッチさせる際、正規表現エンジンは「type="hidden"」にまでマッチさせてしまうと、続く「(?!hidden)」によって文字列全体がマッチしなくなることに気がつきます。これを避けるため、正規表現エンジンはバックトラックを行い、マッチ範囲を「type="hidden"」へと縮めます。こうすると残りは「"hidden"」となり、「(?!hidden)」にはマッチしなくなります。

［文例］

● 望ましい動作

```
<input type="hidden" ..
```

↑この位置で否定の先読み「(?!hidden)」を評価したい

● 正規表現エンジンの動作

```
<input type="hidden" ..
```

↑この位置では否定の先読み「(?!hidden)」にマッチしてしまうので…

```
<input type="hidden" ..
```

↑バックトラックする（「(?!hidden)」は「"hidden" ..」にマッチしない）

正規表現エンジンのこの動作は、今回のケースではありがたいものではありません。そこで、正規表現がいったん「["']?」までを読み込んだなら、決してバックトラックが発生しないように、アトミックなグループを利用しているというわけです。

参照

(?!pattern)　patternが、この位置の右に存在しない場合にマッチ（否定先読み）→ P.185

(?>pattern)　マッチ文字列に対するバックトラックを禁止する→ P.191

01　年月日の表現にマッチさせたい

```
(?:\d{4})([-/.]?)(?:\d{2})\1(?:\d{2})
```

年月日の表記方法にはさまざまなものが存在しますが、ここではSQLなどで利用されるISO 8601形式（「2004-12-10」のように間をハイフンで区切る形式）、日本で一般的に利用される「2004/12/10」形式及び「2004.12.10」形式、途中の区切り記号をなくした「20041210」形式の3パターンについて考えています。

年については単純に「\d{4}」、月と日については単純に「\d{2}」を利用しています。途中の区切り文字については、「-」「/」「.」「なし」の4パターンに対応しなければなりません。この例では「([-/.]?)」として「-」「/」「.」の各パターンに対応すると共に、最後に「?」を付与することで、区切り文字が存在しない場合にも対応しています。

区切り文字は「年」と「月」、「月」と「日」の間の両方に存在しますが、「2004-12/10」や「2004/12-10」のように、区切り文字が異なるものが認められるケースはまずないでしょう。先ほど「[-/.]?」ではなく「([-/.]?)」を利用して「[-/.]」部分をキャプチャしていたのは、2つの区切り文字が同じものであることを保証するためです。

「月」と「日」の間に置かれた「\1」は、「年」と「月」の間に置かれた区切り文字に展開されます。これによって、この正規表現は「年」と「月」、「月」と「日」の間の区切り文字が同じ場合にのみマッチすることになります。

「([-/.])?」と「([-/.]?)」の違い

上記の正規表現で「([-/.]?)」ではなく「([-/.])?」を利用すると、区切り文字が存在しない場合にマッチしなくなります。

「([-/.]?)」は「[-/.]」をオプションとしており、「[-/.]」の有無に関係なくキャプチャが行われます。仮に区切り文字が存在しなかった場合は、空文字列がキャプチャされます。

しかし「([-/.])?」はキャプチャそのものをオプションとして扱っているため、区切り文字がない場合はキャプチャが行われません。その結果「\1」として参照可能なものが存在しないことになってしまい、正規表現全体のマッチに失敗してしまうのです。

参照

(pattern)、\(pattern\)　部分正規表現のグルーピング→ P.118

02 「19:58:02」形式にマッチさせたい

```
([01][0-9]|2[0-3]):([0-5][0-9]):([0-5][0-9])
```

24 時間制の場合、時は「00」から「23」までの値を取ります。「00」から「09」、「10」から「19」の間では 1 の位が 0 から 9 の値を取るので、「00」から「19」までの範囲は「[01][0-9]」として表現できます。一方、「20」から「23」の間で 1 の位が取る範囲は 0 から 3 までですので、「20」から「23」の範囲は「2[0-3]」となります。この 2 つを組み合わせた「[01][0-9]|2[0-3]」は、時の部分を表現する正規表現となります。

分及び秒の部分は共に「00」から「59」までの範囲を取りますので、単純に「[0-5][0-9]」として表現できます。これらを組み合わせた結果が、例に挙げた正規表現となります。

なお、「時 : 分 : 秒」形式では 12 時間制が利用されるケースもあります。この場合、時の部分を「0[0-9]|1[01]」とします。

参考

値が 0 から 9 であれば 1 桁という場合（10 の位に「0」が入らない場合）、「時」については「[1]?[0-9]|2[0-3]」、「分」及び「秒」については「[1-5]?[0-9]」を利用して対応します。

参照

[xyz]　指定された文字の中のいずれかにマッチ→ P.114
(pattern)、\(pattern\)　部分正規表現のグルーピング→ P.118

01 郵便番号にマッチさせたい

1 \d{3}-\d{4} ……「3 桁 -4 桁」版
2 \d{3}(?:-\d{4}|-\d{2})? …… 完全版

現在の郵便番号は「123-1234」のように「3 桁 -4 桁」という形式になっています。現在の郵便番号に対応するだけでよければ、「\d{3}-\d{4}」とすればよいでしょう。

かつて利用されていた「3 桁のみ」、あるいは「3 桁 -2 桁」の郵便番号にもマッチさせる場合は、多少の工夫が必要となります。この場合、ハイフン（-）の後ろに 2 桁あるいは 4 桁の数字列が現れるか、3 桁だけ（ハイフンもつかない）というパターンについても考えなければなりません。

これを表現したものが、「完全版」として挙げた正規表現です。「\d{3}」の次に「-\d{4}|-\d{2}」を置くことで、3 桁に続いてハイフン、及び 4 桁または 2 桁の数字を取るようにしています。また、「-\d{4}|-\d{2}」はなくとも構わないので、これを「(?: ..)」でグルーピングし、「?」を置いています。

この表現は、一見「\d{3}(?:-\d{2,4})?」としてもよさそうに見えます。しかし「\d{2,4}」は「2 文字以上 4 文字までの数字の連続」を示しているので、このままでは「123-123」のように、ハイフンの後ろが 3 桁のものにまでマッチしてしまいます。

注意

「(?:-\d{4}|-\d{2})?」の部分を「(?:-\d{2}|-\d{4})?」にすると、従来型 NFA を利用する正規表現エンジンでは、「123-1234」のうちの「123-12」部分にしかマッチしなくなります。従来型 NFA は選択肢を順に調べ、マッチする選択肢が見つかった時点で処理を打ち切るからです。

この場合、正規表現エンジンは「-1234」部分にまず「-\d{2}」を適用します。ここで「-12」にマッチすることが確認できれば、マッチ完了とみなして処理を打ち切ります。「-\d{4}」にマッチする文字列が「-\d{2}」にマッチしないということはあり得ないため、「-\d{4}」が評価されることはありません。従って、「(?:-\d{2}|-\d{4})?」は「(?:-\d{2})?」と同じ意味になってしまうのです。

参照

?、\?、\=　直前の正規表現と 0 回または 1 回一致→ P.137
\d、\D　任意の数字にマッチ／数字以外の任意の 1 字にマッチ→ P.138
(?:pattern)　部分正規表現のグルーピング（キャプチャなし）→ P.179

02 電話番号にマッチさせたい

```
0\d{1,4}-\d{1,4}-\d{4}
```
通常の処理系（Perl 用は後述）

日本の電話番号は総務省が管轄しており、普通の固定電話の電話番号体系は次のように定められています。

・国内プレフィックス「0」
・市外局番 1 ～ 4 桁
・市内局番 1 ～ 4 桁
・加入者番号 4 桁

これを単純に正規表現化すると、冒頭に挙げた形式となります。しかし電話番号にマッチさせる上で厄介なのは、市外局番と市内局番の合計桁数は 5 桁と規定されている点です。この「合計で 5 桁」という制約は、通常の正規表現では表現することができません。冒頭に挙げた形式では「01-2-4567」といった、およそ電話番号とはかけ離れた文字列にもマッチしてしまいます。

このように桁数を意識しながら正規表現を動的に調整する必要がある場合、Perlでは「動的正規表現」が利用できます。動的正規表現とは正規表現中に Perl のコードを埋め込むという手法であり、埋め込まれたコードが出力した結果（文字列）はそのまま正規表現の一部として利用されます。Perl のコードによって市外局番としてマッチした文字列の長さを調べることができれば、市内局番として有効である桁数を動的に算出することが可能となるでしょう。

以下では Perl の動的正規表現を利用してこの問題に取り組んでみますが、せっかくなので問題をもう少しややこしくしてみましょう。本書初版時点での電話番号体系は今よりもっと複雑であり、以下のようになっていました。

▼ 2006 年までの固定電話の電話番号体系

項目名	国内プレフィックス	市外局番	市内局番	加入者番号
形式	「0」固定	1 ～ 5 桁	0 ～ 4 桁	4 桁
例 1	0	3	1234	5678
例 2	0	538	34	5678
例 3	0	15829		5678

現在とは異なり市外局番は1～5桁であり、かつ市外局番と市内局番の桁数の合計には5桁だけでなく、4桁のケースもありました。更に厄介なのは、市外局番が5桁の場合、市内局番がなかった(例:015829-0034)という点にあります。

このようなパターンにマッチする動的正規表現は以下のようになります。正規表現をわかりやすくするために改行やコメントを追加しているため、この形式のまま利用するにはx修飾子が必要となります。

［文例］

```
m/
 0                          # 国内プレフィックス
 (\d{1,5})                  # 市外局番をキャプチャ 1
 -
 (                          # 市内局番をキャプチャする 2
  (??{                      # 動的正規表現の開始 3
    length($1) > 4          # キャプチャした市外局番は4より長いか? 4
      ?                     # 三項演算子「?」
      ""                    # 4より長ければ結果を空文字列に 5
      :                     # そうでない場合は ...
      '\d{' .               # 文字列「\d{」に
      (4-length($1)) .      # 4から市外局番の桁数を引いた値と 6
      ',' .                 # 「,」と
      (5-length($1)) .      # 5から市外局番の桁数を引いた値と 7
      '}'                   # 「}」を連結する
    })                      # 動的正規表現の終了
  )                         # 市内局番のキャプチャの終了
 (?(?{length($2) > 0})-)    # 市内局番の長さが0以上なら、「-」を利用 8
 \d{4}                      # 加入者番号
/x
```

あらかじめ市外局番をキャプチャしておくことにより、以後の正規表現内では後方参照の内容を保持する特殊変数「$1」を利用して、市外局番を取り出すことができます(1)。また、後からの利用に備えて、市内局番もキャプチャしておきます(2)。

市内局番にマッチさせるための正規表現は、動的正規表現として実現します(3)。動的正規表現内ではまずPerlのlength関数を利用して、「$1」(キャプチャされた市外局番)

の長さが4より大きいかどうかを判断しています（4）。もし4より大きければ、市内局番は0桁となるため、正規表現として空文字列（""）を返します（5）。

4より大きい場合は「\d{m,n}-」という正規表現を作成しますが、mとnのそれぞれを動的に生成している点がポイントです。市内局番の長さは「4 - 市外局番の長さ」あるいは「5 - 市外局番の長さ」でなければならないので、mとして「4-length($1)」、nとして「5-length($1)」を計算しています（6、7）。これらの計算結果はPerlの文字列連結演算子「.」によって連結され、最終的に「\d{m,n}-」という文字列が生成されています。上記の動的正規表現を利用することによって、市外局番が2桁の場合は「\d{2,3}-」、4桁の場合は「\d{0,1}」、5桁の場合は空文字列が市内局番用の正規表現として生成されます。

ただし、これだけでは十分ではありません。市外局番の桁数が0桁の場合、市内局番と加入者番号を結ぶハイフンはあってはならないものとなるからです。

それを判断するのが、次に置かれている条件分岐構文「(?(?{length($2) > 0})-)」です（8）。先ほど生成されたパターンによってキャプチャされた結果が0桁以上であれば「-」を正規表現中に置きますが、そうでなければ何もしません。これにより、市内局番が存在すれば「市外局番 - 市内局番 - 加入者番号」という形式に、存在しなければ「市外局番 - 加入者番号」という形式になることが保証されます。

参照

(?(condition)yes-pattern)　conditionが成立した場合は、yes-patternにマッチするかどうかを試す→ P.192

(??{code})　埋め込まれたコードを実行し、その結果を正規表現として使用→ P.232

03 「キー = 値」という形式にマッチさせたい

```
\w+\s*=\s*.+
```

Java のプロパティ・ファイルなどでは、「キー = 値」という形式を使い、特定のキー項目に値を設定するという記法が採用されています。ここで挙げた例は、「キー = 値」という形式にマッチする正規表現です。

キーの部分を示す表現として「\w+」を利用していますが、キーとして「\w」に含まれていない文字（例：「-」）などを利用できる場合は、「[\w-]」のように利用可能な文字を明示的に指定してください。続く「\s*=\s*」は、キーと「=」、「=」と値の間に、空白が含まれていてもよいことを示しています。最後に、値にマッチさせる表現として「.+」を置いています。

マッチさせた文字列からキーと値のそれぞれを抜き出したければ、「(\w+)\s*=\s*(.+)」のように、抜き出したい部分を「(」及び「)」でグルーピングすればよいでしょう。

参照

\s、\S　任意の空白文字にマッチ／空白文字以外の任意の文字にマッチ→ P.140
\w、\W　任意の単語構成文字にマッチ／単語構成文字以外の任意の文字にマッチ→ P.142

04 Windowsのフルパス形式にマッチさせたい

```
^[A-Za-z]:(?:\\[^\\/<>*|:?"]+)*$
```

Windowsのパスは「ドライブ文字：パス」という形式になっており、パスの区切り文字としては「\」が利用されます。ここで挙げた例は、Windowsのフルパス（ドライブ文字から始まるパスの形式）にマッチする正規表現です。

ドライブ文字にマッチする表現は「[A-Za-z]:」として記述できます。続く「(?:\\[^\\/<>*|:?]+)」は「\ファイル名（あるいはディレクトリ名）」を示すものです。Windowsのファイル名ではブラケット表現内に示した「\」「/」「<」「>」「*」「|」「:」「?」「"」の各文字は利用できないため、これらの文字を含まない文字だけにマッチするようにしています。

注意

Perlではブラケット表現内でもエスケープ文字として「\」が利用されるので、「\」をブラケット表現内に置くためには「\\」とする必要があります。

参考

ファイル名には当然ながら各種の制御文字を利用することもできません。これら制御文字にも対応するのであれば、ファイル名に利用可能な文字として「[^[:cntrl:]\\/<>*|:?"]」を利用します。

参照

\　メタキャラクタの持つ特別な意味を失わせる→ P.109
[xyz]　指定された文字の中のいずれかにマッチ→ P.114
$　文字列の末尾、または改行文字の直前にマッチ→ P.124
^　文字列の先頭、または改行文字の直後にマッチ→ P.125

05 Windowsの特殊ファイル名にマッチさせたい

```
(?:.*\\)?(?i:PRN|AUX|CLOCK\$|NUL|CON|COM\d|LPT\d)(?:\.[^\\/<>*|:?"]*)?$
```

Windows では MS-DOS に由来する一部のファイル名が「予約デバイス名」として予約されており、ユーザが利用することはできません。これらのファイルは UNIX 系 OS の「デバイスファイル」と同種の役割を持っていますが、相対パス形式となっているため、事実上すべてのディレクトリに存在しています。「aux.txt」のように拡張子を付けたとしても、これらのファイル名と同名のファイルを作成することはできません。

▼ Windows/MS-DOS の特殊ファイル名

特殊ファイル名	役割
CON	コンソールへの入出力。UNIX 系 OS での標準入力 / 標準出力 / 標準エラー出力すべての役割を負っている
AUX	システムに接続されているシリアルポート（RS-232-C）のうち、最初のシリアルポートへの入出力。「AUX」は、後述する「COM1」と同じ
PRN	プリンタへの出力。後述する「LPT1」と同義
NUL	NULL デバイス。UNIX 系 OS での「/dev/null」とほぼ同じ働きをする
COM1 ～ COM9	シリアルポートへの入出力。「COM」とは「communication port（通信ポート）」の意味
LPT1 ～ LPT9	パラレルポートへの入出力。LPT とは「Line Printer」の意味
CLOCK$	システムクロック（現在の Windows には存在しない）

ここで例として挙げた正規表現では、まず「(?:.*\\)?」をファイル名中のディレクトリ部分全体にマッチさせています。「.*\\」全体に「?」を適用しているため、ディレクトリ名部分が存在しなくとも問題ありません。

続く「(?i:PRN|AUX|CLOCK\$|NUL|CON|COM\d|LPT\d)」は、上記の特殊ファイル名にマッチする部分です。「CLOCK$」の「$」がメタキャラクタとして解釈されないよう、明示的に「\」でエスケープしている点に注意してください。また、Windows ではファイル名の大文字 / 小文字は区別されないため、この範囲では大文字 / 小文字を無視したマッチを行うようにクロイスタ「(?i: ..)」を利用しています。

最後の「(?:\.[^\\/<>*|:?"]*)?」は拡張子部分に一致するものです。拡張子はあってもなくてもよいので、やはり拡張子にマッチする内容全体に「?」を付与しています。

注意

この正規表現は、ファイル名として特殊ファイル名に一致するかどうかを調べるものですので、パス中に特殊ファイル名が存在したとしても無視してしまいます（例：「C:\con\some.txt」）。

参照

(?modifier:pattern)、(?-modifier:pattern)　指定した処理モードを部分正規表現に指定する（クロイスタ）→ P.220

06 IP アドレス (IPv4) にマッチさせたい

```
1 \b\d{1,3}\.\d{1,3}\.\d{1,3}\.\d{1,3}(/\d{1,2})?\b ……… 単純な例
2 \b
   (?:(?:[01]?\d\d?|2[0-4]\d|25[0-5])\.){3}
   (?:[01]?\d\d?|2[0-4]\d|25[0-5])
   (?:/(?:[1-9]|[12]\d|3[012]))?
  \b ……… より厳密な例
```

※上記「より厳密な例」には改行や空白が含まれているため、そのまま利用するには x 修飾子が必要

IP アドレス (IPv4) は「127.0.0.1」のように、0 から 255 までの値をピリオド (.) で区切って 4 つ並べることで表記されます。ただし、「127.000.000.001」のように不足している桁を「0」で埋める場合もあります。また、ネットワークの範囲を示す場合は「172.18.12.0/24」のように、ネットワーク部として利用されるビットの数 (1 から 32) を「/」の後ろに記述します。ここでは、これらに対応する正規表現を考えてみます。

単純に考えた場合、例中の上側に示した正規表現のようになります。この例では「\d{1,3}」によって 3 桁の値を表現し、それらを「.」で繋ぐことによって、「3 桁の値が 4 つ並んでいる」という状態を表現しています。また、「/ ビット数」部分は「(/\d{1,2})」として表現しますが、これはなくても構わない部分なので、後ろに「?」を付与しています。

この表現は大抵の場合に有用ですが、「555.666.77.8」のように IP アドレスとしては認められない文字列にもマッチしてしまいます。より厳密な表現が必要であれば、0 から 255 の値にしかマッチしない正規表現を作成し、それを 4 つ繋げることになるでしょう。この「0 から 255 の値にしかマッチしない正規表現」を作成するには、値の範囲に応じて、個別に正規表現を考えます。

▼値の範囲に応じた正規表現

値の範囲	正規表現
0～9（0埋めなし）	\d
10～99（0埋めなし）	\d\d
000～009（0埋めあり）	00\d
010～099（0埋めあり）	0\d\d
100～199	1\d\d
200～249	2[0-4]\d
250～255	25[0-5]

これらのパターンをすべて列挙し、選択肢で繋いでも構いません。しかし選択肢の数が多いことはマッチの効率を落すことに繋がるため、ある程度統合することを考えてみます。

0（000）から199までの範囲については、100の位以外についてはすべて「\d」で示すことができますので、ある程度の統合が可能なように見えます。100の位は0か1しかありませんので、ここは「[01]」と決まります。100の位は存在しないことも考えられますから、最終的には「[01]?」となります。

また、10の位と1の位は共に0から9の値を取りますので、単純に「\d\d」となります。しかし0から9の範囲については10の位の「0」が存在しないことが考えられますので、「\d\d?」のように、片方の桁はあってもなくてもよいとしておく必要があります。これに先ほど検討した「[01]?」を追加することで、最終的に0（000）から199までの範囲は「[01]?\d\d?」として表現できます。

これに200から249を示す「2[0-4]\d」、250から255を示す「25[0-5]」を合わせれば、0（000）から255までの値を示す正規表現「[01]?\d\d?|2[0-4]\d|25[0-5]」の完成です。これを単純に「\.」で区切って並べてもよいのですが、「.」は4つのうちの最初の3つの値の末尾に必ず付与されるという点に注目すれば、最初の3つの値の部分は「(?:(?:[01]?\d\d?|2[0-4]\d|25[0-5])\.){3}」として表現することが可能です。この末尾に「[01]?\d\d?|2[0-4]\d|25[0-5]」を付与すれば、IPアドレスを示す正規表現となります。

最後に、「/ビット数」部分についても考えてみましょう。1から32までの値を示す正規表現は、1から9を示す「[1-9]」、10から29を示す「[12]\d」、30から32を示す「3[012]」を合成したものと考えることができます。これに「/」を付与した「/(?:[1-9]|[12]\d|3[012])」が、「/ビット数」部分を示す正規表現となります。

注意

これらの正規表現を確実に動作させるには、正規表現の前後に「\b」が必要です。前後に「\b」がなければ、「0123.45.67.2543」といった無意味な数字の羅列に含まれる「123.45.67.254」部分にもマッチしてしまうでしょう。更に、従来型NFAエンジンで2つ目の正規表現を利用した場合、「172.18.12.224」の「172.18.12.22」にしかマッチしないという問題も発生します。

従来型NFAエンジンでは、選択肢中の選択肢を最初から調べ、特定の選択肢にマッチした時点で処理が打ち切られます。この例では、最初の選択肢「[01]?\d\d?」が「224」の「22」にマッチするため、本当にマッチしてほしい「2[0-4]\d」に対する処理を行う前に、マッチ処理が打ち切られてしまうのです。

「2[0-4]\d|25[0-5]|[01]?\d\d?」として、先に「2[0-4]\d」にマッチさせればこの問題を避けることは可能ですが、マッチの効率を考えるとこの改変は避けるべきです。と言うのは、200から255の間には55個の値しか存在しませんが、0から199には200個の値が存在するからです。マッチする可能性が高い選択肢を前に持ってくるのは、従来型NFAエンジンで効率を上げるための常套手段です。

参照

[xyz]　指定された文字の中のいずれかにマッチ→ P.114
x|y、x\|y　正規表現xまたはyにマッチ→ P.133
\d、\D　任意の数字にマッチ／数字以外の任意の1字にマッチ→ P.138

07 ホスト名（FQDN）にマッチさせたい

```
^(?:[a-z0-9]\.|[a-z0-9][a-z0-9-]{0,61}[a-z0-9](?:\.|$))+$
```

「FQDN（Fully Qualified Domain Name）」とは、「ホスト名＋ドメイン名」の形式で表現されるホスト名です。この形式を利用すれば、特定のホストをインターネット中で一意に指定できます。ホスト名についてはRFC 952及びRFC 1123で、アルファベット、数字、マイナス記号、ピリオドのみが利用できると規定されています。ただし、以下のような制限もあります。

- ピリオドは区切り文字としてのみ利用可能
- 最初と最後の文字としてマイナス記号は利用できない
- ラベル（FQDN中のピリオドで区切られた個々の部分）の長さは63文字まで

例に示したのは、これらの制限を充足するための正規表現です。ホスト名には大文字/小文字の区別は存在しないため、実際に利用するにはi修飾子を併用する必要があります。

FQDNはラベルの1つ以上の連続となりますので、まずはラベルに対する上述の制限を満たすような正規表現として「[a-z0-9][a-z0-9-]{0,61}[a-z0-9]」を考えます。「最初と最後の1文字はアルファベットか数字」なので最初と最後に「[a-z0-9]」を配置し、「途中の文字はアルファベットかマイナス記号」なので間に「[a-z0-9-]」を挟みます。更に、全体の上限が63文字なので「[a-z0-9-]」の連続は61文字まで、としています。

次に、ラベルを区切るピリオドについて考えます。ピリオドは最後を除くラベルの直後に必要ですので、「ピリオドがあるか、あるいは文字列の最後か」を表現する「(?:\.|$)」という表現を考えます。これをラベルの最後に配置しましょう。

これで完成に見えますが、「m.example.com」の「m」のようにラベルが1文字の場合もあるので、「[a-z0-9]\.」というパターンも用意しましょう。最後のラベルであるTLD（トップレベルドメイン）は最低2文字なので、1文字のラベルは先頭あるいは途中でしか使われません。そこで、常にピリオドが続く前提の表現としています。

必要な部品を全て組み合わせたのがここで取り上げた正規表現です。ラベルが1文字のケースと、ラベルが2文字以上のケースを選択肢として組み合わせ、その全体の繰り返しを「+」で示しています。

参照

[xyz]　指定された文字の中のいずれかにマッチ→ P.114
x|y、x\|y　正規表現xまたはyにマッチ→ P.133

08 パーセントエンコーディングにマッチさせたい

```
^(?:%[0-9a-fA-F]{2}|[\w.~-])*$
```

RFC 3986によると、URIの中で予約されている文字及びASCIIの範囲外の文字を利用する場合は、「%」に当該文字の16進表記を付与した形式に変換することになっています。このような文字の変換規則のことを「パーセントエンコーディング」と呼びます。上記例中の「[0-9a-fA-F]{2}」という文字列をパーセントエンコーディングで記述すると「%5B0-9a-fA-F%5D%7B2%7D」となります。

URIでの「予約されていない文字（非予約文字）」はアルファベット、数字、「-」「.」「_」「~」だけで、後の文字はすべて予約済みです。従って、これらの文字以外はすべてパーセントエンコーディングとして記述されていなければなりません。

パーセントエンコーディングを正規表現で記述すると、「%[0-9a-fA-F]{2}」となります。RFC 3986はパーセントエンコーディングに大文字を利用するよう要請していますが、現在は小文字が利用されているケースも多いと思われるので、「a-f」も入れてあります。

これに非予約文字を表現する「[\w.~-]」を付与し、文字列が先頭から最後までパーセントエンコーディングと非予約文字だけで構成されていることを示したものが、この例で挙げた正規表現となります。非予約文字は「[a-zA-Z0-9-._~]」として表せますが、ここでは表現を簡潔にするため、「アルファベット、数字及び_」を意味する「\w」に「.」「-」「~」を加えたブラケット表現を利用しています。

参照

[xyz]　指定された文字の中のいずれかにマッチ→ P.114

x|y、x\|y　正規表現xまたはyにマッチ→ P.133

\w、\W　任意の単語構成文字にマッチ／単語構成文字以外の任意の文字にマッチ→ P.142

09 エンコードされたメールヘッダにマッチさせたい

```
=\?[^?]+\?[BQ]\?[^?]+\?=
```

メールヘッダでASCII以外の文字を利用したい場合、RFC 2047で定義されている「encoded-word」という手法を利用する必要があります。これはASCII以外の文字をASCIIの文字だけで表現するための特別なエンコード方法であり、その形式は次のようになっています。

```
=?charset?encoding?encoded-text?=
```

例として、文字列「正規表現」をencoded-wordでエンコードした結果を以下に示します。

```
=?iso-2022-jp?B?GyRCQDU1LEk9OD0bKEI=?=
```

「charset」はエンコード前の文字コード名（「iso-2022-jp」など）、「encoding」にはエンコード方式（Base64なら「B」、Quoted Printableなら「Q」）、「encoded-text」にはエンコード後の文字列が格納されます。これを正規表現で示すと、例のようになります。

最初の「=\?[^?]+」という部分は「=?charset」にマッチします。charsetとencoding部分は「?」で区切られるので、「=?」から「?」までの範囲をcharsetとしています。続く「\?[BQ]」は「?encoding」で、BあるいはQだけを取るようにしています。最後の「\?[^?]+\?=」は「?encoded-text?=」にマッチする部分で、charsetと同様、「?」から「?=」までの範囲をencoded-textとするようにしています。

「?」はメタキャラクタと解釈されるため、この正規表現では文字「?」にマッチさせるために「\?」と記述している点に注意してください。

参照

[xyz]　指定した文字の中のいずれかにマッチ→ P.114

+、\+　直前の正規表現と1回以上一致→ P.135

?、\?、\=　直前の正規表現と0回または1回一致→ P.137

10 クエリ文字列を分解したい

```
((?:%[0-9a-fA-F]{2}|[\w.+~-])*)=((?:%[0-9a-fA-F]{2}|[\w.+~-])*)(?:&|$)
```

HTML のフォームから GET メソッドを使ってフォームデータをサブミットすると、Web ブラウザは form 要素の action 属性に示された URL の末尾に「?」を置き、その後ろにフォームデータを付与した新しい URL を生成します。このように、URL 中で「?」に続いて現れるフォームデータを「クエリ文字列」と呼びます。

クエリ文字列の形式は以下の通りです。「コントロール名」とは、form 要素内の各 input 要素に付与された名前（name 属性の値）です。

```
コントロール名 1= 値 1& コントロール名 2= 値 2& コントロール名 3= 値 3&...
```

コントロール名及びコントロールの値は必要に応じてパーセントエンコーディングされるため、「パーセントエンコーディングにマッチ」で示した正規表現を利用しています。ただし、サブミット時はスペース（0x20）が「+」に変換されるため、マッチ対象に「+」を追加しています。

コントロール名の終端は「=」、値の終端は「&」か文字列末尾（「$」）となります。後から値を取り出せるように、コントロール名と値を「(」及び「)」でキャプチャしている点に注意してください。

この正規表現を利用したクエリ文字列の分解を、Perl で実装すると以下のようになります。g 修飾子と「\G」を利用して単一の値に対して繰り返し処理を行い、複数のフォームデータを取り出しています。キャプチャされたコントロール名は「$1」で、値は「$2」で参照できます。

```
#!/usr/bin/perl
$str = "name1=value1&name2=value2&name3=value3";←フォームデータ
while ($str =~ /\G((?:%[0-9a-fA-F]{2}|[\w.+~-])*)=((?:%[0-9a-fA-F]{2}|[\
w.+~-])*)(?:&|$)/g) {
  print "$1:$2\n";                              ←キャプチャの結果を出力
}
```

11 メールアドレスにマッチさせたい

```
^
[\w!#$%&'*+/=?^`{|}~-]
(?:[\w!#$%&'*+/=?^`{|}~-]|
  \.(?=[\w!#$%&'*+/=?^`{|}~-])){0,63}
@
(?:[a-z0-9]\.|[a-z0-9][a-z0-9-]{0,61}[a-z0-9](?:\.|$))+
$
```

※上記の例には改行や空白が含まれているため、そのまま利用するにはx修飾子が必要

メールアドレスの表記方法はRFC 2821/RFC 2822に定義されていますが、完全にこれを表現しようとすると、極めて巨大、かつ理解困難な正規表現となってしまいます。そこで、ある程度簡略化したものについて考えてみることにします。

メールアドレスの一般的な表記は、「ローカルパート@ドメイン」というものです。ドメイン部分については「ホスト名（FQDN）にマッチ」で説明したものがそのまま利用できますので、ここではローカルパート部分（一般的にはユーザ名）について考えます。

ローカルパートとして利用可能な文字はRFC 2822において、「アルファベット」「数字」「!#$%&'*+-/=?^_`{|}~」と定義されています。また、これらの文字が前後に存在する場合に限り、「.」を利用することが許可されています。つまり「taro..yamada」のように「.」が連続したメールアドレスや、「taro.yamada.」のように「.」がローカルパートの先頭や最後に置かれたメールアドレスは許されていません。また、ローカルパートの最大長は64文字となっています。

それでは、順番に考えてみましょう。まず、「アルファベット」「数字」「!#$%&'*+-/=?^_`{|}~」は、「[\w!#$%&'*+/=?^`{|}~-]」として定義できます。なお、「-」はブラケット表現の途中には置けないため、最後に移動しています。

次に、「.」の存在について考えてみます。「.」が許可されるためには、「.」の前後に「[\w!#$%&'*+/=?^`{|}~-]」が存在しなければなりません。この条件は、先読み/戻り読みを利用して以下のように記述できます。

```
(?<[\w!#$%&'*+/=?^`{|}~-])\.(?=[\w!#$%&'*+/=?^`{|}~-])
```

もっとも、正規表現のマッチは左から右へと行われます。つまり、「.」が見つかった際

に次の文字が「.」でないことが常に保証されていれば、戻り読みによって1文字前の文字が「.」でないことを確認する必要はありません。つまり、「次に続く文字が『[\w!#$%&'*+/=?^`{|}~-]』であれば『.』が許可される」ことを意味する「\.(?=[\w!#$%&'*+/=?^`{|}~-])」で十分です。

結果として、ローカルパートは次のように表現できます。

```
[\w!#$%&'*+/=?^`{|}~-](?:[\w!#$%&'*+/=?^`{|}~-]|\.(?=[\w!#$%&'*+/=?^`{|}~-])){0,63}
```

「(?:[\w!#$%&'*+/=?^`{|}~-]|\.(?=[\w!#$%&'*+/=?^`{|}~-]))」では1文字目に「.」が置かれないということが保証できないため（2文字目が「[\w!#$%&'*+/=?^`{|}~-]」にマッチすれば、1文字目として「.」を置くことが可能です）、1文字目だけは明示的に「[\w!#$%&'*+/=?^`{|}~-]」として、「.」が含まれないようにしています。1文字目を特別扱いしたので、2文字目以降は最大でも63文字以内でなければなりません。よって、量指定子として「{0,63}」を利用しています。

注意

「ホスト名（FQDN）にマッチさせたい（P.313）」で説明した通り、この正規表現を利用する際には、i修飾子が必要です。また、PerlやPHPでデリミタとして「/」を利用する場合は、[\w!#$%&'*+/=?^`{|}~-]内の「/」を「\/」のようにエスケープする必要があります。

参照

(?=pattern)　patternが、この位置の右に存在する場合にマッチ（肯定先読み）→ P.182

(?<=pattern)　patternが、この位置の左に存在する場合にマッチ（肯定戻り読み）→ P.187

i修飾子　大文字／小文字の違いを無視する→ P.196

x修飾子　パターン内で空白とコメントが利用可能となる→ P.212

01 Cプログラムからインクルードされたファイルを抜き出したい

```
^\s*#\s*include\s+[<"](.+)[">]
```

C 言語は、他のファイルの内容を当該ファイル中に取り込むための手段として「インクルード」という機能を提供しています。ここで挙げた正規表現は、インクルード対象となっているファイル名を抜き出すためのものです。

インクルードは「#include <ファイル名>」あるいは「#include "ファイル名"」という記法によって行われます。ファイル名は「"」あるいは「<」「>」で囲まれているので、その部分だけを抜き出せばよいことになります。

最初の「^\s*#\s*include\s+」は、「#include␣"ファイル名"」あるいは「#include␣<ファイル名>」という部分にマッチします。「#」の前後には空白が含まれていてもよいので、「#」の前後には「\s*」を付与しています。また、正規表現の先頭に「^」を付与することによって、「#include」の前に他の文字列が存在しないことを保証しています。

続く「[<"](.+)[">]」は、「#include␣"ファイル名"」あるいは「#include␣<ファイル名>」という部分にマッチします。「"」あるいは「<」「>」で囲まれた部分を「(」「)」でグルーピングすることで、インクルードされたファイル名をキャプチャしています。ここでキャプチャされた内容は、後から「\1」として参照することができます。

なお、この正規表現は「#include "ファイル名>」や「#include <ファイル名"」といった記述にもマッチしてしまいます。しかし、このような記述がされたプログラムはそもそもコンパイル時にエラーとなりますので、問題とはなりません。

02 スクリプトからヒア・ドキュメントを抜き出したい

```
<<(['"]?)(\w+)\1[^\n]*\n(.*)\n\2\s*\n
```

「ヒア・ドキュメント」とはシェル・スクリプトに由来する記法で、現在のスクリプト中から入力を読み込むための機能です。シェル・スクリプト中に「<< 文字列」という記述を置くと、次の行以降に現れる「文字列」までの各行はあたかも独立したファイルの内容であるかのように扱われ、他のコマンドの入力として利用できます。ヒア・ドキュメントはPerlなど、一部のスクリプト言語でもサポートされています（Perlのヒア・ドキュメントは、一種のクォートのような機能となっています）。

以下のPerlスクリプトの断片は、「This is an example of here document.」という行を出力したものです。「<<EOF;」の次の行から「EOF」までがヒア・ドキュメントとなっています。

```
print <<EOF;
This is an example of here document.
EOF
```

スクリプト中のヒア・ドキュメントは、以下のような存在として認識できます。

- 行中で「<< 文字列」を含んだ行を開始行として識別する
- 開始行中の「文字列」だけを含んだ行を終了行として識別する
- 開始行と終了行の間の全ての行をヒア・ドキュメントの内容とする

開始行を識別するには、まず「<< 文字列」という部分にマッチさせる必要があります。「文字列」の前後には「'」あるいは「"」を置くことが可能なので、そのような記法にも対応しなければなりません。そこで、この例では「<<(['"]?)(\w+)\1」という記述を利用しています。

「<<」は、当然ながら「<<」という文字列そのものにマッチします。途中の「(\w+)」はヒア・ドキュメントの「文字列」部分をキャプチャする部分であり、その前後の「(['"]?)」及び「\1」は、「'」あるいは「"」で括られた場合に対応するために利用されます。

「文字列」が「'」あるいは「"」で括られていた場合、「(['"]?)」は「'」あるいは「"」をキャプチャします。後に置かれている「\1」は「(['"]?)」でキャプチャされた文字に展開されるため、「'」あるいは「"」で括られているケースが表現できるわけです。なお、「'」

05-05 プログラム解析

あるいは「"」で括られていなかった場合、「(["']?)」は空文字列をキャプチャしますので、これらの文字で括られていなかったとしても問題ありません。

なお、「<<(["']?)(\w+)\1」がマッチするのはあくまでも「<< 文字列」という部分だけであり、開始行全体にはマッチしていません。そこで直後に「[^\n]*\n」を配置し、開始行の行末までを読み飛ばすようにしています。

続く「(.*)」がヒア・ドキュメントの本体であり、最後の「\n\2\s*\n」が(直前の改行も含めた)ヒア・ドキュメントの終了行です。終了行は開始行中で「<< 文字列」として指定された文字列で開始し、かつその文字列だけが置かれた行なので、開始行中で「(\w+)」としてキャプチャしておいた結果を展開すべく「\2」を置いています。結果として、開始行と終了行に挟まれた内容全体が「(.*)」としてキャプチャされることとなります。

この正規表現を利用した例を、Perl のコードとして示します。複数の行を相手にする処理なので、複数の行を 1 つの文字列として扱うために s 修飾子を利用しています。

[文例]

```
while (<>) {                 ←標準入力からファイルの内容をすべて読み…
  $line .= $_;               ←変数 $line に格納する
}
while ($line =~ /<<(["']?)(\w+)\1[^\n]*\n(.*)\n\2\s*\n/gs) {
                             ←変数 $line に対して繰り返しマッチを実行
  print "$3\n";              ←ヒア・ドキュメントは「(.*?)」でキャプチャされた部分
}
```

注意

Perl ではヒア・ドキュメントを入れ子にできますが、この正規表現は入れ子には対応していません。

注意

(pattern)、\(pattern\)　部分正規表現のグルーピング→ P.118
\n　キャプチャ済みの部分正規表現に対する後方参照→ P.126
?、\?、\=　直前の正規表現と 0 回または 1 回一致→ P.137
s 修飾子　シングルラインモードにする→ P.208

06

逆引きリファレンス 置換編

00 置換編での正規表現について

置換編では「置換対象としたい文字列にマッチする正規表現」と「置換文字列」を例示します。この2つを簡便に示すため、置換編の例はすべてPerlやsedで利用される「s/正規表現/置換文字列/モード修飾子」という形式で記述しています。
「s/A/-/gi」は、以下のような意味となります。

- 正規表現「A」を「-」に置換する
- g修飾子が付与されているので、文字列中の「A」はすべて置換対象となる
- i修飾子が付与されているので、正規表現「A」のマッチ時には大文字/小文字の区別は行われない

応用編同様、利用する正規表現はすべてPerlをベースにしたものとしています。他の処理系で利用する場合は、適宜変更してください。

06-01 文書作成

01 行と行の間に空行を追加したい

```
s/$/\n/
```

欧文文書の組版には「ダブルスペース」という考え方があります。これは欧文タイプライタでの書式に由来するもので、行間を1行ずつあけて印字することを指します。現在では文字の大きさが12ポイントの場合に、1インチ当たり6行のものをシングルスペース、1インチ当たり3行のものをダブルスペースと呼んでいます。

テキストファイルを印刷する際、各行の間に空行を1行ずつ挟み込んでおけば、ダブルスペース印字に近い見栄えとなります。例に挙げたように各行の行末（$）を改行を示す「\n」で置換すれば、各行の間に1行の空行を挟むことができます。

参考

ダブルスペースは論文の原稿などで主に利用される行間であり、ビジネスレターではほとんど用いられません。原稿でダブルスペースが利用されるのは、校正時の書き込みが容易なように行間を広く取る必要があるからです。

参照

$　文字列の末尾、または行終端子の直前にマッチ→ P.124

02 文の区切りで改行を入れたい

1 s/([。．？！])/\1\n/g …… 通常版
2 s/(?<=[。．？！])/\n/g …… 戻り読み版
3 s/(?<=[\V])\b{sb}/\n/g …… テキスト分割アルゴリズム版

個々の文の区切りで改行を入れる最も簡単な方法は、句点や終止符のような「文の区切りとなる記号」の集合をブラケット表現で表現し、それぞれを改行（\n）に置換することです。単純に置換するとこれらの記号がなくなってしまうため、記号をキャプチャしておき、置換文字列を「\1\n」とします。これにより、マッチした記号は「キャプチャされた記号 + 改行」という形式で置換されます。上記例では文の区切りとなる文字として、句点（「。」）、終止符（「．」）、疑問符（「？」）、感嘆符（「！」）を指定しています。

戻り読みが利用できる処理系であれば、「直前に記号がある」という位置を改行で置換しても、同様の結果を得ることができます（正規表現「(?<=[。．？！])」がマッチするのは、記号の直後にある空文字列です）。

Perl では Unicode のテキスト分割アルゴリズムに基づいた「文の区切り」を「\b{sb}」で認識できるので、この位置を改行で置換すればより自然な結果を得ることができます。しかし「\b{sb}」は行頭や改行の直後にもマッチするので、上記例では戻り読みを使って直前に改行以外の文字（「\V」）がある場合のみ改行を行うようにしています。

注意

1 行の中には「文の区切りとなる記号」が複数含まれているかもしれません。この例では g 修飾子を利用して、行中に含まれるすべての記号を置換するようにしています。

参照

[xyz]　指定された文字の中のいずれかにマッチ→ P.114
\n　キャプチャ済みの部分正規表現に対する後方参照→ P.126
\v、\V 任意の垂直方向の空白にマッチ / 垂直方向の空白以外の任意の 1 字にマッチ → P.144

03 行の先頭及び末尾の空白を削除したい

1 s/^\s+// ……… 行の先頭の空白を削除
2 s/\s+$// ……… 行の末尾の空白を削除

行の先頭、及び行の末尾に置かれた空白を削除するには、上記 2 つの正規表現を利用します。

前者の「^\s+」は、行の先頭からの空白の連続を示しています。また、後者の「\s+$」は、行末にある空白の連続を示しています。これらをそれぞれ空文字列に置換すれば、行の先頭及び末尾の空白が削除できます。

参考

「\s」は行終端子にもマッチするメタキャラクタですので、「s/\s+$//」は行末に存在する行終端子も削除します。これが問題となる場合は、「\s」の代わりに「[[:blank:]]」や「\h」を利用すればよいでしょう。

参照

$ 文字列の末尾、または行終端子の直前にマッチ→ P.124

^ 文字列の先頭、または行終端子の直後にマッチ→ P.125

04 カンマの後ろのスペースを1つに統一したい

1 s/,[[:blank:]]*/,␣/g …… 単純版
2 s/,[[:blank:]]*(?!$)/,␣/g …… 改良版

タイプライタで文書を作成する場合、カンマの後ろのスペースは1つに統一することが一般的です。テキストファイル中でこのような体裁を整える作業は、例に挙げたような正規表現で簡単に行うことができます。

「,[[:blank:]]*」は、カンマとその直後の0文字以上の空白を示しています。これを「,␣」に置換すれば、カンマの直後の空白が1文字に統一されます。「[[:blank:]]*」は「0文字以上の空白の連続」を示す概念ですので、「[[:blank:]]*」はカンマの直後に空白がない場合でもマッチします。

1行の中には複数のカンマが含まれることがありますので、繰り返しマッチを行わせるためにg修飾子を指定しています。これによって、行中のすべてのカンマが置換対象となります。

ただし、これでは行の最後の文字が「,」であった場合、行末に余分な空白が1文字追加されてしまいます。これを防ぐには、カンマが行の最後の文字でない場合に限って置換を行うようにすればよいでしょう。例に挙げた「改良版」では否定の先読みを利用し、「カンマとその直後の空白の連続」に続いて「行の末尾（$）」が存在しない場合に限り、置換を行うようにしています。

06-01-04 文書作成

注意

「空白」ということで「\s」を利用したくなるところですが、ここでは「[[:blank:]]」や「\h」、「[\␣t]」などを利用しなければなりません。「\s」は改行などの「行終端子」にもマッチするメタキャラクタですので、カンマの直後に行終端子が存在した場合、その行終端子までもが置換の対象となってしまいます。

参照

[:...:] POSIX文字クラス表現→ P.128
\s、\S 任意の空白文字にマッチ / 空白文字以外の任意の文字にマッチ→ P.140
s修飾子 シングルラインモードにする→ P.208
(?!pattern) patternがこの位置の右に存在しない場合にマッチ（否定先読み）→ P.185

05 ピリオドの後ろのスペースを 2 つに統一したい

1 s/\.[[:blank:]]*/.␣␣/g ……… 通常版
2 s/\.(?!\.)[[:blank:]]*/.␣␣/g ……… 改良版

タイプライタで文書を作成する場合、ピリオドの後ろのスペースは 2 つに統一することが一般的です。テキストファイル中でこのような体裁を整える作業は、「カンマの後ろのスペースを 1 つに統一したい（P.342）」と同様に簡単に行えます。

「\.[[:blank:]]*」は、ピリオドとその直後の 0 文字以上の空白を示しています。ピリオドはメタキャラクタとして利用される文字ですので、「\.」としてエスケープする必要があります。これを「.␣␣」に置換することで、すべてのピリオドの直後の空白が 2 文字に統一されます。

しかしこのままでは、「A.S.A.P.」のように略語で利用されるピリオドの後ろにもスペースが追加されてしまいます。これを防ぐには先読み「(?!.\.)」を利用する必要があります。

「\.(?!.\.)[[:blank:]]*」は「ピリオドの直後に任意の 1 文字とピリオドが存在せず、かつピリオドの直後に 0 文字以上のスペースが連続する」と解釈できます。「A.S.A.P.」の「A.」「S.」「A.」の直後にはそれぞれ「S.」「A.」「P.」が存在し、これらはいずれも「任意の 1 文字とピリオド」というパターンにマッチするため、「A.」「S.」「A.」のピリオドは置換の対象とはなりません。

参照

[:...:]　POSIX 文字クラス表現→ P.128
\s、\S　任意の空白にマッチ / 空白以外の任意の文字にマッチ→ P.140
(?!pattern)　pattern がこの位置の右に存在しない場合にマッチ（否定先読み）→ P.185

06 段落を保持したまま複数行を1行にしたい

1 s/(?<!^)\n//mg ………… 日本語用
2 s/(?<!^)\n/␣/mg ………… 欧文用

テキストファイルでは次のように、空行を利用して段落の区切りを示すことがあります。

```
行の先頭、及び行の末尾に置かれた空白を削除するには、上記2つの↵
正規表現を利用します。↵
↵
前者の「^\s+」は、行の先頭からの空白の連続を示しています。また、↵
後者の「\s+$」は、行末にある空白の連続を示しています。↵
```

この正規表現は、各段落中のすべての行を1行に結合します。先頭にある「(?<!^)\n」は否定の戻り読みで、「改行の直前に行の先頭がない」ということを示しています。従って「(?<!^)\n)」は、「空行以外の行の行末に存在する改行」にマッチします。これを空文字列に置換すると改行が消え、複数の行が連結されて1行となります。「^」を置換対象文字列中の全ての改行の直後にもマッチさせるためにm修飾子を、文字列中の全ての改行に対して処理を行うためにg修飾子を指定している点に注意してください。

この正規表現を、先のサンプルに適用した結果を以下に示します。

```
行の先頭、及び行の末尾に置かれた空白を削除するには、上記2つの正規表現
を利用します。↵
前者の「^\s+」は、行の先頭からの空白の連続を示しています。また、後者の
「\s+$」は、行末にある空白の連続を示しています。↵
```

注意

日本語の文を対象とする場合は改行を空文字列に置換しますが、欧文ではスペースに置換すべきです。欧文の場合、改行を空文字列に置換してしまうと、前の行の最後の単語と、次の行の先頭の単語がくっついてしまうからです。

07 英数字/英単語と日本語の文字の間にスペースを挟みたい

```
1 s/(?<=[0-9A-Za-z])(?=[\p{Han}\p{Katakana}\p{Hiragana}])|
  (?<=[\p{Han}\p{Katakana}\p{Hiragana}])(?=[0-9A-Za-z])/␣/g
  ……………………………………………………………………先読み / 戻り読み版
2 s/([0-9A-Za-z]+)([\p{Han}\p{Katakana}\p{Hiragana}]+)/\1␣\2/g
  ……………………………………………………………………単純置換版 (1)
3 s/([\p{Han}\p{Katakana}\p{Hiragana}]+)([0-9A-Za-z]+)/\1␣\2/g
  ……………………………………………………………………単純置換版 (2)
```

テキストファイルでは見栄えをよくするため、英数字 / 英単語と日本語の文字の間にスペースを挟むような整形を行うことがあります。

「先読み / 戻り読み版」では、先読み及び戻り読みを利用してこれらの処理を行っています。「(?<=[0-9A-Za-z])(?=[\p{Han}\p{Katakana}\p{Hiragana}])」は、英数字が直前に、漢字 / カタカナ / ひらがなが直後に存在するという位置にマッチします。同様に「(?<=[\p{Han}\p{Katakana}\p{Hiragana}])(?=[0-9A-Za-z])」は、漢字 / カタカナ / ひらがなが直前に、英数字が直後に存在するという位置にマッチします。これらはいずれも英数字 / 英単語と日本語の文字の境界に当たりますが、この位置をスペースで置換することによって、英数字 / 英単語と日本語の文字の間にスペースを挟むという処理を実現しています。

「単純置換版」は純粋に「英数字の連続」と「日本語の文字の連続」をそれぞれキャプチャし、「\1␣\2」と明示的に置換を行うことによって、英数字 / 英単語と日本語の文字の間にスペースを挟んでいます。英数字 / 英単語と日本語の文字の間には「英数字 - 日本語」と「日本語 - 英数字」の 2 種類がありますので、1 つの文字列に対して 2 回の置換を行う必要があります。

なお、\p{} で指定している Unicode スクリプト Hiragana 及び Katakana には、濁点 / 半濁点や長音符は含まれていません。しかし日本語の単語の先頭にこれらの文字が配置されることはあり得ないので、ここでは明示的にこれらを「日本語の文字」というパターンから除去しています。

参照

ひらがな / カタカナ / 漢字にマッチさせたい→ P.265

08 単語の先頭の文字を大文字に変換したい

```
s/\b(\w+)\b/\u\1/g
```

Perlやsedの「\u」というメタキャラクタは、後続の文字列の先頭1文字を大文字に変換するという機能を持っています。これを利用すれば、単語の先頭の文字だけを大文字に変換できます。

まず、「\b(\w+)\b」によって単語を切り出します。「\b」は単語の区切りを示すメタキャラクタですので、「\b\w+\b」を利用すれば、文中の1つの単語に必ずマッチします。ここでは更に「(」と「)」を利用することによって、マッチした単語をキャプチャしています。

キャプチャされた単語は「\1」として参照できます。この例の置換文字列では「\1」の直前に「\u」を置くことによって、「\1」が展開される文字列の先頭の文字を大文字に変換しています。

参考

「\u」が用意されていなくとも、文字列の置換にコールバック関数を使える処理系であれば、コールバック関数内部でマッチした部分文字列の先頭を大文字にすることで同様の結果を得ることができます。

たとえば、PHPであれば文字列の最初の文字を大文字にする関数ucfirstを呼び出すコールバック関数を用意することになるでしょう。

参照

\b、\B　単語の境界にマッチ／単語の境界以外にマッチ→ P.169
g修飾子　繰り返しマッチを行う→ P.204
\l、\u　次の文字を小文字／大文字として扱う→ P.225

09 各単語の先頭1文字から頭字語を作成したい

```
s/\b(\w)\w*\b\W*/\u\1/g
```

「単語の先頭の文字を大文字に変換したい（P.347）」で紹介したテクニックを応用すれば、複数の単語の先頭1文字を取り出して、頭字語（acronym）を作成することができます。たとえば、「domain name system」という単語から、「DNS」という頭字語が作成できます。

マッチの対象としては、「\b(\w)\w*\b\W*」を利用します。「単語の先頭の文字だけを大文字に変換する」では「\b(\w+)\b」とすることによって単語全体をキャプチャしていましたが、ここでは「(\w)\w*」とすることで、単語の先頭の1文字だけをキャプチャしています。

最後に置かれた「\W*」は、次の単語までに存在する各種の空白や区切り文字までをマッチの対象とするためのものです。「domain␣name␣system」の例であれば、最初のマッチでは「domain␣name␣system」までがマッチすることになります。

置換文字列では「\u\1」によって、キャプチャされた1文字を大文字に変換しています。g修飾子によってこの変換をすべての単語に対して適用すれば、各単語の先頭1文字だけが大文字として残ることになります。

参照

\n　キャプチャ済みの部分正規表現に対する後方参照→ P.126

\w、\W　任意の単語構成文字にマッチ／単語構成文字以外の任意の文字にマッチ→ P.142

g修飾子　繰り返しマッチを行う→ P.204

\l、\u　次の文字列を小文字／大文字として扱う→ P.225

01 「sample.html#p1」から、#より前/後の文字列を削除したい

1 s/[^#]*// ……… 前の部分を削除
2 s/#.*$// ……… 後の部分を削除

HTMLのa要素には、id属性を利用して識別子を付与することができます。このようなa要素は「#識別子」という値（URLフラグメント）を利用することによって、外部のリソースや同一文書内の別の場所から参照することができます。

URL中の「#」より前の部分を削除して「#」以降だけを残すには、例1のような方法を利用します。「[^#]*」は、文字列の先頭から「#」以外の文字が連続している部分にマッチします。この部分を空文字列に置換すれば、「#」より前の文字列を削除することができます。

URL中の「#」より後の部分を削除して「#」以前だけを残すには、例2のような方法を利用します。「#.*$」は、文字列内で「#」が登場した位置より後ろにあるすべての文字にマッチします。この部分を空文字列に置換すれば、「#」以降の文字列を削除することができます。

参照

[xyz]　指定された文字の中のいずれかにマッチ→ P.114
$　文字列の末尾、または行終端子の直前にマッチ→ P.124

02 「&」をすべて「&」に置換したい

```
s/&(?!amp;)/&amp;/g
```
先読み版

HTML 中に存在する「&」を「&」に置換する際、単純に「&」を「&」に置換してしまうと、既に存在する「&」に含まれる「&」までもが置換の対象となってしまいます。これを避けるためには、先読みを利用します。

「&(?!amp;)」は否定の先読みで、「amp;」という文字列が直後に存在しない場合に限って「&」にマッチします。このパターンにマッチした「&」が「&」という位置にあることはあり得ないため、これらの「&」は安全に「&」へと置換できます。

sed のように先読みが利用できない処理系では、まず「&」を「amp-amp;」のように、他の場所では利用されていないと思われるパターンに変換します。これによって「&」というパターンを消してしまえば、すべての「&」を「&」に変換することができます。最後に、先ほど変換した「amp-amp;」を「&」に戻せば、すべての置換が完了します。

この処理を sed で実現する例を以下に示します。2 行目と 3 行目で「&」の直前に「\」を付与しているのは、sed では「&」が「マッチした内容全体を取り出す」という機能を持ったメタキャラクタとして扱われるからです。

［文例］

● sed で実現する例です。

```
s/&amp;/amp-amp;/g
s/&/\&amp;/g
s/amp-amp;/\&amp;/g
```

参照

(?!pattern)　pattern が、この位置の右に存在しない場合にマッチ（否定先読み）→ P.185

g 修飾子　繰り返しマッチを行う→ P.204

&　マッチした内容に対する後方参照→ P.237

03 XMLの「<要素名/>」を「<要素名></要素名>」に変換したい

```
1 s:<([^/\s]*)([^/]*)/>:<\1\2></\1>:g ……… 「<e/>」→「<e></e>」
2 s:<([^>/s]*)([^>]*)></\1>:<\1\2/>:g ……… 「<e></e>」→「<e/>」
```

※マッチ対象の文字列中に「/」が含まれているので、デリミタとして「/」ではなく「:」を利用

XML では「< 要素名 ></ 要素名 >」のように内容を持たない要素について、終了タグを省略した「< 要素名 />」という記法を利用することが許されています。このような省略記法を、元の「< 要素名 ></ 要素名 >」に戻す方法について考えてみましょう。

「< 要素名 />」というだけのパターンと、「< 要素名 属性名 =" 属性値 " .../>」というパターンの両方に対応するため、「< 要素名 />」の表現には「<([^/\s]*)([^/]*)/>」という正規表現を利用します。「([^/\s]*)」は「/」あるいは空白以外の文字の連続を意味し、要素名にマッチします。続く「([^/]*)」は「/」以外の文字の連続で、要素名以降のすべての文字にマッチします。この両者はそれぞれ「(」「)」でキャプチャされているので、後から「\1」「\2」という形式で参照することができます。

置換文字列には「<\1\2></\1>」を指定しています。「<\1\2>」は開始タグで、「<」と「>」の間に先ほどキャプチャした「\1」（要素名）と「\2」（要素名以降のすべての文字）を展開しています。続く「</\1>」は終了タグで、「</」と「>」の間で要素名だけを展開しています。

2はこの置換の逆で、「< 要素名 ></ 要素名 >」を「< 要素名 />」へと変換するものです。キャプチャなどの方法は、上の例とほぼ同様のものとなっています。

参照

[xyz]　指定された文字の中のいずれかにマッチ→ P.114
\s、\S　任意の空白文字にマッチ／空白文字以外の任意の文字にマッチ→ P.140
g 修飾子　繰り返しマッチを行う→ P.204

04 タグの外部にある「green」をすべて「yellow」に変換したい

```
s/((?:\G|>)[^<]*?)green/\1yellow/g
```

ここでいう「タグの外部」とは、「<span style="color: green;">」のように、タグの内部に置かれた文字列以外という意味です。これが可能になれば、HTMLの本文中に置かれた「green」は置換対象とするが、各種要素のstyle属性内での色の指定は置換対象としないといったことが可能となります。

「((?:\G|>)[^<]*?)」は、タグの外部であることを示すための正規表現です。これは多少わかりにくいので、「>[^<]*?」と「\G[^<]*?」の2つに分割して考えてみましょう。

まず、「>[^<]*?」は「『>』で始まり、『<』が存在しない間」という意味であり、「<span>span要素の内容</span>」のような範囲にマッチします。つまり「>[^<]*?green」という正規表現を利用すれば、「<span style="color: green;">style属性内のgreenという文字列</span>」の強調部分にのみマッチさせることが可能となります。

しかし、「>[^<]*?green」にマッチした部分を直接「yellow」に置換することはできません。ここでの目的は「green」を「yellow」に置換することですが、「>[^<]*?green」は「green」だけでなく、「>[^<]*?」が示す部分もマッチ範囲としてしまうからです。そこで「(>[^<]*?)green」として「>[^<]*?」がマッチする範囲をキャプチャしておき、置換文字列中では「\1yellow」のようにキャプチャした結果も置換文字列に含めておきます。こうすれば、結果的にgreenだけがyellowに置換されることになります。

これで「タグの外部にあるgreenを置換」という概念は実現できました。次に、g修飾子によってこの正規表現を繰り返し適用するケースについて考えてみましょう。

「\G[^<]*?」は先ほどの「>[^<]*?」に含まれる「>」を、「前回マッチした位置」を示す「\G」に変更したものです。「\G[^<]*?」は「前回マッチした位置から『<』が存在しない間」という意味になりますが、前回マッチした位置はタグの外部であるはずなので、この正規表現がタグの内部にある文字列にマッチすることはあり得ません。

「>[^<]*?」と「\G[^<]*?」を結合すると、「(?:\G|>)[^<]*?」という正規表現ができます。例中の「((?:\G|>)[^<]*?)」というパターンは、このようにして構築されたものです。

参照

\G　前回のマッチの末尾にマッチ→ P.176
(?:pattern)　部分正規表現のグルーピング（キャプチャなし）→ P.179

05 HTML/XMLのコメントを削除したい

1 s/<!(?:--.*?--\s*)*>//gs ······ 単純形式
2 s/<!(?:--[^-]*(?:-[^-][^-]*)*--\s*)*>//gs ······ ループ展開形式

HTML/XMLのコメントは、「-- コメント --」という形式をしています。また、コメントは「<! .. >」という形式で示される「注釈宣言」の内部に記述する必要があります。

注釈宣言の記述には、以下のような決まりがあります。

- 空のコメント「----」は有効
- コメントが含まれていない注釈宣言「<!>」は有効
- 注釈宣言内では「<!--1-- --2-->」のように、複数のコメントを含むことができる
- 「<!」とコメントの間に空白を含むことはできない。従って「<!␣-- コメント -->」は誤り
- コメントとコメントの間、及びコメントと注釈宣言の最後の「>」の間には、空白があってもよい

これらに従うと、注釈宣言を表現する正規表現は例に挙げた「<!(?:--.*?--\s*)*>」となります。「(?:--.*?--\s*)」が実際のコメントを示す部分で、「--」から「--」の間に任意の文字の繰り返しが登場するという意味となっています。「--」から「--」の間に「.*」を利用すると「-- a -- b --」のような不正な形式（コメントの閉じ忘れ）にもマッチしてしまうため、ここでは無欲な量指定子「*?」を利用して「--」までの最短一致を実現しています。

コメントと「>」の間、及びコメントとコメントの間には空白があってもよいので、終わりの「--」の後ろには「\s*」を付与しています。また、コメントは注釈宣言中では何回でも登場できるため、0回以上の繰り返しを示す「*」を付与しています。

この正規表現にマッチする部分を空文字列に置換すれば、HTML/XMLのコメントをすべて削除できます。注釈宣言中には行終端子が含まれることがあるので、この例ではs修飾子を指定しています。

ループ展開によるマッチ

HTML/XML のコメントは、ループ展開を利用して記述することもできます。ループ展開形式を利用すれば、「*?」が利用できない処理系でも同様の処理を行うことができます。「ダブルクォートで括られた文字列にマッチさせたい（P.283）」で説明した手順に従って、ループ展開までの道筋を説明します。

- パターンの開始、あるいは終了が正規表現として表現可能であれば、あらかじめ洗い出す。この例では、開始パターンは「--」、終了パターンは「--\s*」となる
- パターンに含まれる要素（文字、あるいは特定のパターンで表現される文字列）を、特殊なパターンである「特殊要素」と、それ以外のパターンである「一般要素」に分割する。この例では、「-」以外の文字にマッチしている間はコメントの内部（「--」で括られた部分）だと考えてよいので、通常要素は「[^-]」となる。また、「-」が登場したとしても、「-」の次の文字が「-」以外の文字であれば、コメントの終了とはみなされない。よって、特殊要素は「-[^-]」とする
- 特殊要素がマッチする位置では絶対に通常要素がマッチしないように、通常要素の正規表現を変える。現在考えている通常要素「[^-]」が、特殊要素の先頭にある「-」にマッチすることはあり得ない。従って、特殊要素がマッチする位置で通常要素がマッチすることはない
- 特殊要素は必ず 1 文字以上にマッチし、しかも特殊要素が表現するパターンには必ず 1 回でマッチできることを保証する。ここで考えている特殊要素「-[^-]」は常に 2 文字にマッチするので、問題はない

最終的に「通常要素 * (特殊要素 通常要素 *)*」の形式にしたものが「ループ展開形式」の例となります。この例では「(?:-[^-][^-]*)*」で「[^-]」が重複していますが、説明をわかりやすくするために敢えてこのままにしてあります。実際に利用する際には、「(?:-[^-]+)*」に書き換えてもよいでしょう。

参照

[xyz]　指定された文字の中のいずれかにマッチ→ P.114
*?、\{-}　直前の正規表現と 0 回以上一致（最短一致）→ P.158
g 修飾子　繰り返しマッチを行う→ P.204
s 修飾子　シングルラインモードにする→ P.208

01 クエリ文字列から値が入っていないフォームデータを排除したい

```
s/&?(?:%[0-9a-fA-F]{2}|[\w.+~-])+=(?:(?=&)|$)//g
```

HTMLのフォームからGETメソッドを使ってフォームデータをサブミットすると、Webブラウザはform要素のaction属性に示されたURLの末尾に「?」を置き、その後ろにフォームデータを付与した新しいURLを生成します。このように、URL中で「?」に続いて現れるフォームデータを「クエリ文字列」と呼びます。クエリ文字列中のコントロール名や値にマッチする正規表現については、「パーセントエンコーディングにマッチさせたい（P.302）」及び「クエリ文字列を分解したい（P.304）」を参照してください。

クエリ文字列中に含まれるフォームデータの中には値を持っていないものもありますが、このようなデータは「コントロール名=」のように、値部分が空文字列となっています。ここでは、正規表現によって値を持っていないフォームデータを排除する方法について考えてみます。

値が空かどうかを判定するには、「(?:(?=&)|$)」という正規表現が利用できます。「(?:(?=&)|$)」にマッチするということは「=」と「&」、あるいは「=」と文字列末尾を示す「$」の間に何の文字も存在しないということだからです。コントロール名にマッチする「(?:%[0-9a-fA-F]{2}|[\w.+~-])+」をこの前に置けば、値を持たない「コントロール名=値」のペアにマッチする正規表現となります。

この「(?:%[0-9a-fA-F]{2}|[\w.+~-])+=(?:(?=&)|$)」という正規表現にマッチした部分は置換対象となりますが、置換文字列は空文字列です。結果として、マッチした部分はクエリ文字列内から削除されることになります。しかし複数のデータが渡された場合、クエリ文字列中のデータは「a=b&c=d」のように「&」で区切られる点に注意してください。「a=b&c=」のようにコントロールcの値がなかった場合、置換して削除する範囲には「c」の直前に配置される「&」も含める必要があるのです。そこで、直前に「&?」を配置することで、例に示した正規表現が完成します。

参照

$　文字列の末尾、または行終端子の直前にマッチ→ P.124
\w、\W　任意の単語構成文字にマッチ／単語構成文字以外の任意の文字にマッチ→ P.142
(?:pattern)　部分正規表現のグルーピング（キャプチャなし）→ P.179

02 「product_name」を「productName」に変換したい

```
s/_(.)/\U\1/g
```

HTML フォーム中のコントロールの名称（name 属性に指定する値）としては、よく「product_name」のように単語の区切りを「_」で示したもの（これを「スネークケース」と呼びます）が利用されます。対して、Java などでは変数名として「productName」のように、各単語の先頭の文字を大文字にし、他の部分は小文字にするという記法（こちらは「キャメルケース」と呼ばれます）が利用されます。ここで挙げた例は、「product_name」形式の値を「productName」形式に変換するためのものです。

「_(.)」という正規表現は、「_」及び続く 1 文字にマッチします。ここで、「_」に続く 1 文字をキャプチャしている点に注意してください。

置換文字列「\U\1」に含まれる「\U」は、文字列末尾まで（途中に「\E」があればそこまで）を大文字に変換するというメタキャラクタです。ここでは「\U」によって先ほどキャプチャした「『_』に続く 1 文字」を大文字に変換しています。

置換対象文字列は「_」+「1 文字」で、置換文字列はキャプチャされた 1 文字を大文字に変換したものです。従って、「product_name」は「productName」に変換されることになります。

参考

置換文字列中の「\U\1」は、「\u\1」としても構いません。「\1」として参照される内容は常に 1 文字なので、「\U」でも「\u」でも同じ結果が得られます。

参照

g 修飾子　繰り返しマッチを行う → P.204
\L ～ \E ／ \U ～ \E　範囲内のすべての文字を小文字／大文字として扱う → P.228

03 「PRODUCT_NAME」を「productName」に変換したい

```
1 s/([^_]*)(?:_(.))?/\L\1\E\U\2/g
```

リレーショナルデータベースのテーブル名やカラム名には、よく「PRODUCT_NAME」のように単語の区切りを「_」で示したものが利用されます。対して、Javaなどでは変数名として「productName」のように、各単語の先頭の文字を大文字にし、他の部分は小文字にするという記法が利用されます。

ここで挙げた例は、「PRODUCT_NAME」形式の値を「productName」形式に変換するものです。前述の「『product_name』を『productName』に変換」と似ていますが、元となるデータがすべて大文字であるという点が異なります。この場合、大文字部分を明示的に小文字に変換する必要があるので、難易度は少し上がります。

「([^_]*)(?:_(.))?」は「_」の前に置かれた文字列と、「_」自身及び「_」に続く1文字までにマッチします。「(?:_(.))」には「?」が付与されているため、「_」+「1文字」という部分はなくても構いません。ここで「?」が必要となるのは、「PRODUCT_NAME」形式の最後の部分(この例では「NAME」部分)にマッチさせるためです。また、「[^_]*」部分(「_」の前に置かれた文字列)と、「_」に続く1文字をキャプチャしています。

置換文字列「\L\1\E\U\2」に含まれる「\L」は、文字列末尾まで(途中に「\E」があればそこまで)を小文字に変換するというメタキャラクタです。ここでは「\L～\E」によって先ほどキャプチャした「『_』の前に置かれた文字列」を小文字に変換しています。また、「\U\2」によって「_」直後の1文字を大文字にしています。結果として、「PRODUCT_NAME」は「productName」に変換されることになります。

参考

置換文字列中の「\U\2」は、「\u\2」としても構いません。「\2」として参照される内容は常に1文字なので、「\U」でも「\u」でも同じ結果が得られます。

参照

g修飾子　繰り返しマッチを行う → P.204
\L～\E／\U～\E　範囲内のすべての文字を小文字／大文字として扱う → P.228

04 メールの引用符を取り除きたい

```
1 s/^(?:[^\s>]*>\s*)+//  ……… 一括マッチ版
2 s/\G[^\s>]*>\s*//g  ……… 繰り返し版
```

メールに対して返信を行う際、返信元のメールの本文を引用することがあります。引用を行う場合、引用した部分には「>」などの引用符を先頭に付け、引用されていることを明示することが一般的です。

引用符として利用される文字にはさまざまなものがありますが、広く利用されているのは「>」、あるいは「>」の前に引用元メールの送信者の名前を付与した「名前>」という形式です。ここではメールの本文から、この形式の引用符を除去するための方法について考えてみます。

この例では引用符を表現するパターンとして、「[^\s>]*>\s*」を利用しています。これは、行の先頭から空白及び「>」以外の文字が0個連続した後に「>」があり、更に0個以上の空白が連続するというパターンを示すもので、行頭の「>」そのものや、「taro>」といったパターンにマッチします。このパターンにマッチした部分を空文字列に置換すれば、引用符の除去は完了です。

ただし、メールによっては誰かが引用した部分を、更に引用しているようなケースもあるでしょう。このような場合、メール本文で引用されている部分は、「> taro> hanako>」のように複数の引用符が連続することになります。

このようなパターンに対応するため、例で挙げた正規表現では「[^\s>]*>\s*」そのものを「(?: ..)」でグルーピングし、量指定子「+」を付与しています。これによって「引用符の1個以上の連続」が示されるため、連続するすべての引用符をマッチの対象にできます。

複数の引用符の除去は、g修飾子による繰り返し処理を利用しても実現できます。この場合は前回マッチした位置を示すメタキャラクタ「\G」を利用して、前回のマッチ終了位置の直後で引用符を示すパターン「[^\s>]*>\s*」を探すようにします。

参考

繰り返しマッチを行う場合、2回目以降のマッチ開始位置は、前回のマッチが終了した位置からとなります。それならば、なぜわざわざ「前回マッチが完了した位置にマッチする」という意味を持ったメタキャラクタ「\G」を利用する必要があるのでしょうか。

「\G[^\s>]*>\s*」と、これから「\G」を省いた「[^\s>]*>\s*」を、それぞれ

> taro> この場合は␣a>1␣となります。

という文字列に対して適用した場合に、どこにマッチするかを見てみましょう。なお、「△」は前回マッチの終了場所、つまり「\G」がマッチする位置を示しています。

［文例］

● 「s/\G[^\s>]*>\s*//g」の場合

△ > △ taro> △**この場合は a>1 となります。**

● 「s/[^\s>]*>\s*//g」の場合

△ > △ taro> △**この場合は** a> △ **1 となります。**

「\G」を利用した場合は行の先頭にある「> taro> 」だけがマッチしていますが、「\G」を利用しなかった場合は途中にある「a>」にもマッチしてしまっています。

「\G」が存在する場合、「[^\s>]*>\s*」は前回マッチの終了位置でしか「[^\s>]*>\s*」のマッチを試しません。しかし「\G」が存在しなければ、「[^\s>]*>\s*」は前回マッチの終了位置以降の任意の場所で、「[^\s>]*>\s*」にマッチする場所を探し出そうとします。

「\G」が必要な理由は、「^」が必要な理由と同じです。「\G」を利用すれば、「指定したパターンは、常にマッチ可能な範囲の先頭に存在する」ということを保証することが可能となるのです。

参照

\s、\S　任意の空白にマッチ／空白以外の任意の文字にマッチ→ P.140
\G　前回のマッチの末尾にマッチ→ P.176
g 修飾子　繰り返しマッチを行う→ P.204

05 ファイル名から拡張子を除去したい

1 s/\..*$// ……… すべての拡張子を削除する
2 s/\.[^.]*$// ……… 最後の拡張子だけを削除する

拡張子を「ファイル名中の『.』以降すべて」と簡単に判断してよければ、拡張子の除去は「s/\..*$//」で行えます。「\.」は「.」そのものにマッチするので、「\..*$」は「ピリオド以降の文字列末尾までのすべての文字」に一致します。これを空文字列で置換すれば、拡張子が除去されます。

ファイルが「sample.tar.gz」のように複数の拡張子を持っていた場合、上記の正規表現はすべての拡張子を除去します。もし、最後の拡張子（「sample.tar.gz」では「.gz」）だけを除去したければ、「s/\.[^.]*$//」を利用します。「[^.]*」は「.」を除く文字の連続となりますので、マッチ範囲の途中に「.」が含まれることはありません。従って、最後の拡張子にのみマッチするというわけです。

参考

例に挙げた正規表現では、「sample.」のように拡張子がない（「.」だけ）という場合にもマッチしてしまいます。このようなケースを無視したければ、「s/\..+$//」のように「『.』に続いて任意の文字の1文字以上の連続」とすればよいでしょう。

参照

\ メタキャラクタの持つ特別な意味を失わせる→ P.109
[xyz] 指定された文字の中のいずれかにマッチ→ P.114
$ 文字列の末尾、または行終端子の直前にマッチ→ P.124

06 パス名からファイル名部分以外を除去したい

1 s/^.*\/// ……………… UNIX 形式
1 s/^.*\\// ……………… Windows 形式

「/var/log/messages」や「C:\WINDOWS\notepad.exe」といったパス表記から、ファイル名である「messages」や「notepad.exe」だけを残すような処理について考えてみます。ここで、パス名はフルパス表記でも、相対パス形式でもよいとします。

ファイル名以前（ディレクトリ部分）は、文字列の先頭から最後のパス区切り文字（UNIX形式では「/」、Windows 形式では「\」）までです。これを正規表現で記述すると、UNIX形式では「^.*/」、Windows 形式では「^.*\\」となります。この部分を空文字列に置換すれば、ディレクトリ部分を除去することができます。

例に挙げたUNIX 形式の正規表現では、正規表現のデリミタとして利用している「/」と、パスの区切り文字として利用される「/」が同じ文字となっているので、パスの区切り文字である「/」を「\/」と表記している点に注意してください。また、Windows のファイル区切り文字「\」は他のメタキャラクタをエスケープするという役目を持ったメタキャラクタなので、「\\」としてエスケープしています。

注意

正規表現では、最後のパス区切り文字以降の部分がファイル名なのかディレクトリ名なのかを判断することはできません。この正規表現はあくまでも「最後のパス区切り文字より前にある文字列を除去する」だけのものです。従って、与えたパスが「C:\WINDOWS」のようにディレクトリを指すものだった場合、結果は（ファイル名ではなく）ディレクトリ名である「WINDOWS」となります。

参照

\ メタキャラクタの持つ特別な意味を失わせる→ P.109
* 直前の正規表現と 0 回以上一致→ P.120
^ 文字列の先頭、または行終端子の直後にマッチ→ P.125

01 Javaプログラムからコメントを削除したい

1 s!//.*$!! ……………………………… 簡易版
2 s!("[^"\\]*(?:\\"[^"\\]*)*")|//.*$!\1!g ……………… 文字列対応版

※マッチ対象の文字列中に「/」が含まれているので、デリミタとして「/」ではなく「!」を利用

JavaやC++では、コメントとして「// コメント」という形式のコメントが利用できます。ここでは、この形式のコメントをソースコード中からすべて除去する方法について考えてみます。

コメントの範囲は、「//」から行末までとなります。これを正規表現で表せば「//.*$」となりますので、この正規表現にマッチした部分を削除すれば、コメントの削除は完了です。実際に処理を行う場合はソースコードを1行ずつ読み込み、読み込んだ行に対してこの正規表現を適用すればよいでしょう。これが上記例の「簡易版」の正規表現です。

しかし厄介なことに、「//」は文字列の定義中に置かれるケースもあります。以下のようなソースコードに上記の正規表現を適用すると、太字で示した部分がすべて削除されてしまい、正しくコンパイルできないソースコードになってしまいます。

```
private String str = "some // string"; // comment
```

この問題に対する回答は、「文字列中に『//』が含まれている恐れがあるなら、まずコメントの開始を示す『//』以前に存在する、すべての文字列にマッチさせてしまう」というものです。正規表現が「"some // string"」のように「"」で括られた文字列にマッチすることが保証されていれば、次のマッチはマッチした文字列の直後からとなるからです。

このためには正規表現の変更に加え、g修飾子を利用して各行に対して繰り返しマッチを行う必要があります。期待される挙動は次のようになります。

1 文字列にマッチさせると…

```
private String str = "some // string"; // comment
```

2 次のマッチは、その文字列の後ろから始まる。

```
private String str = "some // string"; // comment
```

これを実現したのが､例に挙げた「文字列対応版」の正規表現です。簡易版との違いは、置換対象文字列が「『"』で括られた文字列にマッチする正規表現」と「コメントにマッチする正規表現」の選択によって構成されている点です。

「"」に括られた文字列を表現する正規表現については「ダブルクォートで括られた文字列にマッチさせたい（P.283)」で説明したものをそのまま利用しています。「"」で括られた文字列がソースコード中で見つかった場合はこの正規表現にマッチしますので、コメントにマッチする正規表現（「//.*$」）にはマッチしません。従って､「コメントにマッチする正規表現」が､「"」で括られた文字列内部の「//」にマッチすることはなくなります。

「"」で括られた文字列は削除したくないので､「"」で括られた文字列にマッチする正規表現は「(」及び「)」でキャプチャし、置換文字列内で展開しています。一方、コメントにマッチする「//.*$」はキャプチャしていません。従ってコメントは削除されますが、文字列は削除されずにそのまま残ります。

参照

[xyz]　指定された文字の中のいずれかにマッチ→ P.114
$　文字列の末尾、または行終端子の直前にマッチ→ P.124
g 修飾子　繰り返しマッチを行う→ P.204

02 Perl プログラムからコメントを削除したい

```
1 s/#.*$// ………… 簡易版
2 s/("[^"\\]*(?:\\"[^"\\]*)*")|#.*$/\1/g ………… 文字列対応版
```

Perl や Python のコメントは、「#」が見つかった位置から行末までとなっています。単純に考えれば、「#.*$」で表現することができます。

Perl プログラムでも、「Java/C++ プログラムからコメントを削除する」で考えたような「文字列中に登場する『#』」という問題は発生します。この問題に対処するなら、例に挙げた文字列対応版を利用しなければなりません。

ただし、Perl の場合は文字列中以外にも、さまざまな場所で「#」が登場する恐れがあります。事実、例中の正規表現にも「#」が登場しています。Perl は非常に柔軟な表記を許す言語ですので、完全にこれらの問題に対応することは困難でしょう。

03 C プログラムからコメントを削除したい

```
1 s:/\*.*?\*/::sg ··················· 「*?」利用版
2 s:/\*+[^*]*(\*[^/]|[^*]*)*\*+/::sg ······· ループ展開版
```

※マッチ対象の文字列中に「/」が含まれているので、デリミタとして「/」ではなく「:」を利用

Cのコメントは「/* コメント */」という形式で記述します。コメントの内部に改行や「*」が含まれていても構いませんが、コメントの入れ子はできません。この形式のコメントはJava、JavaScript、C++、CSS でも利用されています。

もっとも簡単な対応方法は、無欲な量指定子「*?」を利用して「/*.*?*/」とすることです。C 形式のコメントでは「/* .. */」の内部に「*/」が入ることはありませんので、「*?」だけでコメント本文が表現できます。「*」はメタキャラクタであるため、正規表現内部で「*」にマッチさせる場合は「*」と記述する点に注意してください。

「*?」が利用できない処理系では、ループ展開を利用する必要があります。「ダブルクォートで括られた文字列にマッチさせたい（P.283）」で説明した手順に従って、ループ展開までの道筋を説明します。

- パターンの開始、あるいは終了が正規表現として表現可能であれば、あらかじめ洗い出す。この例では、開始パターンは「/*+」、終了パターンは「*+/」とする
- パターンに含まれる要素（文字、あるいは特定のパターンで表現される文字列）を、特殊なパターンである「特殊要素」と、それ以外のパターンである「一般要素」に分割する。この例では、「*」以外の文字にマッチしている間はコメントの内部だと考えてよいので、通常要素は「[^*]」となる。また、「*」が登場したとしても、「*」の次の文字が「/」以外の文字であれば、コメントの終了とはみなされない。よって、特殊要素は「*[^/]」とする
- 特殊要素がマッチする位置では絶対に通常要素がマッチしないように、通常要素の正規表現を変える。現在考えている通常要素「[^*]」が、特殊要素の先頭にある「*」にマッチすることはあり得ない。従って、特殊要素がマッチする位置で通常要素がマッチすることはない
- 特殊要素は必ず 1 文字以上にマッチし、しかも特殊要素が表現するパターンには必ず 1 回でマッチできることを保証する。ここで考えている特殊要素「*[^/]」は常に 2 文字にマッチするので、問題はない

06-04 プログラム解析

最終的に「通常要素*(特殊要素 通常要素*)*」の形式にしたものが「ループ展開形式」の例となります。開始パターンと終了パターンを「/*+」「*+/」にしたのは、C形式のコメントではポイントとなる部分を目立たせるため、「/*** コメント ***/」のように「/*」と「*/」の直前/直後に「*」を連続させることがあるからです。

参照

g修飾子　繰り返しマッチを行う→ P.204
s修飾子　シングルラインモードにする→ P.208

APPENDIX

01 ASCIIの制御文字一覧

以下に示すのは、ASCIIで定義されている制御文字の一覧です。8進表現は「\nnn」記法で、16進表現は「\xnn」記法でそれぞれ利用されます。

▼ ASCIIで定義されている制御文字一覧

16進値	略号	名称	文字表現	8進値	日本語名
0x00	NUL	NULL	@	000	空
0x01	SOH	START OF HEADING	A	001	ヘッディング開始
0x02	STX	START OF TEXT	B	002	テキスト開始
0x03	ETX	END OF TEXT	C	003	テキスト終結
0x04	EOT	END OF TRANSMISSION	D	004	伝送終了
0x05	ENQ	ENQUIRY	E	005	問い合わせ
0x06	ACK	ACKNOWLEDGE	F	006	肯定応答
0x07	BEL	BELL	G	007	ベル
0x08	BS	BACKSPACE	H	010	後退
0x09	HT	CHARACTER TABULATION	I	011	文字タブ
0x0A	LF	LINE FEED	J	012	改行
0x0B	VT	LINE TABULATION	K	013	行タブ
0x0C	FF	FORM FEED	L	014	書式送り
0x0D	CR	CARRIAGE RETURN	M	015	復帰
0x0E	SO	SHIFT OUT	N	016	シフトアウト
0x0F	SI	SHIFT IN	O	017	シフトイン
0x10	DLE	DATA LINK ESCAPE	P	020	伝送制御拡張
0x11	DC1	DEVICE CONTROL ONE	Q	021	装置制御 1
0x12	DC2	DEVICE CONTROL TWO	R	022	装置制御 2
0x13	DC3	DEVICE CONTROL THREE	S	023	装置制御 3
0x14	DC4	DEVICE CONTROL FOUR	T	024	装置制御 4
0x15	NAK	NEGATIVE ACKNOWLEDGE	U	025	否定応答
0x16	SYN	SYNCHRONOUS IDLE	V	026	同期信号
0x17	ETB	END OF TRANSMISSION BLOCK	W	027	伝送ブロック終結
0x18	CAN	CANCEL	X	030	キャンセル
0x19	EM	END OF MEDIUM	Y	031	媒体終端
0x1A	SUB	SUBSTITUTE	Z	032	置換
0x1B	ESC	ESCAPE	[	033	エスケープ
0x1C	IS4	INFORMATION SEPARATOR FOUR	\	034	情報分離標識 4
0x1D	IS3	INFORMATION SEPARATOR THREE	]	035	情報分離標識 3
0x1E	IS2	INFORMATION SEPARATOR TWO	^	036	情報分離標識 2
0x1F	IS1	INFORMATION SEPARATOR ONE	_	037	情報分離標識 1
0x7F	DEL	DELETE	?	177	抹消

名称 / 日本語名及び説明は JIS X 0211:1994 に基づくものです。

	説明
	媒体または時間間隔の空きを埋める
	ヘッダの開始
	ヘッダの終了、及びテキストの開始
	テキストの終了
	一つ以上のテキストの伝送完了
	送信者が受信者に応答を要求する
	受信側が送信側に送る肯定応答
	注意の喚起
	現在のデータ位置を逆方向に 1 文字分動かす
	現在表示位置を次の文字タブ位置に移動
	現在表示位置を次の行に移動
	現在表示位置を次の行タブ位置に移動
	現在表示位置を次のページの先頭行に移動
	現在表示位置を同一行の開始 (または終了) 位置に移動
	符号拡張 (続くビット組み合わせの意味を変える)
	符号拡張 (続くビット組み合わせの意味を変える)
	補助伝送制御機能の提供
	補助装置の電源投入 / 起動 (または装置を基本状態に復帰)
	補助装置の電源投入 / 起動 (または装置を特殊モードに設定)
	補助装置の電源切断 / 停止 (または装置に一時停止を指示)
	補助装置の電源切断 / 停止 (または任意の装置制御)
	受信側が送信側に送る否定応答
	データ端末装置間で同期を取るための信号
	伝送ブロックの終了
	先立つデータが誤っていることの通知
	媒体の物理的な終了
	不当、又は誤りと判断された文字に置き換えるための文字
	符号拡張 (続くビット組み合わせの意味を変える)
	データの論理的な区分 / 分類に使用
	データの論理的な区分 / 分類に使用
	データの論理的な区分 / 分類に使用
	データの論理的な区分 / 分類に使用
	(誤った文字の抹消)

02 Unicode 一般カテゴリ一覧

以下に示すのは、UTS（Unicode Technical Standard）#18 で定義されている一般カテゴリの一覧です。これらは Unicode プロパティ指定記法「\p{..}」に指定することができます。

UTS #18 は短形式と長形式を定義していますが、ここでは短形式のみを示しています。

▼ Unicode 一般カテゴリ一覧

一般カテゴリ(短形式)			意味	例
L(文字)	LC(ケース文字)(*1)	Lu	大文字	A(U+0041)、Γ (U+0393)、Ê(U+00CA)
		Ll	小文字	a(U+0061)、γ (U+03B3)、ê(U+00EA)
		Lt	タイトル文字(*2)	Lj(U+01C8)
		Lm	修飾文字(*3)	〆 (U+3005)、ゞ (U+309E)
		Lo	その他の文字(*4)	あ (U+3042)、雨 (U+96E8)
M 結合文字(*5)		Mn	幅を持たない結合文字(*6)	^(U+0302)
		Mc	幅を持つ結合文字(*7)	
		Me	囲み結合文字(*8)	◯ (U+20DD)
N(数字)		Nd	10 進数の表記に利用する文字(0 ～ 9)	0(U+0030)、１(U+FF11)
		Nl	数字を表す文字(ローマ数字など)	Ⅳ(U+2163)、〇 (U+3007)
		No	その他の数字と看做される文字(*9)	⅓ (U+2153)、② (U+2461)
P(句読点)		Pc	接続(*10)	_(U+005F)
		Pd	ハイフン、ダッシュ	-(U+002D)、－ (U+FF0D)
		Ps	開き括弧	[(U+005B)、｛(U+FF5B)
		Pe	閉じ括弧	](U+005D)、｝(U+FF5D)
		Pi	開始引用句	«(U+00AB)、“(U+201C)
		Pf	終了引用句	»(U+00BB)、” (U+201D)
		Po	その他の句読点	!(U+0021)、&(U+0026)
S(各種記号)		Sm	数学記号	+(U+002B)、≒ (U+2252)
		Sc	通貨記号	$(U+0024)、￥(U+FFE5)
		Sk	修飾記号	￣ (U+FFE3)、゛ (U+309B)
		So	その他の記号	©(U+00A9)、¶ (U+00B6)
Z(区切り文字)		Zs	各種の(幅を持った)スペース	スペース (U+0020)、全角スペース (U+3000)
		Zl	行区切り文字	LINE SEPARATOR(U+2028)
		Zp	段落区切り文字	PARAGRAPH SEPARATOR(U+2029)
C(その他)		Cc	制御文字(*11)	改行 (U+000A)、次行 (U+0085)
		Cf	書式制御文字(*12)	ソフトハイフン (U+00AD)
		Cs	サロゲート(*13)	
		Co	私用文字(外字用領域)	

＊1　大文字と小文字の区別がある文字

＊2　連字（クロアチア語の「LJ」のように2文字で1文字と看做す文字）において、単語の先頭に置かれた場合の形。

＊3　特殊な用途に利用する擬似文字（文字に似た記号）。

＊4　日本語の文字のように、大文字 / 小文字を持たない文字。

＊5　直前の文字と組み合わせて別の文字を構成するために利用する文字。

＊6　ダイアクリティカル・マークのように、他の文字と組み合わせて1文字を構成する目的で定義された文字（例：「E」+「^」→「Ê」）。

＊7　ベンガル語で利用される「付加母音記号」など、それ自体が幅を持つ結合文字。

＊8　他の文字を完全に囲むことを前提とした文字（キーボードのキーを表現するために他の文字と組み合わせるU+20E3など）。

＊9　乗数、分数、丸付き数字などの特殊な数字表記。

＊10　アンダースコア（U+005F）のように、二つの語を特別な用途で接続するための文字。

＊11　制御文字基本集合（C0: U+0000-U+001F）、制御文字補助集合（C1: U+0080-U+009F）及びDEL（U+007F）が該当。

＊12　ソフトハイフン（改行時のハイフン挿入可能位置を示す）のような、組版に必要な制御文字類。

＊13　U+FFFFを越えるコードポイントを持つ文字をUTF-16で示す際に、2文字分の領域で1文字を示すために予約された文字。

記号 / 数字

U

V

X

Y

あ

か

装丁　大下賢一郎
本文デザイン・DTP　徳永裕美（ISSHIKI）
編集　榎 かおり

正規表現辞典 改訂新版

2018 年 5 月 24 日 初版第 1 刷発行

著　者　　佐藤 竜一（さとうりゅういち）
発行人　　佐々木 幹夫
発行所　　株式会社 翔泳社（https://www.shoeisha.co.jp）
印刷・製本　株式会社加藤文明社印刷所

ISBN978-4-7981-5642-2 Printed in Japan